名校名师精品系列教材

Network Automation Operation and Maintenance Tutorial

网络自动化运维教程

梁广民 王金周 王隆杰 屈海洲 ◉ 主编

人 民 邮 电 出 版 社
北 京

图书在版编目（CIP）数据

网络自动化运维教程 / 梁广民等主编. -- 北京 :
人民邮电出版社, 2024.3
名校名师精品系列教材
ISBN 978-7-115-63711-6

Ⅰ. ①网… Ⅱ. ①梁… Ⅲ. ①计算机网络－教材
Ⅳ. ①TP393

中国国家版本馆CIP数据核字(2024)第032811号

内容提要

本书遵循网络自动化运维工程师职业素养和专业技能的要求进行内容组织，采用项目化教学和任务驱动方式展开讲解。本书分 4 篇，共 12 个项目，内容覆盖网络自动化 Python 编程基础、用于网络自动化的 Python 模块、用于配置与管理网络的协议，以及网络自动化运维的常用工具。基础篇共 1 个项目，即项目 1 Python 编程基础；部署实施篇共 4 个项目，即项目 2 使用 telnetlib 下发网络配置，项目 3 使用 paramiko 实现网络设备自动化巡检，项目 4 使用 netmiko 发现网络拓扑，项目 5 使用 PySNMP 获取网络数据；协议篇共 3 个项目，即项目 6 使用 NETCONF 协议配置网络，项目 7 使用 Telemetry 实时监控 CPU 和内存使用率，项目 8 使用 RESTCONF 协议配置网络；工具篇共 4 个项目，即项目 9 使用 Ansible 实现网络自动化运维，项目 10 使用 Nornir 收集网络日志，项目 11 使用 Scapy 处理数据包，项目 12 使用 Nmap 扫描网络。

本书介绍了网络自动化运维理论知识和应用技术，既可作为高职或应用型本科院校电子信息类专业学生的教材，也可作为参加华为 HCIP-Datacom 网络自动化开发者认证的学习用书，还可以作为网络架构师、网络运维工程师、网络运维开发工程师、网络与系统管理工程师等人员的阅读学习材料。

◆ 主　　编　梁广民　王金周　王隆杰　屈海洲
　责任编辑　郭　雯
　责任印制　王　郁　焦志炜

◆ 人民邮电出版社出版发行　　北京市丰台区成寿寺路 11 号
　邮编　100164　　电子邮件　315@ptpress.com.cn
　网址　https://www.ptpress.com.cn
　天津千鹤文化传播有限公司印刷

◆ 开本：787×1092　1/16
　印张：13.75　　2024 年 3 月第 1 版
　字数：414 千字　　2024 年 12 月天津第 3 次印刷

定价：59.80 元

读者服务热线：(010)81055256　印装质量热线：(010)81055316
反盗版热线：(010)81055315
广告经营许可证：京东市监广登字 20170147 号

前言 PREFACE

以数字化为特征、以技术创新为驱动、以信息网络为基础的国家新基建发展战略让更多行业进入互联网化的“快车道”。未来网络技术的发展将趋向综合化、高速化、智能化和个性化，实现数字产业化和产业数字化也将成为经济发展的主攻方向。党的二十大报告指出“要以中国式现代化全面推进中华民族伟大复兴”，其中“加快建设网络强国、数字中国”是对信息行业的战略部署。

网络工程领域中不断出现新的技术、交付和运维模式。传统网络面临着云计算、人工智能等技术发展带来的挑战。企业在不断追求业务的敏捷性、灵活性和弹性。在这些背景下，网络自动化变得越来越重要。传统的网络运维工作需要网络工程师手动登录网络设备，人工查看和执行配置命令。这种严重依赖“人工”的工作方式操作流程长、重复性高、效率低，而且操作过程不易审计。

面对当前网络自动化运维的趋势，大量的传统运维工作必须转向自动化的方向，同时也要求网络工程师具备编程能力。能够使用 Python 编程已经成为传统网络工程师的一项必备技能。工作中只会使用 CLI 或者 GUI 来操控网络设备的网络工程师，不管是在现在还是在将来，其在行业里的竞争力可能会逐渐下降。

一般认为网络工程师专注于网络协议原理、配置和管理网络设备；系统工程师专注于操作系统原理、配置和管理系统服务；开发工程师专注于编程语言、算法和其他相关开发能力。网络自动化运维工程师需要具备对以上职业技能的融合能力。

为了适应时代发展步伐，本书在编写过程中遵循网络工程师职业素养养成和专业技能积累的规律，突出职业能力、职业素养、工匠精神和质量意识培育。本书主要介绍网络自动化运维工程师所需的与自动化运维相关的网络编程技能，从网络工程师的角度出发，将程序员编程的思维带入网络领域，帮助网络工程师开启网络自动化运维编程的“大门”。本书从实战出发讲解原理，采用来自企业的真实案例构建实战场景，使用 Python 语言完成代码实现，结合实战进行代码解析，通过练习加深理解。

本书配有慕课视频、PPT、虚拟仿真案例和源代码等丰富的数字化教学资源，读者可登录人邮教育社区（www.ryjiaoyu.com）下载或使用本书相关资源。作为教学用书使用时，本书的参考学时为 64 学时，各项目参考学时如下。

篇	项目	学时
第一篇　基础篇	项目 1　Python 编程基础	4
第二篇　部署实施篇	项目 2　使用 telnetlib 下发网络配置	4
	项目 3　使用 paramiko 实现网络设备自动化巡检	4
	项目 4　使用 netmiko 发现网络拓扑	4
	项目 5　使用 PySNMP 获取网络数据	4
第三篇　协议篇	项目 6　使用 NETCONF 协议配置网络	8
	项目 7　使用 Telemetry 实时监控 CPU 和内存使用率	10
	项目 8　使用 RESTCONF 协议配置网络	8

续表

篇	项目	学时
第四篇　工具篇	项目 9　使用 Ansible 实现网络自动化运维	6
	项目 10　使用 Nornir 收集网络日志	4
	项目 11　使用 Scapy 处理数据包	4
	项目 12　使用 Nmap 扫描网络	4
总计		64

本书由深圳职业技术大学梁广民教授组织编写及统稿，由梁广民、王金周、王隆杰、屈海洲任主编，其中项目 1～4 由深圳市聚科睿网络技术有限公司王金周编写，项目 5～8 由王隆杰编写，项目 9～12 由梁广民编写。

由于编者水平和经验有限，书中难免存在疏漏及不足之处，恳请读者批评指正，编者 E-mail 为 gmliang@szpt.edu.cn，读者也可加入人邮教师服务交流群（QQ 群号为 159528354）与编者进行联系。

编者

2023 年 7 月

目录 CONTENTS

第一篇　基础篇

项目 1

第二篇　部署实施篇

项目 2

项目 3

项目 4

项目 8

使用 RESTCONF 协议配置网络 ······127

第四篇 工具篇

项目 9

使用 Ansible 实现网络自动化运维 ······150

项目 10

使用 Nornir 收集网络日志 ······167

项目 11

使用 Scapy 处理数据包 ······183

项目 12

第一篇 基础篇

学习Python对于从事自动化运维的人员来说非常重要，这是因为Python是一种脚本语言，非常适合用于编写自动化脚本。自动化运维的核心就是编写自动化脚本，Python有助于快速编写自动化脚本。Python具有强大的网络编程能力，可以用于编写自动化运维中的网络管理工具、网络监控工具等。Python具有丰富的数据处理和分析库，可以用于自动化运维中的数据采集、分析和可视化。Python具有大量的开源工具库和模块，可以用于自动化运维中的常用任务，如文件操作、系统管理、日志处理等。Python可以在多种操作系统上运行，可以帮助自动化运维人员实现跨平台的自动化管理。

本篇主要介绍Python编程基础，帮助读者在复杂网络中实施自动化运维奠定坚实的基础。

项目1 Python编程基础

1.1 学习目标

项目 1　Python 编程基础

- **知识目标**
  - 掌握 Python 基础语法
  - 掌握 Python 各种数据类型
  - 掌握 Python 程序流程控制
  - 掌握 Python 函数的使用
  - 了解 Python 异常处理
  - 掌握 Python 文件处理
- **能力目标**
  - Python 集成开发环境的安装与使用
  - Python 编程规范
  - Python 数据类型使用
  - Python 函数的定义与调用
  - Python 读写文件及异常处理
- **素养目标**
  - 通过实际应用，培养学生良好的编程习惯
  - 通过任务分解，培养学生良好的团队意识和协作能力
  - 通过全局参与，培养学生良好的表达能力和文档编写能力
  - 通过示范作用，培养学生认真负责、严谨细致的工作态度和工作作风

1.2 任务陈述

Python 是一门强大的语言，它已经成为目前最受欢迎的编程语言之一，可用于 Web 开发、自动化运维、科学计算、网络爬虫、数据分析、机器学习、深度学习等几乎所有主流应用方向。在网络自动化运维工作中，自动化运维人员可以根据自己的需求以及未来网络自动化运维场景的需求开发更多的运维工具，借助 Python 打造服务于网络运维的网络自动化运维工具，提高网络自动化运维程度。

1.3 知识准备

1.3.1 Python 基础

Python 是一种解释型、面向对象的高级程序设计语言，功能强大，具有很多区别于其他语言的个性化特点。在 Python 中，一切皆是对象。

1. Python 简介

Python 语法简单，易于阅读和理解，便于快速地构建项目并快速地进行改进。Python 用途广泛，对初学者友好，在入门级编程人员中很受欢迎。Python 是开源的，有丰富的、不断增长的第三方模块来扩展其功能。Python 还拥有一个庞大而活跃的社区，在 Python 的模块和库方面做出了贡献，并为其他应用者提供了有用的资源。

目前（截至 2022 年 9 月）Python 的最新版本为 3.10.7。在开始学习使用 Python 之前，选择一个合适的集成开发环境（Integrated Development Environment，IDE），有利于我们快速上手 Python，在学习中起到事半功倍的效果。Python 的集成开发环境有很多，这里列出本书用到的集成开发环境。

（1）IDLE。IDLE 是 Python 自带的、默认的、入门级集成开发环境，包含交互式和文件式两种模式。在交互式环境下可以编写一行或者多行语句并且立刻看到结果。在文件式环境下可以像其他文本工具类一样编写语句。通常我们只用它进行教学以及展示、测试和调试代码，不建议使用它进行实际的开发工作。

（2）PyCharm。PyCharm 是唯一一款专门面向 Python 的全功能集成开发环境。PyCharm 在所有的集成类工具中相对简单且集成度较高，使用人数最多，适合编写较大、较复杂的程序。其代码自动补全功能在同类产品中几乎是最优秀的。

（3）Jupyter Notebook。Jupyter Notebook 是一个开源的 Web 应用程序，非常方便开发者创建和共享代码文档。对于 Python 学习者而言，Jupyter Notebook 提供了一个非常友好的环境，允许把代码写入独立的单元中，可单独执行，无须从头开始执行。

2. 基础语法

基础语法是编程语言最基础的部分，不同的编程语言，如 C 语言、C++、Java、Python 等，它们在基础语法的细节上都不尽相同，需要区别对待。

（1）标识符

标识符就是变量、常量、函数、类等对象使用的名称。需要注意的是，Python 中的标识符是严格区分字母大小写的。标识符的第一个字符必须是字母表中的字母或下画线“_”，其他部分由字母、数字和下画线组成。标识符不能与 Python 的关键字和内置函数的名称相同。

（2）关键字

关键字也称为保留字，是 Python 官方确定的语法功能的专用标识符，不能用作任何自定义标识符。关键字只包含小写字母。Python 的标准库提供了一个 keyword 模块，可以输出当前版本的所有关键字。

```
C:\Users\Administrator>python
Python 3.9.6 (tags/v3.9.6:db3ff76, Jun 28 2021,) [MSC v.1929 64 bit (AMD64)] on win32
Type "help", "copyright", "credits" or "license" for more information.
>>> import keyword
>>> keyword.kwlist
['False', 'None', 'True', '__peg_parser__', 'and', 'as', 'assert', 'async', 'await', 'break', 'class',
'continue', 'def', 'del', 'elif', 'else', 'except', 'finally', 'for', 'from', 'global', 'if', 'import', 'in',
'is', 'lambda', 'nonlocal', 'not', 'or', 'pass', 'raise', 'return', 'try', 'while', 'with', 'yield']
>>>
>>> len(keyword.kwlist)
36
>>>
```

（3）注释

程序中不仅有代码，还有很多注释。注释有说明性质的，也有帮助性质的。它们在代码执行过程中相当于不存在，但在代码维护、解释、测试等方面发挥着不可或缺的重要作用。

在 Python 中，以符号“#”为单行注释的开始，从它往后到本行末尾的内容都是注释内容。如果想注释多行语句，则只能在每行的开头加上符号“#”。

很多时候，在一些 Python 脚本文件的开头都能看到以“#”开头的两行代码，它们不是注释，而是一些设定。这两行代码的特点是位置在文件的顶行、顶左，没有空格和空行。

```
#!/usr/bin/python
# -*- coding: UTF-8 -*-
```

第一行用于指定运行脚本的 Python 解释器，为 Linux 专用，Windows 中不需要使用。第二行用于指定代码的编码方式。Python 3 全面支持 Unicode 编码，默认采用 UTF-8 编码，这里可以不需要。但在 Python 2 中，通常都需要这一行。

（4）语句缩进

Python 最具特色的语法格式就是使用缩进来表示代码块，不像其他编程语言使用花括号或其他符号。相同层次的语句具有相同的缩进。

Python 缩进规则是指在定义类、函数、流程控制语句、异常处理语句等时，行尾的冒号和下一行的缩进表示下一个代码块的开始，而缩进的结束表示代码块的结束。

Python 官方的代码规范 PEP 8 建议使用 4 个空格作为缩进。在 PyCharm 中，如果缩进的空格数不一致，则会抛出名为“IndentationError”的异常。

（5）多行语句

Python 中，通常一行就是一条语句，一条语句通常也不会超过一行。但 Python 并没有从语法层面完全禁止在一行中使用多条语句，可以使用分号使多条语句在一行，举例如下。

```
>>> import os; s = "Network Automatic" ; print(s)
```

上面这一行包含 3 条语句，用分号分隔。但是强烈建议不要这么做，因为这样会导致代码阅读困难、维护耗时，且容易出错。

但当一条语句实在太长时，也是可以占用多行的，可以使用反斜线来实现多行语句。例如，以下字符串

```
string = "This book is python for network engineers to work for network automatic."
```

可以通过使用反斜线来实现一条语句的多行表示：

```
string = "This book is python for network engineers"\
          + "to work for network automatic."
```

方括号、花括号或圆括号中的多行语句不需要使用反斜线，直接按 Enter 键换行即可。下面的函数参数过多，将所有参数放在一行会导致阅读困难，可以使用多行表示以便阅读。

```
manager.connect(host=host,
                port=port,
                username=user,
                password=password,
                hostkey_verify = False,
                device_params={'name': "huawei"},
                allow_agent = False,
                look_for_keys = False)
```

PEP 8 建议每一行的字符不超过 79 个。

3. 数据类型

Python 是一门弱类型语言，变量使用前无须声明，变量名可以看作对象的引用。

Python 中有许多内置的基本数据类型，分为数字（number）、字符串（string）、列表（list）、元组（tuple）、字典（dict）、集合（set）以及一些不太常用的数据类型，如字节串（byte）等。这些数据类型可以分成以下几种类型。

（1）可变类型：列表、字典和集合。

（2）不可变类型：数字、字符串和元组。

（3）序列类型：字符串、列表、元组和字典。

（4）非序列类型：集合。

4. 流程控制

流程控制指的是代码运行逻辑、分支走向、循环控制，是体现程序执行顺序的操作。流程控制结构一般分为顺序结构、选择结构和循环结构。

（1）顺序结构是指程序逐行执行，所有语句都按照它们在文件中写入的顺序执行。

（2）选择结构也称分支结构，是指程序有选择地执行代码，可以跳过没用的代码，只执行有用的代码。通常有如下两种选择结构。

- 条件判断：if/elif/else。
- 异常处理：try/except。

（3）循环结构是指程序不断地重复执行同一段代码。通常有如下两种循环结构。

- for 循环。
- while 循环。

5. 定义函数

编写代码时，很多地方可能需要实现同样的功能，造成同样的一段代码重复出现。重复出现的代码可能只是一个包含 3～5 行的代码块，也可能是一个包含更多行的代码序列。当代码需要更新时，必须更新所有重复出现的代码，且容易出错。

此时，可以创建一个函数，包含一段重复出现的代码。每次需要重复使用这段代码时，只需调用函数即可。函数不仅允许命名代码块，还允许通过参数为函数传递不同的数据，并根据参数获得不同的结果。

函数是具有名称、可以根据需要多次调用的代码块。函数允许我们将常用的代码以固定的格式封装成一个独立的模块，只要知道这个模块的名称就可以重复使用它。

（1）函数定义

定义函数使用关键字 def，def 后跟函数名和圆括号，在圆括号内定义函数接收的参数，也可以不定义参数。圆括号后是冒号，函数体（函数的代码块）以冒号开始，并且统一缩进。使用 return 语句结束函数，默认返回 None。return 语句依然在函数体内部，不能回退缩进。直到函数的所有代码写完，才回退缩进，表示函数结束。

函数定义语法如下：

```
def 函数名(参数):
    # 内部代码
    return 表达式
```

下面定义一个名为 configure_intf 的函数，函数有 3 个参数：intf_name、ip、mask。

```
def configure_intf(intf_name, ip, mask):
    print('interface', intf_name)
    print('ip address', ip, mask)
```

注意事项如下。

- 定义函数时的参数称为形式参数（简称形参）。
- 当程序执行到定义函数的这段代码时，只是将这段代码载入内存，函数体中的代码只有在函数被调用时才执行。这类似网络设备中的访问控制列表（Access Control List，ACL）。在网络设备中创建的 ACL，在应用之前，其不执行任何操作。
- 调用函数时必须传入实际参数（简称实参）。

（2）函数调用

函数只有在被调用时才会被执行。要调用函数，必须使用函数名后跟圆括号的方式。调用时要根据函数的定义，提供相应个数和类型的参数，每个参数之间用逗号分隔。

下面调用函数 configure_intf():

```
configure_intf('F0/0', '10.1.1.1', '255.255.255.0')
```

此时，函数被调用，执行函数体代码，输出如下:

```
interface F0/0
ip address 10.1.1.1 255.255.255.0
```

当前的函数将执行结果输出到标准输出，不能保存到变量中。因为在定义函数时没有定义返回值，默认返回 None。

```
>>> ret = configure_intf('F0/0', '10.1.1.1', '255.255.255.0')   # 变量 ret 接收函数的返回值
interface F0/0
ip address 10.1.1.1 255.255.255.0
>>> print(ret)              #没有定义函数返回值，默认返回 None
None
>>>
```

（3）函数返回值

在 Python 中，用 def 语句创建函数时，可以用 return 语句指定该函数返回的值，返回值可以是任意类型的。需要注意的是，return 语句在同一个函数中可以有多条，但只要有一条得到执行，就会直接结束函数的执行。

下面的代码改造了 configure_intf()，将函数的输出通过 return 语句返回:

```
>>> def configure_intf(intf_name, ip, mask):
        config = f'interface {intf_name}\nip address {ip} {mask}'
        return config
>>> ret = configure_intf('Fa0/0', '10.1.1.1', '255.255.255.0')
>>> print(ret)
interface Fa0/0
ip address 10.1.1.1 255.255.255.0
```

函数可以返回多个值。在这种情况下，它们由 return 后面的逗号分隔。实际上，此时函数将返回元组。例如:

```
>>> def configure_intf(intf_name, ip, mask):
        config_intf = f'interface {intf_name}\n'
        config_ip = f'ip address {ip} {mask}'
        return config_intf, config_ip

>>> result = configure_intf('Fa0/0', '10.1.1.1', '255.255.255.0')
>>> print(result)
('interface Fa0/0\n', 'ip address 10.1.1.1 255.255.255.0')
>>> type(result)
<class 'tuple'>
```

也可以按照函数返回几个值就定义几个变量的方式来接收相应的返回值。

```
>>> intf, ip_addr = configure_intf('Fa0/0', '10.1.1.1', '255.255.255.0')
>>> intf
'interface Fa0/0\n'
>>> ip_addr
'ip address 10.1.1.1 255.255.255.0'
>>>
```

6. 异常处理

程序在运行过程中，总会遇到各种各样的错误。有些错误是编写代码时造成的，有些错误是不可预料，但错误完全有可能发生的，如文件不存在、网络拥塞、系统错误等。

（1）异常

在 Python 中，把这些导致程序在运行过程中出现异常中断或退出的错误称为异常（Exception）。

一个程序发生异常，代表该程序在执行时出现了非正常的情况，无法再执行下去。默认情况下，程序是要终止的。如果要避免程序退出，则可以使用捕获异常的方式获取异常的名称，再通过其他的逻辑代码让程序继续运行。这种根据异常做出的逻辑处理称为异常处理。

Python 定义了以下 3 种异常处理结构。

- try/except 结构；
- try/except/else 结构；
- try/except/finally 结构。

（2）try/except 结构

try/except 结构的执行流程如下。

- 首先执行 try 块，如果程序执行过程中出现异常，则系统会自动生成一个异常类型，并将该异常提交给 Python 解释器，此过程被称为捕获异常。
- Python 解释器收到异常时，会寻找能处理该异常的 except 块。如果找到合适的 except 块，就把该异常交给该 except 块处理，此过程被称为处理异常。如果 Python 解释器找不到能处理异常的 except 块，则程序终止运行，Python 解释器也将退出。

下面的代码使用了 try/except 结构：

```
try:
    a = input("Enter first number: ")
    b = input("Enter second number: ")
    print("Result: ", int(a)/int(b))
except ValueError:
    print("Please enter only numbers")
except ZeroDivisionError:
    print("You can't divide by zero")
```

（3）try/except/else 结构

在 try/except 结构的基础上，Python 异常处理机制还提供了增加一个 else 块的结构，即 try/except/else 结构。

try/except/else 结构的执行流程如下。

- 当 try 块没有捕获到任何异常时，才会执行使用 else 包裹的代码。
- 如果 try 块捕获到异常，则只会执行 except 块中的代码处理异常，不会执行 else 包裹的代码。

下面的代码使用了 try/except/else 结构：

```
try:
    a = input("Enter first number: ")
    b = input("Enter second number: ")
    result = int(a)/int(b)
except (ValueError, ZeroDivisionError):
    print("Something went wrong...")
else:
    print("Result is squared: ", result)
```

（4）try/except/finally 结构

Python 异常处理机制还提供了增加一个 finally 块的结构，即 try/except/finally 结构，在整个异常处理过程中，无论 try 块是否捕获到异常，最终都要进入 finally 块，并执行其中的代码。

下面的代码使用了 try/except/finally 结构：

```
try:
    a = input("Enter first number: ")
    b = input("Enter second number: ")
    result = int(a)/int(b)
except (ValueError, ZeroDivisionError):
    print("Something went wrong...")
else:
    print("Result is squared: ", result)
finally:
    print("And they lived happily ever after.")
```

1.3.2 文件处理

到目前为止，所有的程序都是从控制台获取输入并将执行结果输出到控制台的，实现了与用户的交互。但控制台上只能显示有限的数据，也无法反复从程序中生成数据，一旦发生意外，所有工作成果将瞬间消失。文件处理在数据需要永久存储到文件时发挥着重要作用，通过文件处理，可以读取、写入、创建、删除和更改文件。

Python 提供了内置的文件对象，以及用于对文件、目录进行操作的内置模块，通过这些可以很方便地将数据保存到文件中。

1. 文件路径

在 Windows 上，书写路径时使用反斜线作为路径分隔符。但在 OS X 和 Linux 上，使用正斜线作为路径分隔符。如果想要程序运行在所有操作系统上，在编写程序时，就必须考虑到这两种情况。

r/R 表示原始字符串。所有的字符串都是直接按照字面的意思来使用的，没有转义特殊或不能输出的字符。原始字符串第一个引号前有字母“r”（可以大写），与普通字符串有着几乎完全相同的语法。我们只需要在文件路径字符串引号前加上 r 或 R 就可以轻松处理文件路径带来的问题了。

```
>>> print("D:\python\\test\n")  # 字符串前不加 r 或 R
D:\python\test

>>> print(r"D:\python\test\n")  # 字符串前加 r 或 R，输出的是原始字符串
D:\python\test\n
```

2. 文件操作

Python 中文件操作有很多种，常见的操作是对文件进行读取和写入。文件必须在打开之后才能进行操作，在操作结束之后，还应该将其关闭。因此文件操作可以分为以下 3 步，每一步都需要借助对应的函数实现。

- 打开文件：使用内置的 open()函数，该函数会返回一个文件对象。
- 对已打开的文件进行读/写操作：读取文件内容，可使用 read()、readline()以及 readlines() 函数；向文件中写入内容，可以使用 write()函数。
- 关闭文件：完成对文件的读/写操作之后，需要关闭文件，可以使用 close()函数。

（1）打开文件

在 Python 中，要操作文件，首先需要创建或者打开指定的文件，并创建文件对象，而这些工作可以通过内置的 open( )函数完成。

```
file = open('file_name.txt', 'r')
```

- 'file_name.txt'是要打开文件的名称。不仅可以指定文件名，还可以指定路径（绝对路径或相对路径）。

- 'r'是文件打开模式，表示以只读的模式打开文件。open( )支持更多的文件打开模式，常用的文件打开模式如表 1-1 所示。

表 1-1　常用的文件打开模式

模式	作用	说明
r	以只读模式打开文件	文件必须存在
rb	以二进制格式、只读模式打开文件，一般用于非文本文件，如图片文件、音频文件等	
w	以只写模式打开文件，若文件存在，则打开时会清空文件中原有的内容	若文件存在，则会清空文件；若文件不存在，则创建文件
wb	以二进制格式、只写模式打开文件，一般用于非文本文件	
a	以追加模式打开文件，如果文件已经存在，则新写入内容会追加到已有内容之后；否则会创建新文件	
a+	以二进制格式打开文件，并采用追加模式，如果文件已存在，则新写入内容会追加到已有内容之后；否则创建新文件	

（2）读取文件

Python 提供了如下 3 种函数来实现读取文件中数据的操作。

- read() 函数：逐个字节或者字符读取文件中的内容。
- readline() 函数：逐行读取文件中的内容。
- readlines() 函数：一次性读取文件中的多行内容。

下面通过 readlines()函数读取文件 R1.txt，R1.txt 文件内容如下：

```
!
service timestamps debug datetime msec localtime show-timezone year
service timestamps log datetime msec localtime show-timezone year
service password-encryption
service sequence-numbers
!
no ip domain lookup
!
ip ssh version 2
!
```

readlines()函数操作如下：

```
>>> f = open('R1.txt','r')
>>> f.readlines()                    # 将文件中的每一行作为列表的一个元素
['!\n', 'service timestamps debug datetime msec localtime show-timezone year\n',
 'service timestamps log datetime msec localtime show-timezone year\n', 'service
 password-encryption\n', 'service sequence-numbers\n', '!\n', 'no ip domain lookup\n',
 '!\n', 'ip ssh version 2\n', '!']
>>> f.close()
```

（3）写入文件

写入文件时，指定正确的文件打开模式非常重要，以免误删。

- w：打开文件进行写入。如果文件存在，则删除其内容。
- a：打开文件以添加数据，数据添加到文件末尾。

如果文件不存在，则在这两种模式下都会创建一个文件。以下函数用于写入文件。

- write()：将一行内容写入文件。
- writelines()：允许将字符串列表作为参数发送到文件中。

下面通过 write( )函数将字符串写入文件。

```
>>> cfg_lines = ['!',
'service timestamps debug datetime msec localtime show-timezone year',
'service timestamps log datetime msec localtime show-timezone year',
'service password-encryption',
'service sequence-numbers',
'!',
'no ip domain lookup',
'!',
'ip ssh version 2',
'!']
>>> f = open("R2.txt", "w")                     # 以 w 模式打开文件
>>> cfg_lines_as_string = '\n'.join(cfg_lines)  # 将列表用“\n”连接成字符串
>>> f.write(cfg_lines_as_string)                # 将字符串写入文件
231
>>> f.close()
>>> os.listdir()                                # 列出文件列表
['.idea', 'R1.txt', 'R2.txt']
>>>
```

（4）关闭文件

前面在介绍文件操作时，一直强调打开的文件最后一定要关闭，否则会给程序的运行造成意想不到的隐患。但是，即便使用 close( )函数，如果在打开文件或文件操作过程中抛出了异常，则还是无法及时关闭文件。

为了更好地避免此类问题出现，Python 提供了 with as 语句用来操作上下文管理器（Context Manager），它能够帮助我们自动分配并且释放资源，保证文件自动关闭。

```
>>> with open('R1.txt', 'r') as f:
    for line in f:
        print(line)

!
service timestamps debug datetime msec localtime show-timezone year
service timestamps log datetime msec localtime show-timezone year
service password-encryption
service sequence-numbers
!
no ip domain lookup
!
ip ssh version 2
!
>>>
```

有时需要同时处理两个文件，如将从一个文件中读出的内容再写入另一个文件。在这种情况下，可以按如下方式打开两个文件：

```
>>> with open('R1.txt') as f1, open('result.txt', 'w') as f2:
    for line in f1:
        f2.write(line)
```

1.3.3 网络模块

Python 提供了强大的模块支持，不仅有大量的标准模块，还有大量的第三方模块。开发者也可以开发自定义模块。这些强大的模块可以极大地提高开发者的开发效率。

模块就是 Python 程序，任何 Python 程序都可以作为模块。随着程序功能的复杂化，程序不断变大。为了便于维护，通常会将其分为多个文件（模块），这样不仅可以提高代码的可维护性，还可以提高代码的可重用性。当编写好一个模块后，若编程过程中需要用到该模块的某个功能（由变量、函数、类实现），则无须做重复性的编写工作，直接在程序中导入该模块即可。

（1）导入模块

Python 中有几种方法可以导入模块。

- 导入整个模块：**import 模块名**，如导入 sys 模块，import sys。
- 导入整个模块，并指定别名：**import 模块名 as 别名**。

```
>>> import sys as s            # 导入 sys 模块时指定别名 s
>>> s.getdefaultencoding()     # 使用 sys 模块内的函数时，须添加别名 s 作为前缀
'utf-8'
```

- 导入模块中的某个或某些函数：**from 模块名 import 函数名**。

```
>>> from sys import argv      # 导入 sys 模块中的 argv 函数
>>> argv[0]                   # 直接使用函数名即可访问
```

- 导入指定模块中的所有成员：**from 模块名 import ***。

（2）自定义模块

下面是创建自己的模块并将函数从一个模块导入另一个模块的例子。

首先，创建名为 check_ip_func.py 的文件，其功能是根据参数检查 IP 地址的正确性，返回 IPv4Address 或 IPv6Address 对象；默认情况下，小于 2^{32} 的整数将被视为 IPv4 地址。如果地址不是有效的 IPv4 或 IPv6 地址，则会引发 ValueError。代码如下：

```
import ipaddress
def check_ip(ip):
    try:
        ipaddress.ip_address(ip)
        return True
    except ValueError as err:
        return False
    ip1 = '10.1.1.1'
    ip2 = '10.1.1'
    print('Checking IP...')
    print(ip1, check_ip(ip1))
    print(ip2, check_ip(ip2))
```

上面的代码可以独立运行，执行结果如下：

```
Checking IP...
10.1.1.1 True
10.1.1 False
```

其次，将 check_ip_func.py 文件作为模块，供其他 Python 程序调用。在 check_ip_func.py 文件同一目录下，创建名为 get_correct_ip.py 文件，该文件将调用 check_ip_func.py 模块中定义的 check_ip()函数，以从地址列表中选择正确的 IP 地址。

```
from check_ip_func import check_ip          # 导入模块 check_ip_func.py 中的函数 check_ip()
def return_correct_ip(ip_addresses):        # 定义一个返回正确 IP 地址的函数
```

```
        correct = []
        for ip in ip_addresses:
            if check_ip(ip):
                correct.append(ip)
        return correct

    print('Checking list of IP addresses')
    ip_list = ['10.1.1.1', '8.8.8.8', '2.2.2']
    correct = return_correct_ip(ip_list)
    print(correct)
```

执行结果如下：

```
Checking IP...
10.1.1.1 True
10.1.1 False
Checking list of IP addresses
['10.1.1.1', '8.8.8.8']
```

从上面的执行结果中可以看到，Python解释器将模块check_ip_func.py中的代码也一块儿执行了，执行结果中的前3行就是模块check_ip_func.py的执行结果，但这并不是我们想要的结果。

想要避免这种情况的关键在于，要让Python解释器知道，当前要运行的程序是模块本身，还是导入模块的其他程序。在模块check_ip_func.py中，仅仅定义函数，不需要其他的代码，修改后的代码如下：

```
import ipaddress
def check_ip(ip):
    try:
        ipaddress.ip_address(ip)
        return True
    except ValueError as err:
        return False
```

而get_correct_ip.py程序保持不变，在执行get_correct_ip.py后即可得到我们想要的结果：

```
Checking list of IP addresses
['10.1.1.1', '8.8.8.8']
```

下面将介绍常用的3个网络编程模块：ipaddress模块、netaddr模块和tabulate模块。

（1）ipaddress模块

该模块包括IPv4和IPv6地址的类，可以用来生成、验证、查找IP地址。从Python 3.3开始，ipaddress模块正式成为Python标准库中的模块之一，不需要安装，可直接使用。

ipaddress模块中有IPv4Address类和IPv6Address类，可分别用来处理IPv4和IPv6地址。由于IPv4Address和IPv6Address对象共享许多共同属性，下面的案例将只处理IPv4格式，可以以类似的方式处理IPv6格式。

- ipaddress.ip_address( )函数会根据传入的字符串自动创建IPv4/IPv6 Address对象。

```
>>> import ipaddress
>>> ipv4 = ipaddress.ip_address("10.1.1.1")
>>> ipv4
IPv4Address('10.1.1.1')
>>> print(ipv4)
10.1.1.1
```

也可以使用正整数来创建地址，默认小于2^{32}的整数是IPv4地址，大于2^{32}的整数则是IPv6地址。

```
>>> ipv4 = ipaddress.ip_address(32456677)
>>> print(ipv4)
1.239.63.229
>>>
```

使用 ipaddress.ip_address( ) 创建 IPv4Address 对象有很多 IPv4 地址的属性。

```
>>> ipv4.
ipv4.compressed      ipv4.is_loopback       ipv4.is_unspecified    ipv4.version
ipv4.exploded        ipv4.is_multicast      ipv4.max_prefixlen
ipv4.is_global       ipv4.is_private        ipv4.packed
ipv4.is_link_local   ipv4.is_reserved       ipv4.reverse_pointer
```

- 使用 ipaddress.ip_network( )函数创建 IPv4/IPv6Address 对象。

```
>>> subnet1 = ipaddress.ip_network("192.168.10.0/24")      # 给定网段
>>> subnet1.broadcast_address             # 获取网段的广播地址
IPv4Address('192.168.10.255')
>>> subnet1.with_netmask
'192.168.10.0/255.255.255.0'              # 获取网段加子网掩码
>>> subnet1.with_hostmask                 # 获取网段加主机掩码
'192.168.10.0/0.0.0.255'
>>> subnet1.prefixlen                     # 获取掩码长度
24
>>>
```

ipaddress.ip_network( )函数允许划分网络（子网划分）。默认情况下，它将网络划分为两个子网。

```
>>> list(subnet1.subnets())               # 划分子网，默认划分为两个子网
[IPv4Network('192.168.10.0/25'), IPv4Network('192.168.10.128/25')]
>>>
```

通过 prefixlen_diff 参数设置允许指定子网的位数。

```
>>> list(subnet1.subnets(prefixlen_diff=2))
[IPv4Network('192.168.10.0/26'),
IPv4Network('192.168.10.64/26'),
IPv4Network('192.168.10.128/26'),
IPv4Network('192.168.10.192/26')]
>>>
```

- ipaddress.ip_interface( )函数允许创建 IPv4 或 IPv6 接口对象。

```
>>> intface_1 = ipaddress.ip_interface("10.0.1.1/24")
>>> intface_1.ip
IPv4Address('10.0.1.1')
>>> intface_1.network
IPv4Network('10.0.1.0/24')
>>> intface_1.netmask
IPv4Address('255.255.255.0')
>>>
```

（2）netaddr 模块

该模块是 Python 处理 IP 地址和 MAC 地址的开源第三方库，是用于对网络地址段进行定义和操作的一个工具类。通过 netaddr 模块可以以非常灵活的方式定义网段，获取网段的一些常用信息，同时可以和网络地址与网段进行一些包含关系的运算。

netaddr 模块不是 Python 的标准模块，使用前需要安装。

```
pip install netaddr
```

- IPAddress 对象表示单个 IP 地址，可以接收一个 IPv4 或 IPv6 地址字符串。

```
>>> from netaddr import IPAddress          # 导入 IPAddress 类
>>> ip = IPAddress("192.168.1.1")           # IPAddress 类的对象
>>> ip
IPAddress('192.168.1.1')
>>> type(ip)                               # 获取对象的类型
<class 'netaddr.ip.IPAddress'>
>>> ip.version                             # 查看 ip 对象是 IPv4 还是 IPv6
4
>>> ip.bits()                              # 转换为点分二进制
'11000000.10101000.00000001.00000001'
>>> ip.bin                                 # 将 IP 地址转换为二进制的值
'0b11000000101010000000000100000001'
>>> ip.words                               # 获取 IP 地址的 4 部分的值
(192, 168, 1, 1)
```

- IPNetwork()是处理 IP 网段的方法，同样可以接收一个 IPv4 或 IPv6 地址字符串。

```
>>> from netaddr import IPNetwork
>>> ip = IPNetwork("192.168.1.1/24")
>>> ip
IPNetwork('192.168.1.1/24')
>>> ip.cidr
IPNetwork('192.168.1.0/24')
>>> ip.hostmask
IPAddress('0.0.0.255')
>>> ip.network
IPAddress('192.168.1.0')
>>> ip.netmask
IPAddress('255.255.255.0')
>>>
```

- cidr_merge()是网段的汇总方法，它只接收列表，列表中必须含有要汇总的网段。

```
>>> from netaddr import cidr_merge
>>> summary_list = [IPNetwork('192.168.0.0/24'), IPNetwork('192.168.1.0/24')]
>>> cidr_merge(summary_list)
[IPNetwork('192.168.0.0/23')]
>>>
```

- EUI()是 netaddr 格式化 MAC 地址的方法，可以接收任何表达形式的 MAC 地址字符串。

```
>>> from netaddr import EUI
>>> mac = EUI("4c1f-cce5-2d7d")          # 接收任何表达形式的 MAC 地址字符串
>>> mac
EUI('4C-1F-CC-E5-2D-7D')
>>> mac = EUI("4c:1f:cc:e5:2d:7d")
>>> mac
EUI('4C-1F-CC-E5-2D-7D')
>>> bin(mac)                             # 将 MAC 地址转换为二进制的值
'0b10011000001111111001100111001010010110101111101'
```

（3）tabulate 模块

通过 tabulate 模块可以精美地显示数据。它不是 Python 标准库，因此需要先进行安装。

```
pip install tabulate
```

- tabulate 模块支持列表、字典等表格数据类型。模块中的 tabulate( )函数用于制表。

```
>>> from tabulate import tabulate     # 导入 tabulate 模块，并定义列表 dis_ip_int_br
>>> dis_ip_int_br = [("FastEthernet0/0", "15.0.15.1", "up", "up"),("FastEthernet0/1",
 "10.0.12.1", "up", "up"), ("FastEthernet0/2", "10.0.13.1", "up", "up"),("Loopback0",
 "10.1.1.1", "up", "up"),("Loopback100", "100.0.0.1", "up", "up")]
>>>
>>> print(tabulate(dis_ip_int_br))        # 使用 tabulate()函数使输出相对整齐
---------------  ---------  --  --
FastEthernet0/0  15.0.15.1  up  up
FastEthernet0/1  10.0.12.1  up  up
FastEthernet0/2  10.0.13.1  up  up
Loopback0        10.1.1.1   up  up
Loopback100      100.0.0.1  up  up
---------------  ---------  --  --
```

- tabulate( )函数还可以使用 headers 参数指定列名。

```
>>> columns = ['Interface', 'IP', 'Status', 'Protocol']          # 定义列名
>>> print(tabulate(dis_ip_int_br,headers=columns))        # 加上 headers 参数
Interface        IP         Status    Protocol
---------------  ---------  --------  ----------
FastEthernet0/0  15.0.15.1  up        up
FastEthernet0/1  10.0.12.1  up        up
FastEthernet0/2  10.0.13.1  up        up
Loopback0        10.1.1.1   up        up
Loopback100      100.0.0.1  up        up
>>>
```

- tabulate( )函数还可以使用参数 tablefmt 输出网格。

```
>>> print(tabulate(dis_ip_int_br,headers=columns,tablefmt="grid"))
+-----------------+-----------+----------+------------+
| Interface       | IP        | Status   | Protocol   |
+=================+===========+==========+============+
| FastEthernet0/0 | 15.0.15.1 | up       | up         |
+-----------------+-----------+----------+------------+
| FastEthernet0/1 | 10.0.12.1 | up       | up         |
+-----------------+-----------+----------+------------+
| FastEthernet0/2 | 10.0.13.1 | up       | up         |
+-----------------+-----------+----------+------------+
| Loopback0       | 10.1.1.1  | up       | up         |
+-----------------+-----------+----------+------------+
| Loopback100     | 100.0.0.1 | up       | up         |
+-----------------+-----------+----------+------------+
>>>
```

1.4 任务实施

ping 命令是运维工程师检查网络连通性的常用命令。运维工程师基本上每天都会用到它。它可以很好地帮助运维工程师分析和判定网络故障。但是 ping 命令每次只能 ping 一个 IP 地址，对于公司 A 中大量的网络设备，显然不能一个一个地进行 ping 操作。为此，公司 A 安排运维工程师小李使用 Python

编写了一个批量 ping 的网络检查工具。该工具需要具备如下功能。

（1）可以批量 ping IP 地址。

（2）可以 ping 一段 IP 地址，如 192.168.0.100-192.168.0.200，192.168.0.100-200。

（3）可以读取包含 IP 地址的 TXT 文件。

（4）输出可以 ping 通和 ping 不通的 IP 地址。

1.4.1 创建文本文件

创建 net.txt 文件，其内容如下。

```
8.8.8.8
8.8.4.4
1.1.1.1-3
192.168.0.140-192.168.0.160
```

1.4.2 编写 Python 代码

具体代码如下。

```
import ipaddress
import subprocess

# 该函数的功能是对每个 IP 地址发起 ping，并记录 ping 的结果
# 将能 ping 通的地址保存到 reachable 列表中，将不能 ping 通的地址保存到 unreachable 列表中
def ping_ip_addresses(ip_addresses):
    reachable = []
    unreachable = []

    for ip in ip_addresses:
        result = subprocess.run(
            # "-n"用于设置 ping 包数量，"-w"用于设置超时时间，单位是毫秒
            ["ping","-n", "2","-w","1000", ip], capture_output=True
        )
        if result.returncode == 0:
            reachable.append(ip)
        else:
            unreachable.append(ip)
    return reachable, unreachable

# 该函数的功能是将输入的 IP 地址段拆分成一个一个的 IP 地址
def convert_ranges_to_ip_list(ip_addresses):
    ip_list = []
    for ip_address in ip_addresses:
        if "-" in ip_address:
            start_ip, stop_ip = ip_address.split("-")
            if "." not in stop_ip:
                stop_ip = ".".join(start_ip.split(
".")
[:-1] + [stop_ip])
              start_ip = ipaddress.ip_address(start_ip)
```

```
                stop_ip = ipaddress.ip_address(stop_ip)
                for ip in range(int(
start_ip)
, int(
stop_ip)
 + 1):
                    ip_list.append(str(
ipaddress.ip_address(
ip)
)
)
        else:
            ip_list.append(str(
ip_address)
)
    return ip_list

ip_addresses = []

# 读取文件，获取文件中的所有行
with open("net.txt") as f:
    lines = f.readlines()
    for line in lines:
        # 去掉每行的'\n'
        ip_addresses.append(line.strip())

print("需要 ping 的 IP 地址是：",ip_addresses)

# 将地址段转换为一个一个的 IP 地址
addresses = convert_ranges_to_ip_list(ip_addresses)

# 批量 ping IP 地址，reach 中存放能 ping 通的地址，unreach 中存放不能 ping 通的地址
reach,unreach = ping_ip_addresses(addresses)

print("能 ping 通的 IP 地址有：\n",reach)
print(
"不能 ping 通的 IP 地址有：\n",unreach)
```

1.4.3 运行 Python 代码

运行结果如下。

```
需要 ping 的 IP 地址是：
['8.8.8.8', '8.8.4.4', '1.1.1.1-3', '192.168.0.140-192.168.0.160']

能 ping 通的 IP 地址有：
 ['8.8.8.8', '8.8.4.4', '1.1.1.1', '1.1.1.2', '1.1.1.3', '192.168.0.142', '192.168.0.159']

不能 ping 通的 IP 地址有：
 ['192.168.0.140', '192.168.0.141', '192.168.0.143', '192.168.0.144', '192.168.0.145', '192.168.0.146',
```

```
'192.168.0.147', '192.168.0.148', '192.168.0.149', '192.168.0.150', '192.168.0.151', '192.168.0.152',
'192.168.0.153', '192.168.0.154', '192.168.0.155', '192.168.0.156', '192.168.0.157', '192.168.0.158',
'192.168.0.160']
```

1.5 任务总结

本项目主要介绍了 Python 编程基础，包含 Python 基础语法、数据类型、流程控制、函数使用、异常处理等，为了加强读者对 Python 在网络自动化中应用的理解，还介绍了 Python 文件读写处理和常用的网络模块。

1.6 知识巩固

1. 从下面的配置字符串中获取 VLAN 列表["1", "3", "10", "20", "30", "100"]，将结果列表写入结果变量。使用 print()将结果列表输出到标准输出（stdout）。

```
config = "switchport trunk allowed vlan 1,3,10,20,30,100"
```

2. vlans 列表是从网络上所有设备收集的 VLAN 的列表，因此该列表中有重复的 VLAN 编号。从 vlans 列表中获取唯一 VLAN 编号的新列表，按编号升序排列。要获得最终列表，不能手动删除特定的 VLAN。将结果列表写入结果变量，并使用 print()将结果列表输出到标准输出（stdout）。

```
vlans = [10, 20, 30, 1, 2, 100, 10, 30, 3, 4, 10]
```

3. mac 列表包含格式为 XXXX:XXXX:XXXX 的 MAC 地址。但是，在华为设备中，MAC 地址的格式为 XXXX-XXXX-XXXX。编写代码，将 MAC 地址转换为华为设备中的格式并将它们添加到名为 result 的新列表中。使用 print()将结果列表输出到标准输出。

```
mac = ["aabb:cc80:7000", "aabb:dd80:7340", "aabb:ee80:7000", "aabb:ff80:7000"]
```

第二篇 部署实施篇

本篇围绕Python中的telnetlib、paramiko、netmiko、PySNMP模块编写自动化脚本来实现网络自动化运维与管理，以及使用Telemetry进行网络遥测、监控。本篇所有项目基于公司A深圳总部园区网络、服务器区网络和广州分公司网络（已经部署和实施完毕），所有网络已经实现互联互通，项目组工程师全面参与到公司A深圳总部园区网络、服务器区网络和广州分公司网络的自动化运维工作。按照公司的整体网络功能和自动化运维管理的要求，运维工程师需要完成的任务如下。

（1）使用telnetlib下发网络配置。

（2）使用paramiko实现网络自动化巡检。

（3）使用netmiko发现网络拓扑。

（4）使用PySNMP获取网络数据。

项目2
使用telnetlib下发网络配置

2.1 学习目标

- **知识目标**
  - 掌握网络自动化运维的概念
  - 掌握 SNMP 的使用方法
  - 掌握 NTP 的使用方法
  - 掌握 Python 中的 telnetlib 模块的使用方法
- **能力目标**
  - 在网络设备上配置 SNMP
  - 在网络设备上配置 NTP
  - 使用 telnetlib 模块自动下发网络配置
- **素养目标**
  - 通过实际应用，培养学生规范的运维操作习惯
  - 通过任务分解，培养学生良好的团队协作能力
  - 通过全局参与，培养学生良好的表达能力和文档编写能力
  - 通过示范作用，培养学生认真负责、严谨细致的工作态度和工作作风

项目 2　使用 telnetlib 下发网络配置

2.2 任务陈述

telnetlib 模块是 Python 的标准模块，用来实现网络设备的远程 Telnet 管理的功能，自动连接一些设备并进行相应的操作。

本任务主要介绍网络自动化运维必要性、SNMP 架构和工作原理、NTP 工作原理和工作模式，以及 telnetlib 模块的方法和使用等基础知识。本任务通过使用 telnetlib 模块自动下发网络配置，介绍 Telnet 服务配置、NTP 服务配置、SNMP 配置和 telnetlib 的使用方法等职业技能，帮助读者为后续网络自动化运维做好准备。

本任务使用的网络拓扑如图 2-1 所示（图中省略交换机 S3 用于连接本地主机）。

注意：本篇所使用的网络拓扑均为图 2-1。

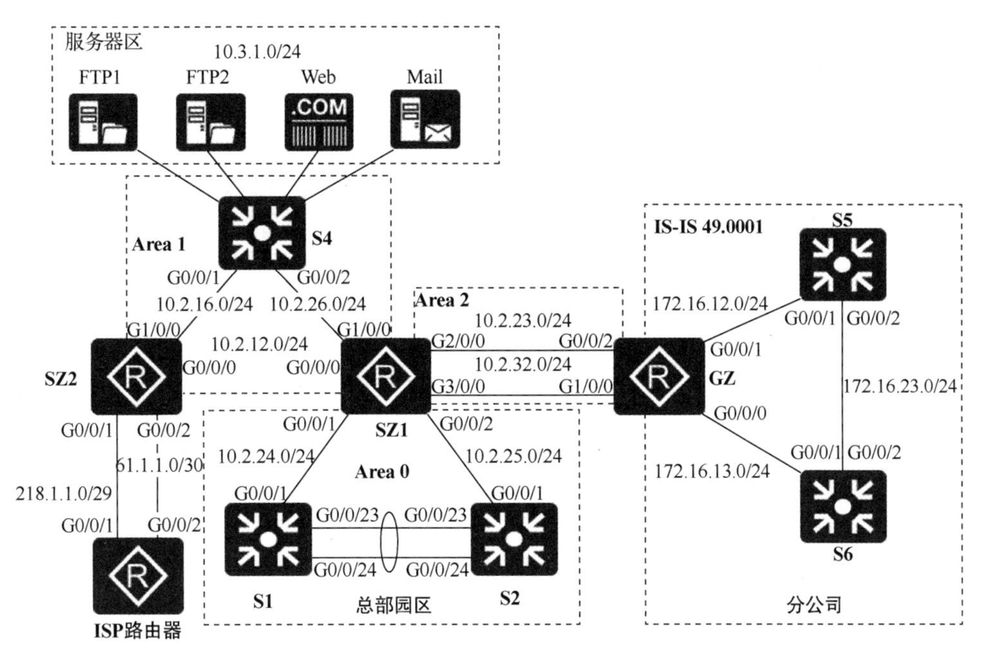

图 2-1　网络拓扑

2.3 知识准备

2.3.1 网络自动化运维

随着互联网的飞速发展，企业的信息技术（Information Technology，IT）架构越来越复杂，管理和维护这些系统的成本越来越高。为了解决这个问题，自动化运维技术应运而生。自动化运维是指通过自动化工具和技术，减少人工干预、优化流程、提高效率、降低成本的一种运维方式。

网络自动化运维是自动化运维的一种重要形式，其主要目的是通过网络自动化工具和技术，实现网络设备的自动化管理和维护。

网络自动化运维可以分为以下几个方面。

1. 网络设备自动化管理

网络设备自动化管理是指通过网络自动化工具和技术，实现网络设备的自动化管理和维护。网络设备包括路由器、交换机、防火墙等。通过网络自动化工具和技术，可以实现对网络设备的配置、监控、故障排除等自动化管理。这样可以大大降低网络运维的成本，提高网络运维的效率。

2. 网络流量自动化管理

网络流量自动化管理是指通过网络自动化工具和技术，实现对网络流量的自动化管理和优化。网络流量包括入口流量、出口流量、内部流量等。通过网络自动化工具和技术，可实现对网络流量的监控、调整、优化等自动化管理。这样可以大大提高网络带宽利用率，提高网络的性能。

3. 网络安全自动化管理

网络安全自动化管理是指通过网络自动化工具和技术，实现对网络的自动化管理和保护。网络安全包括攻击、病毒、木马等。通过网络自动化工具和技术，可以实现对网络的监控、防御、检测等自动化管理。这样可以大大提高网络的安全性，有效保护网络用户的数据和隐私。

4. 网络性能自动化管理

网络性能自动化管理是指通过网络自动化工具和技术，实现对网络性能的自动化管理和优化。网络性能包括网络延迟、丢包率、带宽利用率等。通过网络自动化工具和技术，可以实现对网络性能的监控、调整、优化等自动化管理。这样可以大大提高网络的性能，提升用户的体验和满意度。

综上所述，网络自动化运维是一种非常重要的运维方式，可以大大降低运维成本，提高运维效率，保障网络的安全和稳定，提升用户的体验。

网络自动化运维的技术主要包括自动化工具、脚本、程序等。其中，自动化工具是指实现网络自动化的软件工具，如 Ansible、Puppet、Chef、SaltStack 等，可以自动减少一些重复、烦琐的操作，节省时间，提高运维效率；脚本是指利用编程语言编写的自动化脚本，可以实现一些自动化操作，常见的脚本语言有 Python、Shell 等；程序是指编写的自动化程序，可以实现一些自动化操作，常见的编程语言有 Java、C++等。

基于传统的命令行界面（Command Line Interface，CLI）方式管理网络，其痛点在于网络设备返回的是非结构化数据（文本回显）。非结构化数据方便人们理解，但是不利于机器的理解，不利于自动化的数据采集。网络自动化发展的基础需求是设备提供结构化数据，这可以极大地推进网络自动化的进程。

网络自动化运维工程师需要具备部分融合能力：在网络领域，需要掌握专业的网络知识和技能；在软件开发领域，至少需要掌握一门编程语言，如 Python；在系统领域，需要掌握操作系统运维的必要知识和技能，满足企业网络自动化部署、开发和运维的岗位需求。

本书基于 Python 编程语言介绍网络自动化技术，需要读者具备一定的 Python 编程基础。

2.3.2 SNMP

简单网络管理协议（Simple Network Management Protocol，SNMP）是专门设计用于在 IP 网络中管理网络节点的一种标准协议，它是一种应用层协议。网络管理员可以利用网络管理站（Network Management Station，NMS）在网络上的任意节点完成信息查询、信息修改和故障排查等工作，提升工作效率。同时，其可以屏蔽不同产品之间的差异，实现不同种类和厂商的网络设备之间的统一管理。所有支持 SNMP 的网络设备，网络管理员都可对其进行统一管理。SNMP 不仅能够加强网络管理系统的效能，还可以用来对网络中的资源进行管理和实时监控。SNMP 传输层使用用户数据报协议（User Datagram Protocol，UDP），管理端的默认端口为 UDP 162，主要用来接收代理的消息，如 Trap 告警消息等。代理端使用 UDP 161 端口接收管理端下发的消息。

SNMP 框架体系由多个功能相对独立的子系统或应用程序集合而成，因而可以方便管理，其典型架构如图 2-2 所示。在基于 SNMP 的网络中，NMS 是网络管理（简称网管）中心，在它之上运行管理进程，对网络设备进行管理和监控。每个被管理设备都需要运行代理进程。管理进程和代理进程利用 SNMP 报文进行通信。被管理设备是网络中接受 NMS 管理的设备。

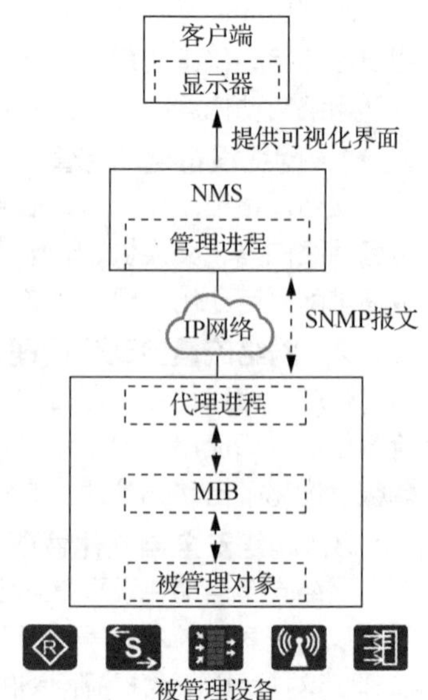

图 2-2　SNMP 典型架构

代理进程运行于被管理设备上，用于维护被管理设备的信息数据并响应来自 NMS 的请求，把管理数据汇报给发送请求的 NMS。NMS 和被管理设备的信息交互分为两种：一种是 NMS 通过 SNMP 给被管理设备发送修改配置信息请求或查询配置信息请求，被管理设备上运行的代理进程根据 NMS 的请求消息做出响应；另一种是被管理设备主动向 NMS 上报告警信息（Trap），以便网络管理员及时发现故障。

每一个设备可能包含多个被管理对象，被管理对象可以是设备中的某个硬件，也可以是在硬件、软件（如路由选择协议）上配置的参数集合。SNMP 规定通过管理信息库（Management Information Base，MIB）去描述可管理实体的一组对象。MIB 是数据库，指明了被管理设备所维护的变量（即能够被代理进程查询和设置的信息）。MIB 定义了被管理设备的一系列属性，包括对象标识符（Object Identifier，OID）、对象的状态、对象的访问权限和对象的数据类型等。MIB 包含网络中所有可能的被管理对象的集合。因为其结构与树相似，所以 MIB 又被称为对象命名树。

MIB 是 NMS 同代理进程进行沟通的“桥梁”，可以使网管软件和设备进行标准对接。每一个代理进程都维护一个 MIB，NMS 可以对 MIB 中对象的值进行读取或设置。MIB 定义被管理对象的一系列属性，包括对象的名称、对象的访问权限以及对象的数据类型。

MIB 以树状结构存储数据，树的叶子节点表示管理对象，它可以通过从根节点开始的一条唯一路径来标识，这条路径也就是 OID。MIB 树如图 2-3 所示。

OID 是由一系列非负整数组成的，用于唯一标识管理对象在 MIB 树中的位置。MIB 文件一旦发布，OID 就和被定义的对象绑定，不能修改。MIB 节点不能被删除，只能将它的状态置为“obsolete”，表明该节点已经被废除。

NMS 通过 OID 引用代理进程中的对象。如在图 2-3 所示的树中，mgmt 对象可以标识为{ iso(1) org(3) dod(6) internet(1) mgmt(2) }，简单标记为 1.3.6.1.2，这种标识就叫作 OID。

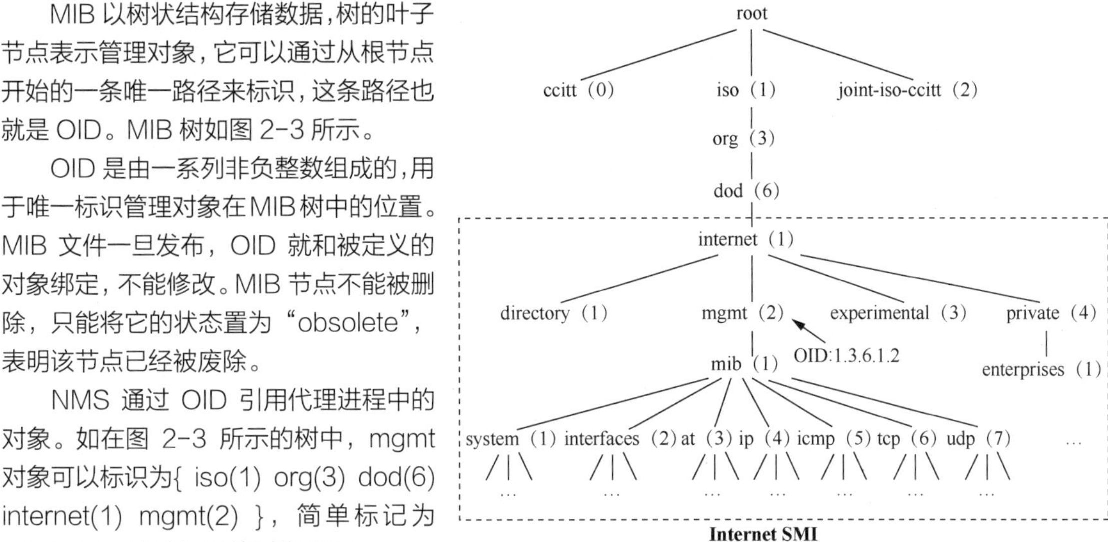

图 2-3 MIB 树

SNMP 的发展经历了 SNMPv1、SNMPv2c 和 SNMPv3，这是一个不断完善、改进的过程。SNMPv1 是 SNMP 的最初版本，容易实现且成本低。因为该版本缺少大量读取数据的能力，并且没有足够的安全机制，所以适合规模较小、设备较少和安全性要求不高或本身就比较安全的网络，如校园网和小型企业网等。SNMPv2c 扩展了 SNMPv1 的功能，增加了 GetBulk 和 inform 操作，但是该版本仍然没有足够的安全机制。SNMPv2c 适合规模较大、设备较多和安全性要求不高或本身就比较安全，但业务比较繁忙，有可能发生流量拥塞的网络。鉴于 SNMPv2c 在安全性方面没有得到改善，因特网工程任务组（Internet Engineering Task Force，IETF）又发布了 SNMPv3，SNMPv3 提供了基于用户的安全模型（User-based Security Model，USM）的认证加密和基于视图的访问控制模型（View-based Access Control Model，VACM）功能。该版本适用于各种规模的网络，尤其是对安全性要求较高，只有合法的管理员才能对网络设备进行管理的网络。

NMS 通过 SNMPv3 向被管理设备下发查询和设置操作指令，并接收操作响应信息，同时监听被管理设备发送的告警信息。SNMPv3 的基本操作命令如表 2-1 所示。

表 2-1 SNMPv3 的基本操作命令

功能	操作类型	功能描述
查询	Get	从代理进程中提取一个或多个参数值
	Getnext	从代理进程中按照字典顺序提取下一个参数值
	Getbulk	对代理进程进行信息批量查询
设置	Set	通过代理进程设置一个或多个参数值
告警	Trap	代理进程主动向 NMS 发送信息，告知被管理设备出现的情况
	Inform	作用与 Trap 相同，但需要 NMS 进行接收确认，会占用较多系统资源
响应	Response	代理进程对 Get/Set 操作的响应消息，NMS 对 Inform 的响应消息

SNMPv1 和 SNMPv2c 使用团体名（community，可以理解为密码）进行安全认证，团体名在网络中以明文传输，容易泄露。同时，大多数网络产品出厂时设定只读团体名的默认值为“Public”，读写团体名的默认值为“Private”。许多网络管理人员从未修改过该默认值，存在安全风险。

SNMPv3 较 SNMPv1 和 SNMPv2c 在安全性方面做了提升。SNMPv3 定义了 3 个安全级别：1 级为 privacy（鉴权且加密），2 级为 authentication（只鉴权），3 级为 noauthentication（不鉴权不加密）。SNMPv3 将拥有相同安全级别的用户划分了用户组，同时定义了视图控制用户访问的 MIB 节点集合。

用户的安全级别必须大于等于用户组的安全级别，即如果用户组的安全级别是 1 级，则用户的安全级别必须是 1 级，如果用户组的安全级别是 2 级，则用户的安全级别可以是 1 级或者 2 级。

SNMPv3 还采用了 USM 和 VACM，提升了安全性。USM 可提供身份验证和数据加密服务。身份验证指的是代理进程或 NMS 接到信息时首先必须确认信息是否来自有权限的 NMS 或代理进程，并且信息在传输过程中未被改变。数据加密是指通过对称密钥系统，NMS 和代理进程共享同一密钥并对数据进行加密和解密。VACM 用于对用户组实现基于视图的访问控制，用户必须先配置一个视图，并指明权限。用户可以在配置用户、用户组或者团体名的时候加载这个视图，以达到限制读写操作、告警的目的。

华为设备上 SNMP 的基本配置命令如下。

```
[Huawei]snmp-agent    //使能 SNMP 代理功能
[Huawei]snmp-agent sys-info version [v1 | v2c | v3]
//配置 SNMP 版本。用户可以根据自己的需求配置对应的 SNMP 版本，但设备侧使用的协议版本必须与网管
//侧的一致
[Huawei]snmp-agent mib-view view-name { exclude | include } subtree-name [mask mask]
//创建或者更新 MIB 视图的信息
[Huawei]snmp-agent group v3 group-name { authentication | noauth | privacy } [ read-view
view-name | write-view view-name | notify-view view-name ]
//创建一个新的 SNMP 组，将该组用户映射到 SNMP 视图，指定验证的加密方式、只读视图、读写视图、通
//知视图
[Huawei]snmp-agent usm-user v3 user-name group group-name
//为一个 SNMP 组添加一个新用户
[Huawei]snmp-agent usm-user v3 user-name  authentication-mode { md5 | sha | sha2-256 }
//配置 SNMPv3 用户验证密码
[Huawei]snmp-agent usm-user v3 user-name privacy-mode { aes128 | des56 }
//配置 SNMPv3 用户加密密码

[Huawei]snmp-agent target-host trap-paramsname paramsname v3 securityname securityname
{ authentication | noauthnopriv | privacy }
//配置设备发送 Trap 报文的参数信息
[Huawei]snmp-agent target-host trap-hostname hostname address ipv4-address
trap-paramsname paramsname   //配置 Trap 报文的目的主机
[Huawei]snmp-agent trap enable
//打开设备的所有告警开关，注意，该命令只能打开设备并发送 Trap 报文
[Huawei]snmp-agent target-host trap-paramsname paramsname v3 securityname securityname
{ authentication | noauthnopriv | privacy }
//配置设备发送 Trap 报文的参数信息
[Huawei]snmp-agent target-host trap-hostname hostname address ipv4-address
trap-paramsname paramsname    //配置 Trap 报文的目的主机
[Huawei]snmp-agent trap source interface-type interface-number
//配置发送 Trap 报文的源接口。注意，Trap 报文无论从哪个接口发出都必须有一个发送的源地址，因此源接
//口必须是已经配置了 IP 地址的接口
```

2.3.3 NTP

当今企业园区网络中很多场景需要所有设备保持时钟一致，如果通过管理员手动输入命令修改系统时间来进行时间同步，不但工作量巨大，而且不能保证精确性。为此可以使用网络时间协议（Network Time Protocol，NTP）技术来同步设备的时钟。NTP 是传输控制协议/互联网协议（Transmission Control Protocol/Internet Protocol，TCP/IP）协议族中的一个应用层协议。NTP 用于在一系列分布式时间服务器与客户端之间同步时钟。NTP 的实现基于 IP 和 UDP。NTP 报文通过 UDP 传输，端口号是 123。通过配置 NTP，可以很快将网络设备的时钟同步，同时保证很高的精度，避免人工同步时带来的时钟误差和庞大的工作量。NTP 网络结构如图 2-4 所示。

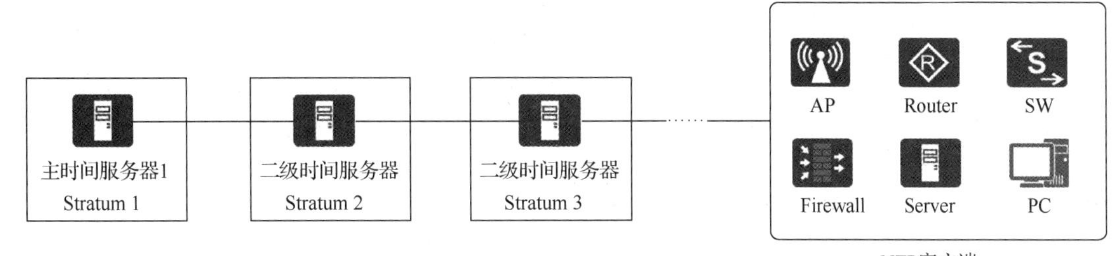

图 2-4　NTP 网络架构

（1）**主时间服务器**：通过线缆或无线电直接同步到标准参考时钟，标准参考时钟通常是无线电钟（Radio Clock）或卫星定位系统等。

（2）**二级时间服务器**：通过网络中的主时间服务器或者其他二级服务器取得同步。二级时间服务器通过 NTP 将时间信息传送到局域网内部的其他主机。

（3）**层数（Stratum）**：对时钟同步情况的一个分级标准，代表一个时钟的精度，取值为 1～15。该数值越小，表示时钟精度越高。1 表示时钟精度最高，15 表示未同步。

网络设备支持的 NTP 工作模式主要包括如下 4 种。

（1）**单播客户端/服务器模式**：只需要在客户端配置，在服务器上除了配置 NTP 主时钟外，不需要进行其他专门配置。只能是客户端同步到服务器，服务器不会同步到客户端。

（2）**对等体模式**：只需要在主动对等体端进行配置，在被动对等体端无须配置 NTP 命令。

（3）**广播模式**：在不能确定服务器或对等体 IP 地址，或者网络中需要时间同步的设备数量很多等情况下，可以通过广播模式实现时钟同步。

（4）**组播模式**：应用在有多台工作站以及不需要很高的精度的高速网络中。

其中，单播客户端/服务器模式的配置命令如下。

```
[Huawei]ntp-service enable
//使能本地设备的 NTP 功能，默认情况下本地设备的 NTP 功能处于使能状态
[Huawei]ntp-service unicast-server ip-address [ version number | authentication-keyid key-id |
source-interface interface-type interface-number | preference | vpn-instance vpn-instance-name |
maxpoll max-number | minpoll min-number | burst | iburst | preempt | port port-number ]
//配置 NTP 服务器，其中 ip-address 是 NTP 服务器的 IP 地址，它是一个主机地址，不能是广播地址、组播
//地址。如果指定 authentication-keyid 参数，则应先配置 NTP 验证；如果指定 port 参数，则需在服务器上
//使用 ntp-service port port-value 命令配置与客户端相同的端口号
[Huawei]ntp-service server ipv4 enable
//打开 NTP 客户端的服务功能，默认情况下 NTP 客户端的服务功能处于打开状态
[Huawei]ntp-service source-interface { interface-type interface-number | interface-name }
//指定本地发送 NTP 报文的源接口
```

2.3.4 telnetlib 模块

telnetlib 是 Python 标准库中的模块，可以用来实现通过 Telnet 协议连接到远程主机并执行命令。在 Python 中使用 telnetlib 模块可以方便地实现远程主机管理和自动化运维。

使用 telnetlib 模块连接远程主机的步骤如下。

（1）创建一个 Telnet 对象。

（2）使用 Telnet 对象的 open()方法连接远程主机。

（3）使用 Telnet 对象的 read_until()方法读取远程主机返回的数据。

（4）使用 Telnet 对象的 write()方法向远程主机发送数据。

值得注意的是，在使用 telnetlib 模块时传递的是字节串，而不是普通的字符串。

虽然 telnetlib 模块可以方便地实现 Telnet 通信，但是 Telnet 协议本身并不安全，因为其数据传输是明文的，容易被窃取和篡改。因此，通常不建议使用 Telnet 协议进行远程主机管理和自动化运维。相反，建议使用安全外壳（Secure Shell，SSH）协议进行远程主机和自动化运维，SSH 协议使用加密算法来保证通信安全性。

综上所述，telnetlib 可以方便地实现 Telnet 通信。telnetlib 模块提供了实现 Telnet 功能的类 telnetlib.Telnet。可通过调用 telnetlib.Telnet 类中的不同方法实现不同功能。

```
from telnetlib import Telnet                # 导入 telnetlib.Telnet 类
Telnet(host=None, port=0[, timeout])        # Telnet 连接到指定服务器上
```

创建 Telnet 对象时，填入 telnet 服务器地址及端口号，如果不填端口号，则默认是 23。timeout 参数表示在进行连接时最长的阻塞时间，如果不填，则使用套接字全局默认的超时时间。

telnetlib.Telnet 类中的常见方法和功能如表 2-2 所示。更多使用方法可参阅 Python 官网中的 telnetlib 模块文档。

表 2-2 telnetlib.Telnet 类中的常见方法和功能

方法	功能
Telnet.read_until（expected,timeout=None）	读取直到遇到给定字节串 expected 或已经过去 timeout 秒。当没有找到匹配时，返回可用的内容，也可能返回空字节。如果连接已关闭且没有可用的熟数据，则将触发 EOFError
Telnet.read_all ()	读取所有数据直到文件结尾（End Of File，EOF）。阻塞直到连接关闭
Telnet.read_very_eager()	读取从上次 I/O 阻断到现在所有的内容，返回字节串。连接关闭或者没有数据时触发 EOFError 异常
Telnet.read_eager()	读取现成的数据。如果连接已关闭且没有可用的熟数据，则将会触发 EOFError
Telnet.read_some()	在达到 EOF 前，读取至少一个字节的熟数据。如果没有立即可用的数据，则阻塞
Telnet.write(buffer)	写入数据。在套接字（Socket）上写一个字节串，加倍任何作为命令解释（Interpret As Command，IAC）字符
Telnet.close()	关闭连接

2.4 任务实施

公司 A 网络设计方案中有 3 种网络：深圳总部园区网络、服务器区网络和广州分公司网络。交换机 S1 和 S2 位于深圳总部园区，路由器 SZ1 用于连接服务器区网络和广州分公司网络。交换机 S4 位于服务器区，路由器 SZ2 用于连接路由器 ISP，并与路由器 SZ1 相连，如图 2-1 所示。本任务只考虑深圳总部园区网络和服务器区网络，使用表 2-3 所示的 IP 地址连接各设备。

表 2-3 设备连接 IP 地址

设备名	连接 IP 地址
交换机 S4	10.3.1.254
路由器 SZ2	10.2.12.2
路由器 SZ1	10.2.12.1
交换机 S1	10.1.4.252
交换机 S2	10.1.4.253

整个网络已经部署和实现了路由、交换等各项功能，并实现了全网互通。本任务主要是向深圳总部园区网络和服务器区网络的路由器及交换机下发配置，工程师需要完成的任务如下。

（1）手动在路由器 SZ1、SZ2，交换机 S1、S2 和 S4 上配置 Telnet 服务，Telnet 登录用户名为 python，密码为 Huawei12#$。

（2）使用 telnetlib 在所有路由器和交换机上配置运维用户，用户的安全级别为 1，用户名为 yunwei_001，密码为 Huawei@123。

（3）手动配置路由器 ISP 作为 NTP 的主时钟源，使用 IP 地址 61.1.1.1，配置路由器 SZ2 作为深圳总部园区网络和服务器区网络所有设备的 NTP 服务器，IP 地址是 61.1.1.2，使用 telnetlib 在所有路由器和交换机上下发 NTP 配置，与其进行时间同步。

（4）使用 telnetlib 在所有路由器和交换机上配置 SNMPv3，SNMPv3 用户名为 user01，所属组名为 group01，鉴别方式为 SHA，鉴别密码为 Huawei@123，加密方式为 AES128，加密密码为 Huawei@123。

2.4.1 配置 Telnet 服务

1. 配置路由器和交换机的 Telnet 服务

配置路由器 SZ1、SZ2，以及交换机 S1、S2 和 S4 的 Telnet 服务。各个设备的 Telnet 服务配置相同，此处以路由器 SZ1 的配置为例进行介绍。

```
[SZ1]telnet server enable
[SZ1]aaa
[SZ1-aaa]local-user python password cipher Huawei12#$
[SZ1-aaa]local-user python service-type telnet
[SZ1-aaa]quit
[SZ1]user-interface vty 0 4
[SZ1-ui-vty0-4]authentication-mode aaa
[SZ1-ui-vty0-4]user privilege level 3
[SZ1-ui-vty0-4]protocol inbound telnet
```

2. 验证 Telnet 服务

以路由器 GZ 作为 Telnet 客户端进行测试，登录路由器 SZ1 进行验证。登录信息如下。

```
<GZ>telnet 10.2.23.1
  Press CTRL_] to quit telnet mode
  Trying 10.2.23.1 ...
  Connected to 10.2.23.1 ...
Login authentication
Username:python
Password:
<SZ1>
```

请自行验证其他路由器和交换机，确保每个设备都能使用 Telnet 登录。

2.4.2 配置 NTP 服务

1. 配置 NTP 时钟源

配置路由器 ISP 为主时钟源，为公司 A 的网络设备提供同步时钟。

```
[ISP]ntp enable                                   //使能 NTP 服务
[ISP]ntp-service refclock-master                  //配置主时钟源
```

2. 验证路由器 ISP 的 NTP 服务

具体信息如下。

```
[ISP]display ntp-service status                   //查看 NTP 的状态信息
 clock status: synchronized                       //时钟状态是同步状态
 clock stratum: 8                                 //本地时钟所处的 NTP 层数
 reference clock ID: LOCAL(0)                     //时钟源，LOCAL 表示采用本地时钟作为参考时钟
 nominal frequency: 100.0000 Hz                   //本地时钟的标称频率
 actual frequency: 100.0000 Hz                    //本地时钟的实际频率
 clock precision: 2^18                            //本地时钟的精度
 clock offset: 0.0000 ms                          //本地时钟相对主时钟的偏移
 root delay: 0.00 ms                              //本地时钟相对主时钟的系统延迟
 root dispersion: 0.00 ms                         //本地时钟相对主时钟的系统离差
 peer dispersion: 10.00 ms                        //本地时钟和远程 NTP 对等体时钟的离差
 reference time: 03:34:54.637 UTC Oct 24 2022(E700865E.A347C73E)   //参考时间戳
```

3. 配置 NTP 服务器

路由器 SZ2 作为深圳总部园区网络和服务器区网络所有设备的 NTP 服务器，只有当其时钟被同步后，才能作为 NTP 服务器去同步其他设备。配置路由器 SZ2 与路由器 ISP 的时间同步。

```
[SZ2]ntp enable
[SZ2]ntp-service unicast-server 61.1.1.1
```

4. 验证 NTP 服务器配置

具体信息如下。

```
[SZ2]display ntp-service status
 clock status: synchronized
 clock stratum: 9
 reference clock ID: 61.1.1.1
 nominal frequency: 100.0000 Hz
 actual frequency: 100.0000 Hz
 clock precision: 2^17
 clock offset: -28799147.0775 ms
 root delay: 110.26 ms
 root dispersion: 48.17 ms
 peer dispersion: 10.94 ms
 reference time: 12:01:56.124 UTC Oct 24 2022(E700FD34.1FDC054E)
```

以上输出表明路由器 SZ2 的时钟已经和路由器 ISP 的时钟同步。

2.4.3 编写配置文件

现在需要在每台路由器和交换机上添加运维用户、配置 NTP 和 SNMP，这些配置都属于通用配置，所有路由器和交换机上的配置完全一致。

（1）将路由器的配置命令写入名为 config_6_1_R.txt 的配置文件，内容如下。

```
aaa
local-user yunwei_001 cipher Huawei@123
local-user yunwei_001 service-type telnet
quit
user-interface vty 0 4
authentication-mode aaa
user privilege level 1
protocol inbound telnet
quit
ntp enable
ntp-service unicast-server 61.1.1.2
snmp-agent
snmp-agent sys-info version v3
snmp-agent mib-view nt include iso
snmp-agent mib-view rd include iso
snmp-agent mib-view wt include iso
snmp-agent group v3 group01 privacy read-view rd write-view wt notify-view nt
snmp-agent usm-user v3 user01 group01 authentication-mode sha Huawei@123 privacy-mode aes128 Huawei@123
```

（2）将交换机的配置命令写入名为 config_6_1_S.txt 的配置文件，内容如下。

```
aaa
local-user yunwei_001 password cipher Huawei@123
local-user yunwei_001 service-type telnet
quit
user-interface vty 0 4
authentication-mode aaa
user privilege level 1
protocol inbound telnet
quit
ntp-service unicast-server 61.1.1.2
snmp-agent
snmp-agent sys-info version v3
snmp-agent group v3 group01 privacy   read-view rd write-view wt notify-view nt
snmp-agent mib-view included nt iso
snmp-agent mib-view included rd iso
snmp-agent mib-view included wt iso
snmp-agent usm-user v3 user01 group01 authentication-mode sha Huawei123 privacy-mode des56 Huawei123
```

2.4.4 编写 Python 脚本

下面的 Python 脚本的功能是首先登录网络设备，并在每个设备上执行配置文件中的配置命令，然后使用 telnetlib 模块实现自动下发网络设备配置的任务。

1. 导入需要的模块

导入模块的命令如下。

```
import telnetlib                    # telnetlib 是 Python 标准模块，可直接使用
import time
```

2. 定义读取配置文件的函数

读取配置文件的函数有一个参数 filename，用于接收配置文件名。

```
def get_config_command(filename):
    ret = []                                    # 创建一个空列表
    try:                                        # 文件读写的异常处理
        with open(filename) as f:               # 使用 with 语句处理文件，可自动关闭文件
            lines = f.readlines()               # readlines()方法将文件每一行作为列表的一个元素
            for line in lines:                  # 遍历 readlines()方法返回的列表
                ret.append(line.strip())        # 删除列表元素中的换行符，追加到列表
        return ret                              # 返回处理后的配置列表
    except FileNotFoundError:                   # 如果没有配置文件，则输出异常
        print("the file does not exist.")
```

3. 定义用来登录设备并发送配置命令的函数

用来登录设备并发送配置命令的函数有 4 个参数，其中，ip 是每个设备的 IP 地址，username 是使用 Telnet 登录设备的用户名，password 是登录密码，commands 是配置命令列表。使用函数 get_config_command()返回的是配置命令列表。

```
def send_show_command(ip, username, password, commands):
    print("telnet %s",ip)
    with telnetlib.Telnet(ip) as tn:
        tn.read_until(b"Username:")
        tn.write(username.encode("ascii")+ b"\n")
        tn.read_until(b"Password:")
        tn.write(password.encode("ascii")+ b"\n")
        tn.write(b"system-view"+ b"\n")
        time.sleep(2)
        for command in commands:
            tn.write(command.encode("ascii") + b"\n")
            time.sleep(1)
        print(tn.read_very_eager().decode('ascii'))      # 接收回显
        print("设备 %s 已经配置完成 ！ "%ip)
        time.sleep(1)
```

4. 定义主函数

定义主函数的命令如下。

```
if __name__ == "__main__":
devices_R = {                                       # 保存路由器的 IP 地址
    "SZ1":"10.2.12.1",
    "SZ2":"10.2.12.2",
}
devices_S = {                                       # 保存交换机的 IP 地址
    "S4":"10.3.1.254",
    "S1":"10.1.4.252",
    "S2":"10.1.4.253"
}
username = "python"
password = "Huawei12#$"
config_file_R = "config_6_1_R.txt"                  # 路由器的配置文件
config_file_S = "config_6_1_S.txt"                  # 交换机的配置文件
commands_S = get_config_command(config_file_S)      # 解析交换机配置命令
```

```
commands_R = get_config_command(config_file_R)      # 解析路由器配置命令
for device in devices_R.keys():                     # 配置路由器
    ip = devices_R[device]
    send_show_command(ip, username, password, commands_R)
for device in devices_S.keys():                     # 配置交换机
    ip = devices_S[device]
    send_show_command(ip, username, password, commands_S)
```

2.4.5 运行 Python 脚本

这里只给出设备 SZ1 的自动配置过程的输出，省略其他设备的自动配置过程的输出。

```
正在 telnet 10.2.12.1
Telnet 登录 10.2.12.1 成功
  ------------------------------------------------------------------------------
  User last login information:
  ------------------------------------------------------------------------------
  Access Type: Telnet
  IP-Address : 192.168.56.1
  Time       : 2022-10-25 00:38:38-08:00
  ------------------------------------------------------------------------------
<SZ1>system-view
Enter system view, return user view with Ctrl+Z.
[SZ1]aaa
[SZ1-aaa]local-user yunwei_001 password cipher Huawei@123
Info: Add a new user.
[SZ1-aaa]local-user yunwei_001 service-type telnet
[SZ1-aaa]quit
[SZ1]user-interface vty 0 4
[SZ1-ui-vty0-4]authentication-mode aaa
[SZ1-ui-vty0-4]user privilege level 1
[SZ1-ui-vty0-4]protocol inbound telnet
[SZ1-ui-vty0-4]quit
[SZ1]ntp enable
 Info:NTP service is already started
[SZ1]ntp-service unicast-server 61.1.1.2
[SZ1]snmp-agent
[SZ1]snmp-agent sys-info version v3
[SZ1]snmp-agent mib-view nt include iso
[SZ1]snmp-agent mib-view rd include iso
[SZ1]snmp-agent mib-view wt include iso
[SZ1]snmp-agent group v3 group01 privacy read-view rd write-view wt notify-view   nt
[SZ1]snmp-agent usm-user v3 user01 group01 authentication-mode sha Huawei@123 pr
ivacy-mode aes128 Huawei@123
[SZ1]
设备 10.2.12.1 已经配置完成 ！
```

2.4.6 验证结果

在交换机 S1 和路由器 SZ1 上验证自动下发的配置是否成功。其他设备的验证请读者自行完成。

1. 验证 NTP 时间同步

验证 NTP 时间同步的命令如下。

```
<S1>display ntp-service status
 clock status: synchronized                    //时间已同步
 clock stratum: 10
 reference clock ID: 61.1.1.2                  //NTP 服务器
 nominal frequency: 64.0000 Hz
 actual frequency: 64.0000 Hz
 clock precision: 2^11
 clock offset: -0.0370 ms
 root delay: 240.10 ms
 root dispersion: 8.79 ms
 peer dispersion: 10.62 ms
 reference time: 01:07:36.742 UTC Oct 25 2022(E701B558.BDF83BE6)    //同步后的时间
 synchronization state: clock set but frequency not determined

<SZ1>display ntp-service status
 clock status: synchronized                    //时间已同步
 clock stratum: 10
 reference clock ID: 61.1.1.2                  //NTP 服务器
 nominal frequency: 100.0000 Hz
 actual frequency: 99.9995 Hz
 clock precision: 2^18
 clock offset: -28799889.4400 ms
 root delay: 333.79 ms
 root dispersion: 1.13 ms
 peer dispersion: 1.53 ms
 reference time: 01:07:36.230 UTC Oct 25 2022(E70B00F4.3B173754)    //同步后的时间
```

以上输出表明交换机 S1 和路由器 SZ1 的系统时间已经与 NTP 服务器同步，本地时钟所处的 NTP 层数为 10。

2. 验证添加的运维用户

使用运维用户名 yunwei_001、密码 Huawei@123 登录路由器 SZ1。

```
<GZ>telnet 10.2.23.1
  Press CTRL_] to quit telnet mode
  Trying 10.2.23.1 ...
  Connected to 10.2.23.1 ...
Login authentication
Username:yunwei_001
Password:（输入密码：Huawei@123）
<SZ1>
```

以上输出表明通过自动下发配置的用户可以成功登录网络设备。

3. 验证 SNMPv3 的配置

在交换机 S1 上查看关于 SNMPv3 自动下发的配置是否成功。其他设备的验证请读者自行完成。

```
<S1>display current-configuration | include snmp        //查看 S1 的 SNMP 配置
snmp-agent
snmp-agent local-engineid 800007DB034C1FCC326569
snmp-agent sys-info version v3
```

```
    snmp-agent group v3 group01 privacy   read-view rd write-view wt notify-view nt
    snmp-agent mib-view included nt iso
    snmp-agent mib-view included rd iso
    snmp-agent mib-view included wt iso
    snmp-agent usm-user v3 user01 group01 authentication-mode sha
N<R\B_IO+MKT&_L40_FTU6*#0M%! privacy-mode des56 N<R\B_IO+MKT&_L40_FTU1!!
```

以上输出表明 SNMPv3 的配置自动下发到交换机 S1。

2.5 任务总结

本任务详细介绍了网络自动化运维的必要性、SNMP 架构和工作原理、NTP 工作原理和工作模式，以及 telnetlib 模块的方法和使用等知识，同时以真实的工作任务为载体，介绍了 Telnet 服务配置、NTP 配置、SNMP 配置和 telnetlib 的使用方法等职业技能，并详细介绍了其验证和调试的过程。

2.6 知识巩固

1. 提供 USM 的认证加密和 VACM 的访问控制的 SNMP 版本是（　　）。

   A. v3　　B. v2　　C. v2c　　D. v1

2. 在使用 telnetlib 模块时传递的是（　　）。

   A. 列表　　B. 字符串　　C. 字典　　D. 字节串

3. NTP 的工作模式有（　　）。（多选）

   A. 组播模式　　B. 对等体模式

   C. 广播模式　　D. 单播客户端/服务器模式

项目3
使用paramiko实现网络设备自动化巡检

3.1 学习目标

项目3 使用paramiko实现网络设备自动化巡检

- **知识目标**
  - 了解网络设备巡检
  - 掌握网络设备数据
  - 掌握 Python 中的 paramiko 模块
- **能力目标**
  - 收集网络设备基本信息
  - 进行设备运行检查、端口检查和业务检查
  - 使用 paramiko 模块实现网络自动化巡检
- **素养目标**
  - 通过实际应用，培养学生规范的运维操作习惯
  - 通过任务分解，培养学生良好的团队协作能力
  - 通过全局参与，培养学生良好的表达能力和文档编写能力
  - 通过示范作用，培养学生认真负责、严谨细致的工作态度和工作作风

3.2 任务陈述

Telnet 缺少安全的验证方式，而且传输过程采用 TCP 进行明文传输，存在很大的安全隐患。与 Telnet 相比，在不安全的网络环境中，运维工程师常用 SSH 协议为网络终端访问提供安全的服务。paramiko 模块是用于远程控制的模块，遵循 SSHv2 协议，可以对远程服务器和网络设备执行命令或文件操作。paramiko 模块能实现 SSH 客户端的功能，可以在 Python 代码中直接使用 SSH 协议对远程 SSH 服务器执行操作。本任务主要介绍网络设备巡检的意义和需要完成的任务、paramiko 模块的功能和组件等基础知识。本任务通过使用 paramiko 模块实现网络设备自动化巡检，以介绍网络基本信息的收集、设备运行状态信息的收集、SSH 服务的配置和 paramiko 模块的使用方法等职业技能，帮助读者为后续网络自动化运维做好准备。

3.3 知识准备

3.3.1 网络设备巡检

设备稳定运行一方面依赖于完备的网络规划，另一方面依赖于日常的维护和监控。因此，为保障网络系统的平稳运行，有必要进行网络设备巡检，并根据巡检结果给出相应的网络系统改进和优化建议。

网络巡检是指通过标准的方法和流程，定期对一定范围内的网络进行网元级的系统检查，内容包括现场数据采集、分析和报告生成等。通过对关键网元设备的关键检查点参数进行采集，并将采集到的数据与有关标准进行比较，可以确定关键网元设备所处的运行状态。通过定期网络巡检，可以及时发现网络中可能存在的隐患，并将其消灭在萌芽状态。一般中大型公司需要对网络设备进行定期巡检。当设备量比较大且巡检指标较多的时候，该项工作往往费时、费力；如果完全采用人工巡检，还容易因人为因素出现失误。通过 Ansible 工具或者编写程序对网络设备进行自动化巡检，可以提高工作效率并且减少因人为因素出现的失误，从而提升网络服务质量，确保设备的正常运行。通过自动化巡检收集相关的数据，可以进行一个阶段的趋势分析，以便更加准确地了解网络系统的整体运行情况，并可以与手动数据采集的结果进行对比，确保数据采集和分析的合理性及可靠性。

由于网络系统的巡检服务是一个长期的、持续性的工作，因此需要对网络系统具有一定的了解。建立一个基本信息库，主要包括如下内容。

（1）设备清单：包括设备名称、IP 地址、位置、功用、序列号等。

（2）设备模块硬件配置：包括网络设备的模块种类和型号等。

（3）设备软件版本：包括通用路由平台（Versatile Routing Platform，VRP）软件版本、补丁版本和授权等。

（4）设备使用情况：包括购买时间、上线时长和维修记录等。

（5）设备性能基准：包括中央处理器（Central Processing Unit，CPU）和内存使用率以及设备端口流量的初始数据等。

（6）设备端口信息：包括端口密度、端口速率和相关计数器初始状态等。

第一次巡检完建立的基本信息库，可作为以后巡检工作的数据对比分析的基础和依据；注意保持数据更新，并动态调整基本信息库的参考点。华为网络 VRP 系统提供了丰富的网络设备基本信息检查和设备运行检查的命令。设备运行检查主要是检查设备的运行情况，如 CPU 和内存使用率、设备端口和运行的业务等。

1. 网络设备基本信息检查

网络设备基本信息检查主要是检查设备的基本信息，如设备软件版本信息、补丁信息和系统时间、Flash 空间及配置信息等。

（1）执行命令 display version 检查软件版本。

（2）执行命令 display patch-information 检查补丁信息。

（3）执行命令 display clock 检查系统时间。

（4）执行命令 dir flash 检查 Flash 空间。

（5）执行命令 display current-configuration 检查配置正确性。

（6）执行命令 display debugging 检查 debug 开关。

（7）执行命令 compare configuration 检查配置是否保存。

2. 设备运行检查

设备运行检查主要是检查设备的运行情况，如 CPU 和内存使用率、设备端口和日志信息等。

（1）执行命令 display device 检查设备的部件类型及状态信息。

（2）路由器执行命令 display health、交换机执行 display cpu-usage 检查 CPU 利用率。

（3）执行命令 display memory-usage 检查内存使用率。

（4）执行命令 display logbuffer summary 检查设备日志信息。

3. 端口检查

端口检查主要是检查设备的端口信息，如端口配置、端口状态等是否正确。

（1）执行命令 display interface 检查当前运行状态和接口统计信息。

（2）执行命令 display current-configuration interface 检查端口配置。

（3）执行命令 display interface brief 检查端口 Up/Down 状态。

4. 业务检查

业务检查主要是检查设备运行的业务是否正常。

（1）执行命令 display dhcp snooping user-bind all 检查 DHCP Snooping 绑定表。

（2）执行命令 display mac-address 检查 MAC 地址表信息。

（3）执行命令 display ip routing-table 检查路由表信息。

3.3.2 paramiko 模块

paramiko 是一个通过 Python 实现的 SSH 协议的模块。它提供了 SSH 客户端和 SSH 服务器的功能，可以让 Python 程序通过 SSH 协议连接到远程主机或网络设备，实现执行命令和传输文件等基本功能。同时，paramiko 还提供了很多高级功能，如支持 SSH 隧道、代理和密钥证等。

paramiko 模块不是 Python 的标准模块，需要安装后才能使用。可以使用下面的命令安装 paramiko 模块。

```
pip install paramiko
```

paramiko 模块的组件如图 3-1 所示，包括密钥相关类和常用协议类。

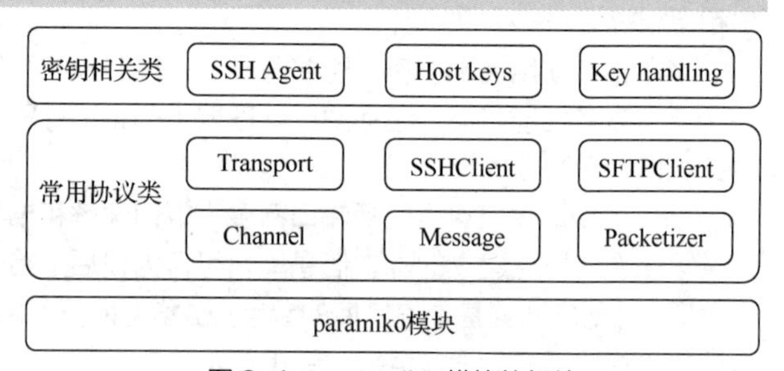

图 3-1 paramiko 模块的组件

paramiko 模块的密钥相关类如下。

（1）SSH Agent 类：用于 SSH 代理。

（2）Host keys 类：与 OpenSSH known_hosts 文件相关，用于创建 host keys 对象。

（3）Key handling 类：用于创建对应密钥类型的实例，如 RSA 密钥、DSS（DSA）密钥。

paramiko 模块的常用协议类如下。

（1）Transport 类：用于在现有套接字或类套接字对象上创建 Transport 会话对象。

（2）SSHClient 类：SSHClient 类是与 SSH 服务器会话的高级表示。该类集成了 Transport 类、Channel 类和 SFTPClient 类。

（3）SFTPClient 类：通过一个打开的 SSH Transport 会话创建 SFTP 会话通道并执行远程文件操作。

（4）Channel 类：用于创建在 SSH Transport 上的安全通道。

（5）Message 类：SSH Message 是字节流。该类用于对字符串、整数、布尔值和无限精度整数（Python 中称为长整数）的某些组合进行编码。

（6）Packetizer 类：用于数据包处理。

paramiko 模块常用的两个类为 SSHClient 类和 SFTPClient 类，分别提供 SSH 和 SFTP 功能。

1. 使用 SSHClient 类

SSHClient 类是对 SSH 会话的封装，它封装了 Transport 类、Channel 类和 SFTPClient 类来进行会话通道的建立及鉴权验证，通常用于执行远程命令。SSHClient 类的常用方法如表 3-1 所示。

表 3-1 SSHClient 类的常用方法

方法	功能
connect()	实现远程服务器的连接与验证
set_missing_host_key_policy()	设置连接到没有已知主机密钥的服务器时使用的策略
load_system_host_keys()	从系统文件中加载主机密钥
invoke_shell()	在远程服务器上启动交互式 Shell 会话

续表

方法	功能
exec_command()	在远程服务器执行 Linux 命令
open_sftp()	在一个会话连接中创建 SFTP 通道
close()	关闭建立的连接

部分常用方法具体介绍如下。

（1）connect()

该方法用于实现远程服务器的连接与验证。其常用参数的说明如下。

① hostname：连接的目的主机，对于该方法只有 hostname 是必传参数。

② port=SSH_PORT：指定端口，默认端口为 22。

③ username=None：验证的用户名。

④ password=None：验证的用户密码。

⑤ pkey=None：以私钥方式进行身份验证。

⑥ key_filename=None：文件名或文件列表，指定私钥文件。

⑦ timeout=None：可选的 TCP 连接超时时间。

⑧ allow_agent=True：是否允许连接到 SSH 代理，默认为 True，表示允许。

⑨ look_for_keys=True：是否在~/.ssh 中搜索私钥文件，默认为 True，表示允许。

⑩ compress=False：是否打开压缩。

（2）set_missing_host_key_policy()

该方法用于设置连接到没有已知主机密钥的服务器时使用的策略。其目前支持以下 3 种策略。

① AutoAddPolicy：自动添加主机名及主机密钥到本地 HostKeys 对象，不依赖 load_system_host_key()的配置，即新建 SSH 连接时不需要再输入 yes 或 no 进行确认。

② WarningPolicy：用于记录并接收一个未知的主机密钥的 Python 警告，功能上和 AutoAddPolicy 类似，但是会提示为新连接。

③ RejectPolicy：自动拒绝未知的主机名和密钥，依赖 load_system_host_key()的配置。此为默认策略。

（3）load_system_host_keys()

该方法用于从系统文件加载主机密钥，如果没有参数，那么尝试从用户本地的 known hosts 文件中读取密钥信息。

（4）invoke_shell()

该方法用于基于 SSH 会话连接，启动一个交互式 Shell 会话。其使用方法如下。

```
cli = client.invoke_shell()
```

（5）exec_command()

该方法用于在远程服务器执行 Linux 命令。其使用方法如下。

```
stdin,stdout,stderr=client.exec_command('ls –l')
```

（6）open_sftp()

该方法用于在一个连接中创建 SFTP 会话。其使用方法如下。

```
sftp=client.open_sftp()
```

2. 使用 SFTPClient 类

SSH 文件传送协议（SSH File Transfer Protocol，SFTP）是一个安全的文件传输协议，建立在 SSH 协议的基础之上。SFTP 不仅提供了文件传送协议（File Transfer Protocol，FTP）的所有功能，安全性和可靠性也更高。在作为 SFTP 服务器的网络设备上使能 SFTP 服务器功能后，客户端可以通过密码验证或密钥验证等验证方式登录 SFTP 服务器实现文件上传和下载等功能。

SFTPClient 类通过一个打开的 SSH Transport 会话通道创建 SFTP 会话连接并执行远程文件操作。SFTPClient 类的常用方法如表 3-2 所示。

表 3-2 SFTPClient 类的常用方法

方法	功能
from_transport()	通过打开的 SSH Transport 会话通道创建 SFTP 连接
get()	下载指定文件
put()	上传指定文件

SFTPClient 类的常用方法具体介绍如下。

（1）from_transport()

该方法用于通过开启的 SSH Transport 会话通道创建一个 SFTP 连接。一个 SSH Transport 连接到一个流（通常为套接字），协商加密会话，进行验证。后续可在加密会话上创建通道。多个通道可以在单个会话连接中多路复用（如端口转发）。

（2）get()

该方法用于将远程文件从 SFTP 服务器复制到本地主机的指定路径中，操作引发的任何异常都将被传递。其使用方法如下。

```
sftp.get(remotepath, localpath)
```

其中，remotepath 参数表示将要被下载的远程文件；localpath 参数表示本地主机的指定路径，该路径应包含文件名，仅指定目录可能会导致错误。

（3）put()

该方法用于将本地文件从本地主机复制到 SFTP 服务器的指定路径中，操作引发的任何异常都将被传递。其使用方法如下。

```
sftp.put(localpath, remotepath)
```

其中，localpath 参数表示将要被上传的本地文件；remotepath 参数表示 SFTP 服务器的指定路径，该路径应包含文件名，仅指定目录可能会导致错误。

3.4 任务实施

公司 A 的网络已经在正常运行。现在考虑对运行中的网络设备进行日常巡检，除了日常的设备环境检查外，还要检查设备基本信息和设备运行状态等。本任务将收集网络设备的版本信息、补丁信息、时钟信息、板卡运行状态、CPU 使用率和内存使用率以及日志信息，便于分析网络运行状态。如图 2-1 所示，本任务只考虑深圳总部园区网络和服务器区网络，使用表 3-3 所示的 IP 地址连接各设备。

表 3-3 设备连接 IP 地址

设备名	连接 IP 地址
交换机 S4	10.3.1.254
路由器 SZ2	10.2.12.2
路由器 SZ1	10.2.12.1
交换机 S1	10.1.4.252
交换机 S2	10.1.4.253

按照公司 A 的整体网络规划，运维工程师将对深圳总部园区网络和服务器区网络使用 paramiko 模块实现网络自动化巡检，需要完成的任务如下。

（1）配置并验证 SSH 服务端。

（2）使用 paramiko 模块登录设备。

（3）自动执行网络巡检的各项命令。

3.4.1 配置 SSH 服务端

需要在路由器 SZ1 和 SZ2，以及交换机 S1、S2 和 S4 上手动配置 SSH 服务。路由器和交换机的 SSH 服务配置稍有不同，下面以 SZ1 和 S1 的配置为例进行介绍。

1. 配置路由器的 SSH 服务

具体代码如下。

```
[SZ1]aaa
[SZ1-aaa]local-user python password cipher Huawei12#$
[SZ1-aaa]local-user python service-type ssh
[SZ1-aaa]quit
[SZ1]stelnet server enable
[SZ1]ssh user python authentication-type password
[SZ1]user-interface vty 0 4
[SZ1-ui-vty0-4]authentication-mode aaa
[SZ1-ui-vty0-4]user privilege level 15
[SZ1-ui-vty0-4]protocol inbound ssh
```

2. 配置交换机的 SSH 服务

具体代码如下。

```
[S1]aaa
[S1-aaa]local-user python password cipher Huawei12#$
[S1-aaa]local-user python service-type ssh
[S1-aaa]quit
[S1]stelnet server enable
[S1]ssh user python
[S1]ssh user python authentication-type password
[S1]ssh user python service-type stelnet
[S1]user-interface vty 0 4
[S1-ui-vty0-4]authentication-mode aaa
[S1-ui-vty0-4]user privilege level 15
[S1-ui-vty0-4]protocol inbound ssh
```

3. 验证 SZ1 和 S1 的 SSH 服务

具体代码如下。

```
[SZ1]display ssh server status
 SSH version                          :1.99
 SSH connection timeout               :60 seconds
 SSH server key generating interval   :0 hours
 SSH Authentication retries           :3 times
 SFTP Server                          :Disable
 Stelnet server                       :Enable      //stelnet 已使能

[S1]display ssh server status
 SSH version                          :1.99
 SSH connection timeout               :60 seconds
 SSH server key generating interval   :0 hours
 SSH authentication retries           :3 times
 SFTP server                          :Disable
 Stelnet server                       :Enable      //stelnet 已使能
 Scp server                           :Disable
```

3.4.2 编写 Python 脚本

下面的 Python 脚本的功能是先登录网络设备，再在每台设备上执行配置文件中的配置命令，最后使用 paramiko 模块实现自动化巡检。

（1）导入需要的模块。

```
import paramiko                          # paramiko 模块需要安装后才能使用
import time
```

（2）定义函数 send_dis_cmd()用于 SSH 登录设备并向设备发送执行命令。其中，参数 ip 是设备的 IP 地址，username 和 password 分别是 SSH 登录设备的用户名和密码，commands 是向设备发送命令的列表。

```
def send_dis_cmd(ip,username,password,commands):
    try:
        # 创建 SSH 对象，使用 paramiko.SSHClient()实例化 SSH 对象
        ssh = paramiko.SSHClient()

        # 允许连接未知主机，即新建 SSH 连接时不需要再输入 yes 或 no 进行确认
        # 自动添加主机名及主机密钥到本地 HostKeys 对象中
        ssh.set_missing_host_key_policy(paramiko.AutoAddPolicy())

        # 建立 SSH 会话连接
        ssh.connect(hostname=ip,username=username,
                    password=password,look_for_keys=False)
        print(f"SSH  已经登录 {ip}")
        cli = ssh.invoke_shell()
        cli.send('screen-length 0 temporary\n')
        for cmd in commands_S:
            cli.send(cmd + "\n")
            # Python 默认无间隔按顺序执行所有代码，在使用 paramiko 向交换机发
            # 送配置命令时可能会遇到 SSH 响应不及时或者设备回显信息显示不
            # 全的情况。此时，可以使用 time 模块下的 sleep()方法来人为暂停程序
            time.sleep(1)

        # 抓取 channel 回显信息。invoke_shell()已经创建了一个 channel（逻辑通
        # 道）。此前所有输入、输出的信息都在此 channel 中，获取此 channel 中的
        # 所有信息，并输出显示。调用 cli.recv()，使用 decode()对其进行解码
        # 并赋值给 dis_cu。cli.recv(999999)的作用是接收 channel 中的数据，数
        # 据量最大为 999999 bytes。decode( )方法用于以指定的编码格式解码
        # bytes 对象，默认编码格式为 UTF-8
        dis_cu = cli.recv(999999).decode()
        # 输出回显内容
        print(dis_cu)
        ssh.close()
    except paramiko.ssh_exception.AuthenticationException:
        print(f"\n\tUser authentication failed for {ip}.\n")
```

（3）定义主函数。路由器和交换机上的命令稍有不同，commands_R 是路由器上执行的命令，commands_S 是交换机上执行的命令。

```
if __name__ == "__main__":
    # 路由器上执行的命令
```

```
commands_R = ["display version","display patch-information",
              "display clock","display device",
              "display health","display memory-usage",
              "display logbuffer"]

# 交换机上执行的命令
commands_S = ["display version","display patch-information",
              "display clock","display device",
              "display cpu-usage configuration",
              "display memory-usage",
              "display logbuffer summary"]

# 网络设备地址信息，通过字典的键的第一字母表示是路由器还是交换机
devices= {"R_SZ1":"10.2.12.1",
          "R_SZ2":"10.2.12.2",
          "S_S4":"10.3.1.254",
          "S_S1":"10.1.4.252",
          "S_S2":"10.1.4.253"
         }
username = "python"
password = "Huawei12#$"

for key in devices.keys():
    ip = devices[key]
    if key.startswith("R"):          # 路由器执行 commands_R
        send_dis_cmd(ip,username,password,commands_R)
    else:                            # 交换机执行 commands_S
        send_dis_cmd(ip,username,password,commands_S)
```

3.4.3 运行 Python 脚本

这里只给出设备 SZ1 的自动化巡检过程的输出，省略其他设备的自动化巡检过程的输出。

```
SSH 已经登录 10.2.12.1

<SZ1>screen-length 0 temporary
Info: The configuration takes effect on the current user terminal interface only.
<SZ1>display version
Huawei Versatile Routing Platform Software
VRP (R) software, Version 5.130 (AR2200 V200R003C00)
Copyright (C) 2011-2012 HUAWEI TECH CO., LTD
Huawei AR2220 Router uptime is 0 week, 0 day, 0 hour, 6 minutes
BKP 0 version information:
1. PCB      Version  : AR01BAK2A VER.NC
2. If Supporting PoE : No
3. Board    Type     : AR2220
4. MPU Slot Quantity : 1
5. LPU Slot Quantity : 6

MPU 0(Master) : uptime is 0 week, 0 day, 0 hour, 6 minutes
```

```
MPU version information :
1. PCB       Version   : AR01SRU2A VER.A
2. MAB       Version   : 0
3. Board     Type      : AR2220
4. BootROM   Version   : 0

<SZ1>display patch-information
<SZ1>display clock
2022-10-25 00:34:47
Tuesday
Time Zone(China-Standard-Time) : UTC-08:00
<SZ1>display device
AR2220's Device status:
Slot  Sub Type      Online    Power     Register     Alarm    Primary
- - - - - - - - - - - - - - - - - - - - - - - - - - - - - - - - - - - -
1     -   1GEC      Present   PowerOn   Registered   Normal   NA
2     -   1GEC      Present   PowerOn   Registered   Normal   NA
3     -   1GEC      Present   PowerOn   Registered   Normal   NA
0     -   AR2220    Present   PowerOn   Registered   Normal   Master
7     -   PWR       Present   PowerOn   Registered   Normal   NA

<SZ1>display health
------------------------------------------------------------------------------
 Slot  Card  Sensor No.  SensorName    Status   Upper  Lower  Temp(C)
------------------------------------------------------------------------------
 0     -     1           AR2220 TEMP   NORMAL   73     0      0
 1     -     1           1GEC TEMP     NORMAL   65     0      0
 2     -     1           1GEC TEMP     NORMAL   65     0      0
 3     -     1           1GEC TEMP     NORMAL   65     0      0
------------------------------------------------------------------------------
 PowerNo  Present  Mode  State   Current(A)  Voltage(V)  Power(W)
------------------------------------------------------------------------------
   7      YES      AC    Supply  N/A         12          150
------------------------------------------------------------------------
        FanId  FanNum   Present  Register  Speed  Mode
------------------------------------------------------------------------
        0      [1-4]    YES      YES       NA     AUTO
 The total   power is : 150.000(W)
 The used    power is : 0.000(W)
 The remain power is : 150.000(W)
 The system used power detail information :
------------------------------------------------------------------------------
  SlotID  BoardType  Power-Used(W)  Power-Requested(W)
------------------------------------------------------------------------------
  0       AR2220     0.000          0
  1       1GEC       -              0
  2       1GEC       -              0
  3       1GEC       -              0
System CPU Usage Information:
 System cpu usage at 2022-11-01   10:07:51 855 ms
```

```
--------------------------------------------------------------------------
  SlotID  CPU Usage     Upper Limit
--------------------------------------------------------------------------
  0        0 %          80%
System Memory Usage Information:
 System memory usage at 2022-11-01   10:07:51 855 ms
--------------------------------------------------------------------------
  SlotID  Total Memory(MB)  Used Memory(MB)  Used Percentage  Upper Limit
--------------------------------------------------------------------------
  0        152              123              81%              95%
System Disk Usage Information:
 System disk usage at 2022-11-01   10:07:51 855 ms
--------------------------------------------------------------------------
  SlotID  Device     Total Memory(MB)  Used Memory(MB)  Used Percentage
--------------------------------------------------------------------------
  0        flash:     1065             299              28%

<SZ1>display memory-usage
 Memory utilization statistics at 2022-10-25 00:34:50 841 ms
 System Total Memory Is: 159383552 bytes
 Total Memory Used Is: 129519120 bytes
 Memory Using Percentage Is: 81%
<SZ1>display logbuffer summary
 EMERG ALERT   CRIT    ERROR   WARN    NOTIF   INFO    DEBUG
     0     0      0       0      49       0       0       0
<SZ1>
```

3.5 任务总结

paramiko 模块是一个用于远程控制的模块，可以用于对远程服务器、网络设备执行命令或文件操作。本任务详细介绍了网络设备巡检的意义和需要完成的任务、paramiko 模块功能和组件等网络知识，同时以真实的工作任务为载体，介绍了网络日常巡检内容、网络基本信息的收集、设备运行状态信息的收集、SSH 服务的配置和 paramiko 模块的使用方法等职业技能，并详细介绍了验证的过程。

3.6 知识巩固

1. 使用（　　）命令可以检查设备运行状态。
   A. display cpu-usage　　B. display platform
   C. display device　　D. display dialog
2. 在检查 CPU 状态时，当出现 CPU 使用率长时间超过（　　）的情况时，建议重点关注。
   A. 60%　　B. 70%　　C. 90%　　D. 80%
3. SSH 支持（　　）验证方式。
   A. 密码　　B. 密钥　　C. 指纹　　D. 一次性
4. paramiko 模块组件中常见协议类有（　　）。（多选）
   A. SSHClient 类　　B. SFTPClient 类　　C. Transport 类　　D. Channel 类
5. paramiko 模块组件中密钥相关类有（　　）。（多选）
   A. SSH agents 类　　B. Host keys 类　　C. Key handling 类　　D. Message 类

项目4
使用netmiko发现网络拓扑

4.1 学习目标

项目4　使用netmiko发现网络拓扑

- **知识目标**
  - JSON 数据格式
  - Python 中的 netmiko 模块
- **能力目标**
  - JSON 数据的处理
  - 在网络设备上配置 LLDP
  - 使用 netmiko 模块发现网络拓扑
- **素养目标**
  - 通过实际应用，培养学生规范的运维操作习惯
  - 通过任务分解，培养学生良好的团队协作能力
  - 通过全局参与，培养学生良好的表达能力和文档编写能力
  - 通过示范作用，培养学生认真负责、严谨细致的工作态度和工作作风

4.2 任务陈述

随着网络规模的扩大，网络设备种类越来越多，并且各自的配置错综复杂，因此对网络管理能力的要求越来越高。传统网络管理系统只能分析三层网络拓扑结构，无法确定网络设备的详细拓扑信息以及是否存在配置冲突等。链路层发现协议（Link Layer Discovery Protocol，LLDP）提供了一种标准的数据链路层发现方式。通过 LLDP 获取设备二层信息，能够快速检测设备间的配置冲突和查询网络出现故障的原因等。用户可以通过使用网络管理系统，对支持 LLDP 的设备进行链路状态监控，在网络发生故障的时候进行快速故障定位。

本任务主要介绍 JavaScript 对象简谱（JavaScript Object Notation，JSON）数据格式和 netmiko 模块的使用等基础知识。本任务通过使用 netmiko 模块实现网络拓扑发现，介绍 LLDP 配置、SSH 配置、使用 Python 解析文件的方法和 netmiko 模块的使用方法等职业技能，帮助读者为后续网络自动化运维做好准备。

4.3 知识准备

4.3.1 JSON 数据格式

JSON 是一种轻量级的数据交换格式，JSON 数据易于阅读和编写，可以在多种语言之间进行交换。

因为 JSON 数据格式具有简单、易于读写、占用带宽小及易于解析等优点，所以在网络自动化中经常采用 JSON 数据与网络设备进行数据交换。

构成 JSON 数据的两个主要部分是键和值。键始终是用引号括起来的字符串，值可以是字符串、数字、布尔值、数组或对象。

键和值一起组成键值对。键值对遵循特定的语法，键后跟一个冒号，然后是值。键值对之间以逗号分隔。下面的例子包含两个键值对。

```
"Router" : "Edge Router",
"Switch" : "Core Switch"
```

这两个键值对以逗号分隔，其中，"Router"和"Switch"是键，键"Router"的值是"Edge Router"，键"Switch"的值是"Core Switch"。

JSON 对象是无序的、键值对的集合，对象以左花括号{开始，以右花括号}结束，左右花括号之间为对象中的若干键值对。键值对中，键必须是字符串，而值可以是任意类型的数据。键和值之间需要使用冒号分隔开，不同的键值对之间需要使用逗号分隔开，对象中的最后一个键值对末尾不需要添加逗号。

下面是一个简单的 JSON 对象。

```
{
    "RouterName": "Backbone-1",
    "mng_ip_address" : "192.168.0.1",
    "mng_subnet_mask" : "255.255.255.0"
}
```

JSON 对象中的值可以是布尔值、数字、字符串、数组、对象。下面的 JSON 对象中的值是一个列表。

```
{
    "r1": [
          "sysname": "R1",
          "location": "SZ",
          "vendor": "Huawei",
          "ip": "10.255.0.1"
       ],
   "r2": [
          "sysname": "R2",
          "location": "GZ",
          "vendor": "Huawei",
          "ip": "10.255.0.2"
       ]
}
```

JSON 对象中可以嵌套 JSON 对象，如下面的例子中 JSON 对象包含了两个键（键“r1”和键“r2”），分别表示“r1”和“r2”路由器，每个键都有一个嵌套的 JSON 对象作为值。

```
{
    "r1": {
           "sysname": "R1",
           "location": "SZ",
           "vendor": "Huawei",
           "ip": "10.255.0.1"
       },
    "r2": {
           "sysname": "R2",
           "location": "GZ",
           "vendor": "Huawei",
```

```
            "ip": "10.255.0.2"
        }
}
```

Python 的 JSON 模块用于处理 JSON 对象，JSON 模块属于 Python 的标准模块，使用时直接导入即可，无须单独安装。JSON 模块提供了 4 个方法：load()、loads()、dump()和 dumps()。

（1）json.load()：用于从文件中读取 JSON 数据并转换为字典。

（2）json.loads()：用于将 JSON 字符串转换为字典。

（3）json.dump()：用于将字典类型的数据写入 JSON 文件。

（4）json.dumps()：用于将字典类型的数据转换为 JSON 字符串。

其具体使用方法在此不赘述。

4.3.2 netmiko 模块

netmiko 是一个开源 Python 模块，用于在网络设备上执行命令和配置设备。它提供了一个简单而强大的接口，可以轻松地与各种网络设备进行交互，包括路由器、交换机和防火墙等。netmiko 使用 SSH 连接远程设备，并在远程设备上执行命令和配置设备。netmiko 提供了一个抽象类 BaseConnection，它定义了一组用于连接和断开连接的方法，包括 connect()和 disconnect()等。它还提供了一组标准方法，用于在远程设备上执行命令和配置设备，这些方法包括 send_command()、send_config_set()和 save()等。

paramiko 模块实现了 SSH 的功能，但它并不是专门为网络设备开发的模块。而 netmiko 模块是基于 paramiko 模块开发的专门用于网络设备的 SSH 模块，是网络运维工程师日常工作中最常用的模块之一。

相对 paramiko 模块，netmiko 模块将很多细节优化和简化，不需要导入 time 模块进行休眠操作，不需要在输入的命令后面加换行符\n；对于华为设备，不需要执行 system-view 和 quit 等命令；对于思科设备，不需要执行 config terminal、exit 和 end 等命令；方便提取、输出回显内容，还可以配合 Jinja2 模块调用配置模板，以及配合 TextFSM、pyATS、Genie 等模块将回显内容以有序的 JSON 数据格式输出，方便过滤和提取出所需的数据等。

netmiko 模块目前能支持很多厂家设备的 SSH 连接，包括华为、思科、新华三、锐捷等。它提供了一组标准的设备类型，可以轻松地指定要连接的设备类型。如果需要连接的设备类型不在列表中，则 netmiko 模块可以轻松地创建一个新的设备类型并管理网络设备。具体的厂商设备请参阅 netmiko 模块官网。

netmiko 模块支持的厂商设备可分为以下 3 类。

① **定期测试**：在每次 netmiko 模块发布之前，都会对设备进行完整的测试。

② **有限测试**：意味着配置和显示操作系统测试在某个时间点通过了的测试，因此，可以认为 netmiko 模块支持该设备。

③ **实验性**：没有经过定期测试和有限测试，但通过了检查，应当是可以支持的，但是关于是否完全通过单元测试或其可靠性如何，没有足够的数据进行验证。

netmiko 模块基于 paramiko 模块，同时提供了许多接口和方法，登录和配置网络设备更加方便。netmiko 模块不是 Python 的标准模块，需要使用下面的命令安装 netmiko 模块。

```
pip install netmiko
```

在对设备进行操作之前需要登录设备，netmiko 模块提供的 ConnectHandler 类用于登录设备。

ConnectHandler 类是 netmiko 模块的核心类，通过 ConnectHandler 类的初始化函数并传入相应的设备参数就可以登录设备。参数包括必要参数和可选参数，必要参数包括 device_type、ip、username 和 password，可选参数包括 port、secret、use_keys、key_file、conn_timeout 等。

在使用 ConnectHandler 类连接设备时，常用字典传入参数。

```
import netmiko
AR1 = {"device_type":"huawei",
```

```
    "ip":"192.168.56.101",
    "username":"python",
    "password":"Huawei12#$"
    }
conn = netmiko.ConnectHandler(**AR1)              # 注意：这里有 2 个星号
ret = conn.send_command("display ip int brief")
print("display ip int brief")
print (ret)
conn.disconnect()
```

在使用字典传入参数时，要使用 2 个星号，其意义不是将整个字典作为一个参数传入，而是将字典中的每个键值对作为一个参数传递给 ConnectHandler。

其中，device_type 参数指的是 netmiko 模块支持的厂商设备类型，与 ip、username 和 password 参数一样都是必要参数。例如，上面代码中华为设备 device-type 为“Huawei”，但这并不意味着 device-type 就是厂商名。这需要根据 netmiko 模块中定义的名称来确定 device-type 的值。支持的思科 device-type 值有 cisco_asa、cisco_ftd、cisco_ios、cisco_nxos、cisco_s300、cisco_tp、cisco_wlc、cisco_xe、cisco_xr；支持的华为 device-type 值有 huawei、huawei_olt、huawei_smartax、huawei_vrpv8；支持的锐捷 device-type 值有 ruijie_os。

netmiko 模块有以下 4 种发送配置命令的函数。

（1）send_command()

send_command()支持向设备发送一条命令。发出命令后，默认情况下这个函数会一直等待，直到接收到设备的完整回显内容为止。

（2）send_command_timing()

send_command_timing()与 send_command()一样，支持向设备发送一条命令。send_command_timing()中的 delay_factor 参数默认为 1，如果没有从设备收到更多新的回显内容，则在等待 delay_factor × 2s 后自动停止，并且不会抛出任何异常。

（3）send_config_set()

send_config_set()支持向设备发送一条或多条配置命令，执行 send_config_set()时华为设备会自动执行 system-view 命令进入配置模式，该命令被执行后自动执行命令 quit；思科设备会自动执行命令 config terminal 进入配置模式，此后自动执行命令 end；其他厂商设备执行各自的相应命令。下面是在华为设备上配置 OSPF 协议的方法。

```
commands = ['ospf 10',
                'area 0',
            'network 10.0.0.0 0.255.255.255 area 0',
            'network 192.168.100.0 0.0.0.255 area 1']
result = ssh.send_config_set(commands)
```

其执行过程是自动执行命令 system-view 进入配置模式，接着执行 commands 中的每条命令，最后自动执行命令 quit。

（4）send_config_from_file()

在配置命令数量较多时，将所有命令写入一个配置文件，send_config_from_file()用于从该配置文件中读取命令完成配置。设备执行 send_config_from_file()后也会自动进入配置模式，此后自动执行命令 quit。下面是使用 send_config_from_file()读取文件的方法：

```
result = ssh.send_config_from_file('config_ospf.txt')
```

netmiko 模块还提供了保存配置和关闭 SSH 会话的函数。

（1）save_config()

save_config()用于保存配置，下面是在华为设备上执行 save_config ( )保存配置的方法。

```
result = ssh.save_config(cmd='save', confirm=True, confirm_response='y')
print(result)
```

（2）disconnect()

disconnect()用于关闭建立的 SSH 连接，下面是在华为设备上执行 disconnect()的方法。

```
ssh.disconnect() # 关闭建立的 SSH 连接
```

4.4 任务实施

公司 A 的网络已经在正常运行。目前网络只能分析到三层网络拓扑结构，无法确定网络设备的详细拓扑信息。本任务先通过 LLDP 获取的设备二层信息快速获取相连设备的拓扑信息，再使用 netmiko 模块画出网络的拓扑图。本任务只考虑深圳总部园区网络和服务器区网络，各设备的连接 IP 地址连接如表 4-1 所示。

表 4-1 设备连接 IP 地址

设备名	连接 IP 地址
交换机 S4	10.3.1.254
路由器 SZ2	10.2.12.2
路由器 SZ1	10.2.12.1
交换机 S1	10.1.4.252
交换机 S2	10.1.4.253

按照公司 A 的整体网络规划，运维工程师将对深圳总部园区网络和服务器区网络使用 netmiko 模块实现自动网络拓扑的发现，需要完成的任务如下。

（1）配置并验证设备 SSH 服务。

（2）配置设备 LLDP 功能。

（3）编写 Python 脚本。

（4）运行 Python 脚本。

（5）查看网络拓扑图。

4.4.1 配置 SSH 服务和 LLDP 功能

SSH 服务需要在路由器和交换机上手动配置。本任务需要配置路由器 SZ1、SZ2，以及交换机 S1、S2 和 S4 的 SSH 服务。路由器和交换机的 SSH 服务配置稍有不同，下面以路由器 SZ1 和交换机 S1 的配置为例进行介绍。

1. 配置路由器 SSH 服务

配置路由器 SSH 服务的命令如下。

```
[SZ1]aaa
[SZ1-aaa]local-user python password cipher Huawei12#$
[SZ1-aaa]local-user python service-type ssh
[SZ1-aaa]local-user python privilege level 3
[SZ1-aaa]quit
[SZ1]stelnet server enable
[SZ1]ssh user python authentication-type password
[SZ1]user-interface vty 0 4
[SZ1-ui-vty0-4]authentication-mode aaa
[SZ1-ui-vty0-4]user privilege level 3
[SZ1-ui-vty0-4]protocol inbound ssh
```

2. 配置交换机 SSH 服务

配置交换机 SSH 服务的命令如下。

```
[S1]aaa
[S1-aaa]local-user python password cipher Huawei12#$
[S1-aaa]local-user python service-type ssh
[S1-aaa]local-user python privilege level 3
[S1-aaa]quit
[S1]stelnet server enable
[S1]ssh user python
[S1]ssh user python authentication-type password
[S1]ssh user python service-type stelnet
[S1]user-interface vty 0 4
[S1-ui-vty0-4]authentication-mode aaa
[S1-ui-vty0-4]user privilege level 3
[S1-ui-vty0-4]protocol inbound ssh
```

3. 验证 SSH 服务

验证 SSH 服务的命令如下。

```
[SZ1]display ssh server status
 SSH version                          :1.99
 SSH connection timeout               :60 seconds
 SSH server key generating interval   :0 hours
 SSH Authentication retries           :3 times
 SFTP Server                          :Disable
 Stelnet server                       :Enable       # STelnet 已使能

[S1] display ssh server status
 SSH version                          :1.99
 SSH connection timeout               :60 seconds
 SSH server key generating interval   :0 hours
 SSH authentication retries           :3 times
 SFTP server                          :Disable
 Stelnet server                       :Enable       # STelnet 已使能
 Scp server                           :Disable
```

4. 配置设备 LLDP 功能

LLDP 功能需要在路由器和交换机上手动配置。在路由器和交换机上，全局使能 LLDP 功能即可。路由器和交换机的配置相同，下面以在交换机 S1 上使能全局 LLDP 功能为例进行介绍。

```
[S1]lldp enable
```

4.4.2 编写 Python 脚本

编写整个脚本的思路是先使用 netmiko 模块的 SSH 登录每个设备，执行命令 display lldp neighbor brief 收集网络拓扑信息；再将每个设备的输出保存为一个 TXT 文件，文件名格式为 display_lldp_x.txt，其中 x 为设备名；接下来解析每个设备的 display_lldp_x.txt 文件，输出拓扑文件 topology.yaml；最后根据拓扑文件画出网络拓扑图。

1. 导入需要的模块

导入模块的命令如下。

```
import json,netmiko                                  # 导入 JSON 和 netmiko 模块
from netmiko import netmikoTimeoutException          # 导入 netmiko 连接超时异常模块
from netmiko import netmikoAuthenticationException   # 导入 netmiko 验证异常模块
```

```
import yaml
import glob
from draw_network_graph import draw_topology          # 导入自定义模块
```

2. 编写网络设备信息文件

将所有设备的信息写入一个 JSON 文件，文件名为 top_devices.JSON，包括 netmiko 模块用到的 devie-type，以及通过 SSH 登录设备需要的 IP 地址、登录用户名和密码。文件内容如下。

```
{
"SZ1": {
            "device_type":"huawei",
            "ip":"10.2.12.1",
            "username":"python",
            "password":"Huawei12#$"
    },
"SZ2": {
            "device_type":"huawei",
            "ip":"10.2.12.2",
            "username":"python",
            "password":"Huawei12#$"
    },
"S1": {
            "device_type":"huawei",
            "ip":"10.1.4.252",
            "username":"python",
            "password":"Huawei12#$"
    },
"S2": {
            "device_type":"huawei",
            "ip":"10.1.4.253",
            "username":"python",
            "password":"Huawei12#$"
    },
"S4": {
            "device_type":"huawei",
            "ip":"10.3.1.254",
            "username":"python",
            "password":"Huawei12#$"
    }
}
```

3. 定义函数 get_connect_info()

该函数的主要功能是读取 top_devices.JSON 文件，获取每个设备的 netmiko 连接参数。

```
def get_connect_info(info_filename):
    try:
        with open(info_filename) as f:      # 打开包含设备信息的 JSON 文件
            devices = json.load(f)          # 读取设备信息，返回字典
            print(devices)                  # 输出字典
            for key in devices.keys():      # 遍历字典的键
                config_device(key,devices[key])  # 调用 config_device()函数
    except FileNotFoundError:
        print("the file does not exist.")
```

4. 定义函数 config_device()

该函数的主要功能是根据设备的连接信息，使用 netmiko 模块以 SSH 方式登录设备后，向设备发送命令 display lldp neighbor brief，并将命令的输出写入文件 display_lldp_设备名.txt。

```
def config_device(device,device_info):
    try:
        print("SSH 正在登录设备 %s ......." % device )
        # 使用 netmiko 模块连接设备
        with netmiko.ConnectHandler(**device_info) as conn:
            print("SSH 已登录设备 %s " % device)
            print("SSH 正在向 %s 设备发送命令" % device)
            ret = conn.send_command("display lldp neighbor brief")
            print(ret)
            lldp_filename = "display_lldp_" + device + ".txt"
            try:
                with open(lldp_filename,"w") as f:
                    f.write(ret)
            except Exception as e:
                print(e)
    except (netmikoTimeoutException,
            netmikoAuthenticationException) as error:
        print("SSH 登录设备 %s 不成功。错误信息如下:\n %s " % (device,error))
```

5. 定义函数 parse_dis_lldp_neighbors()

该函数的主要功能是解析包含函数 config_device()输出的每个文件，返回每个文件的解析结果，将解析结果保存在一个字典中。

```
def parse_dis_lldp_neighbors(device_name,filename):
    list1 = []
    device_dict = {}
    connect_dict = {}
    neigh_dict = {}
    with open(filename) as f:
        content = f.readlines()
        for line in content:
            if line.startswith("Local"):            # 删除第一行
                continue
            if line == "\n":                        # 删除最后一行
                continue
            lldp_info = line.strip().split(" ")
            for each in lldp_info:
                if each == "":                      # 删除空格
                    continue
                else:
                    list1.append(each)
            neigh_dict[list1[1]] = list1[2]
            connect_dict[list1[0]] = neigh_dict
            list1 = []
            neigh_dict = {}
        device_dict[device_name] = connect_dict
        return device_dict                          # 返回文件的解析结果
```

6. 定义函数 generate_topology_from_lldp()

该函数的主要功能是将函数 parse_dis_lldp_neighbors()处理后的每个设备的解析结果写入 YAML 文件，以便画出网络拓扑图。

```
def generate_topology_from_lldp(list_of_files, save_to_filename=None):
    topology = {}
    for filename in list_of_files:
        device_name = filename.split(".")[0].split("_")[-1]
        topology.update(parse_dis_lldp_neighbors(device_name,filename))
    if save_to_filename:
        with open(save_to_filename, "w") as f_out:
            yaml.dump(topology, f_out, default_flow_style=False)
    return topology
```

7. 定义函数 transform_topology()

该函数的主要功能是将函数 generate_topology_from_lldp()产生的 YAML 文件转换为画图元素。

```
def transform_topology(topology_filename):
    with open(topology_filename) as f:
        raw_topology = yaml.safe_load(f)
    formatted_topology = {}
    for l_device, peer in raw_topology.items():
        for l_int, remote in peer.items():
            r_device, r_int = list(remote.items())[0]
            if not (r_device, r_int) in formatted_topology:
                formatted_topology[(l_device, l_int)] = (r_device, r_int)
    return formatted_topology
```

8. 定义主函数

主函数将依次调用上面的各个函数，实现自动拓扑发现的功能。

```
if __name__ == "__main__":
    # top_devices.JSON 为设备信息文件
    filename = 'top_devices.JSON'
    # 通过每个设备的连接信息登录设备，输出每个设备 LLDP 的结果文件
    get_connect_info(filename)
    # 使用 glob()找到当前目录下所有以 display_lldp_开头的文件
    f_list = glob.glob("display_lldp_*")
    # 解析文件，并将其转换为 topology.yaml 文件
    print(generate_topology_from_lldp(f_list, save_to_filename="topology.yaml"))
    # 通过 topology.yaml 文件信息获得画图元素
    formatted_topology = transform_topology("topology.yaml")
    # 画出网络拓扑图
    draw_topology(formatted_topology)
```

9. 在主函数中用到了函数 draw_topology()

该函数的主要功能是根据函数 transform_topology()获得的画图元素画出网络拓扑图。为该函数专门编写了 draw_network_grapg.py 文件，具体代码可参见本书提供的源代码。

10. 安装 Graphviz 模块和软件

在 draw_network_grapg.py 文件中会用到 Python 的画图模块 Graphviz，该模块不是 Python 的标准模块，需要安装后才能使用。下面是安装 Graphviz 模块的命令。

```
pip install graphviz
```

另外，在上面的程序中，若需要将网络拓扑图输出到一个图片文件中，则需要安装 Graphviz 的应

用程序。安装文件为 windows_10_cmake_Release_graphviz-install-6.0.1-win64.exe，读者可自行到其官网进行下载。安装时要注意将 Graphviz 的安装路径添加到系统路径中。

4.4.3 运行 Python 脚本

这里只给出设备 SZ1 的执行过程的输出，省略其他设备的执行过程的输出。

```
SSH 正在登录设备 SZ1 .......
SSH 已登录设备 SZ1
SSH 正在向 SZ1 设备发送命令
Local Intf    Neighbor Dev              Neighbor Intf         Exptime
GE0/0/0       SZ2                       GE0/0/0               96
GE0/0/1       S1                        GE0/0/1               107
GE0/0/2       S2                        GE0/0/1               116
GE1/0/0       S4                        GE0/0/2               109
.....................................
['display_lldp_S1.txt', 'display_lldp_S2.txt', 'display_lldp_S4.txt', 'display_lldp_SZ1.txt', 'display_lldp_SZ2.txt']
Topology saved in topology.svg
```

4.4.4 查看网络拓扑图

网络拓扑图保存在 topology.svg 文件中，打开该文件后可以看到整个网络拓扑图，如图 4-1 所示。

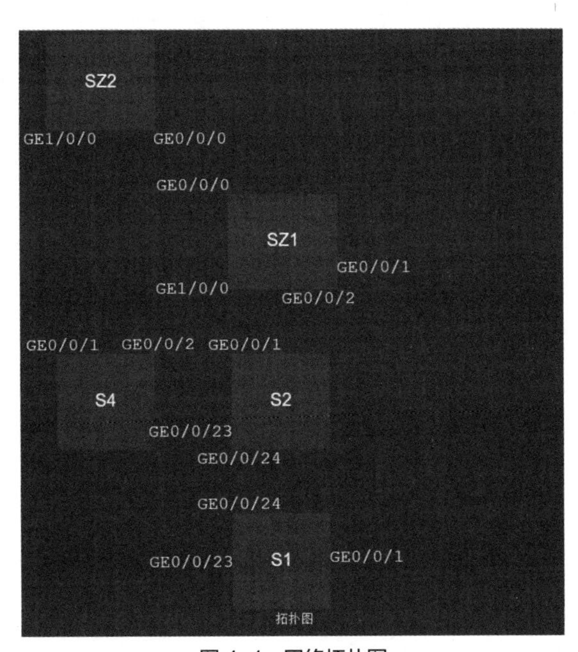

图 4-1 网络拓扑图

4.5 任务总结

本任务详细介绍了 JSON 数据格式和 netmiko 模块的使用等网络知识，同时以真实的工作任务为载体，介绍了 LLDP 配置、SSH 配置、使用 Python 解析文件的方法和 netmiko 模块的使用方法等职业技能，并详细介绍了验证的过程。

4.6 知识巩固

1. LLDP 工作在网络模型中的第（　　）层。
   A. 3　　B. 2　　C. 4　　D. 1
2.（　　）是 netmiko 的核心类。
   A. Connect 类　　B. Command 类
   C. ConnectHandler 类　　D. DeviceType 类
3.（　　）是 netmiko 模块相比 paramiko 模块的细节优化和简化。
   A. 不需要导入 time 模块进行休眠
   B. 在输入命令后面加换行符
   C. 不能调用配置模板
   D. 华为设备不需要执行 system-view、quit 等命令
4. 下列关于 JSON 语法规则的说法中正确的有（　　）。（多选）
   A. 键和值之间使用冒号进行隔离　　B. 键值对中的数据由逗号分隔
   C. 使用花括号保存对象　　D. 使用方括号保存数组
5. Python JSON 模块所提供的方法的有（　　）。（多选）
   A. loads()　　B. open()　　C. close()　　D. dump()

项目5 使用PySNMP获取网络数据

5.1 学习目标

项目 5 使用 PySNMP 获取网络数据

- **知识目标**
  - 了解 MG-SOFT MIB Browser 应用软件
  - 掌握 Python 中的 PySNMP 模块
- **能力目标**
  - 获取 SNMP 中的 MIBku 和 OID
  - 配置 MG-SOFT MIB Browser 应用软件，读取设备数据
  - 使用 Python 中的 PySNMP 模块获取网络数据
- **素养目标**
  - 通过实际应用，培养学生规范的运维操作习惯
  - 通过任务分解，培养学生良好的团队协作能力
  - 通过全局参与，培养学生良好的表达能力和文档编写能力
  - 通过示范作用，培养学生认真负责、严谨细致的工作态度和工作作风

5.2 任务陈述

随着网络的规模越来越庞大，网络中的设备种类越来越多，对越来越复杂的网络进行有效的管理从而提供高质量的网络服务已成为网络管理所面临的最大挑战。在此情景下，网络管理员对设备的管理效率被时间、场地、设备数量等因素制约。通过 CLI 下发配置、维护命令可以一定程度地缓解这个问题，但有些时候会给实施者带来很多繁杂、冗余的操作，甚至在一些情况下，通过 CLI 并不能实现特定的功能。

因为上述问题，基于 SNMP 的网络管理在 TCP/IP 网络中被广泛应用。本项目将使用 PySNMP 模块获取网络数据。

5.3 知识准备

5.3.1 PySNMP 模块简介

PySNMP 是一个用 Python 编写的开源 SNMP 工具包，它可以用于编写 SNMP 管理应用程序。SNMP 是一种网络管理协议，用于管理网络设备。它允许网络管理员监控网络设备，收集有关设备的信息，并对设备进行配置。

PySNMP 提供了一组 Python 类和函数，用于实现 SNMP。它支持 SNMPv1、SNMPv2c 和 SNMPv3，并提供了对 SNMP 消息的编码和解码功能。此外，PySNMP 还提供了一组用于管理 MIB 的工具。使用者可以使用 Python，利用 PySNMP 模块实现 SNMP 的所有操作。PySNMP 提供了简单易用的高层接口，用来简化工程师的编码过程，提高其效率。

PySNMP 不是 Python 的标准模块，需要安装后才能使用，当前（截至 2020 年 9 月）最新版本为 4.4.12。其安装命令如下。

```
pip install pysnmp
pip install pysnmp-mibs
```

PySNMP 高层接口（High Level API，HLAPI）用于实现 SNMPv3 基本操作，其中涉及的类有 SnmpEngine 类、UsmUserData 类、UdpTransportTarget 类、ContextData 类、ObjectIdentity 类、ObjectType 类；涉及的方法有 getCmd()、setCmd()、nextCmd()、bulkCmd()、sendNotification() 等。PySNMP 高层接口如图 5-1 所示。

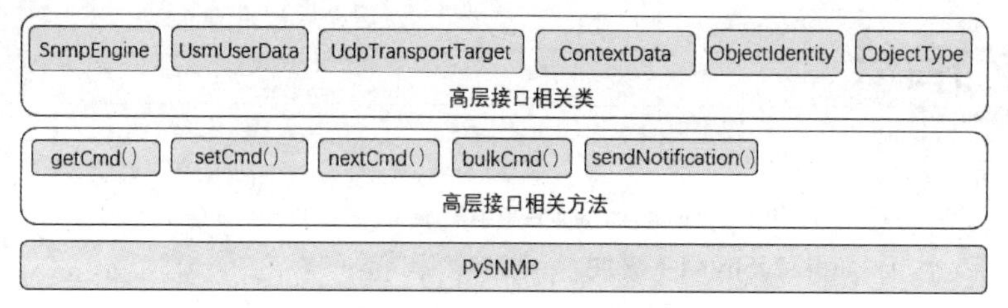

图 5-1 PySNMP 高层接口

第三方开源软件 MG-SOFT MIB Browser 可以帮助我们查询设备 MIB，还可以通过编译和加载操作，将本地 MIB 文件加载到 MIB 管理工具中。

运行 MG-SOFT MIB Browser 后需要配置连接设备，这里以配置连接 AR1 为例进行介绍，如图 5-2 所示。

连接设备后，可以获取 OID，如图 5-3 所示。

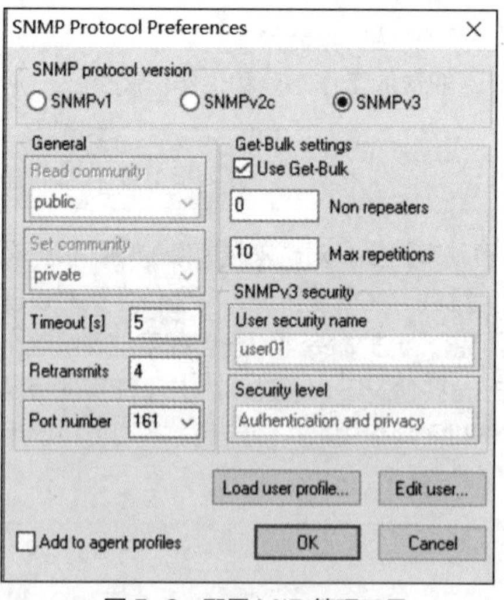

图 5-2 配置 MIB 管理工具

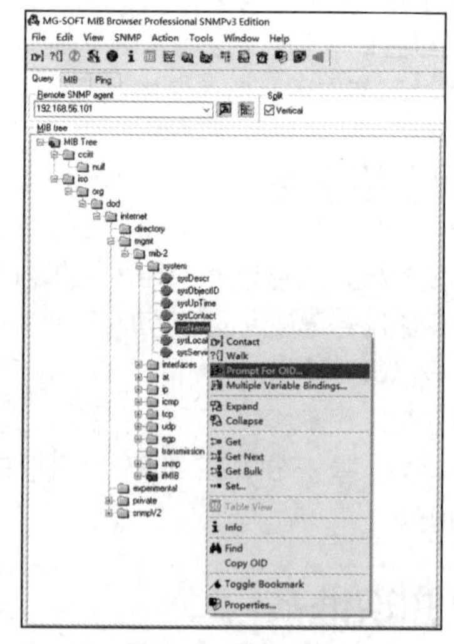

图 5-3 获取 OID

5.3.2 PySNMP 使用方法

PySNMP 高层接口类 SnmpEngine、UsmUserData、UdpTransportTarget、ContextData、ObjectIdentity、ObjectType 的实例，可作为 getCmd()、setCmd()、bulkCmd()等方法的参数传入，ObjectType 类使用 ObjectIdentity 类实例进行初始化。

1. SnmpEngine 类

在使用 PySNMP 编写 SNMP 管理应用程序时，首先需要创建一个 SnmpEngine 类的 SNMP 引擎对象。SNMP 引擎对象是 PySNMP 中最重要的对象之一，它负责管理 SNMP 的各个部分。

SnmpEngine 类是 PySNMP 模块中的一个核心对象，PySNMP 实现的所有 SNMP 操作都涉及 SnmpEngine 类实例。

创建 SnmpEngine 类实例的方法如下。

```
engine = SnmpEngine()
```

创建 SNMP 引擎对象后，可以使用它来发送 SNMP 消息。发送 SNMP 消息需要指定目标设备的 IP 地址、SNMP 的版本以及后续的操作。

2. UsmUserData 类

该类是 PySNMP 模块对 SNMPv3 用户安全模块（User Security Model，USM）的实现。可以利用该类创建 SNMPv3 用户及实现对应的认证与加密算法。其使用方法如下。

```
userData= UsmUserData(
            'user01',                                   # 用户名
    authKey = 'Huawei@123',                             # 认证密钥
    privKey = 'Huawei@123',                             # 加密密钥
    authProtocol = usmHMACSHAAuthProtocol,              # 认证算法
    privProtocol = usmAesCfb128Protocol                 # 加密算法
    )
```

PySNMP 支持的认证算法和加密算法如表 5-1 所示。

表 5-1　PySNMP 支持的认证算法和加密算法

PySNMP 支持的认证算法	PySNMP 支持的加密算法
usmNoAuthProtocol usmHMACMD5AuthProtocol usmHMACSHAAuthProtocol usmHMAC128SHA224AuthProtocol usmHMAC192SHA256AuthProtocol usmHMAC256SHA384AuthProtocol usmHMAC384SHA512AuthProtocol	usmNoPrivProtocol usmDESPrivProtocol usm3DESEDEPrivProtocol usmAesCfb128Protocol usmAesCfb192Protocol usmAesCfb256Protocol

3. UdpTransportTarget 类

该类包含被管理设备 IP 地址和端口号的类。其使用方法如下。

```
# (host, port)是包含被管理设备 IP 地址和端口号的元组
target = UdpTransportTarget(("192.168.56.101", 161))
```

4. ContextData 类

该类为表示 SNMP 上下文信息的类。其使用方法如下。

```
# 若初始化类实例时参数为空，则其为'empty'上下文对象
context = ContextData()
```

5. ObjectIdentity 类

该类可以使用 MIB 对象名进行初始化或使用 OID 进行初始化。其使用方法如下。

```
# 使用 sysName 节点对象名进行初始化
oid1 = ObjectIdentity("SNMPv2-MIB","sysName",0)
# 使用 sysName 节点 OID 字符串进行初始化
oid2 = ObjectIdentity("1.3.6.1.2.1.1.5.0")
```

6. ObjectType 类

该类为表示 MIB 节点的类，使用 ObjectIdentity 类实例进行初始化。其使用方法如下。

```
# 使用 ObjectIdentity 实例初始化 ObjectType 对象
obj1 = ObjectType(ObjectIdentity("SNMPv2-MIB","sysName",0))
```

7. getCmd()方法

该方法用于实现 SNMP Get 操作并获取具体 OID 的值，返回值是一个生成器。getCmd()通常只适用于 OID 值是一个叶子节点的情况。方法声明如下。

```
getCmd(snmpEngine, authData, transportTarget, contextData, *varBinds)
```

常见参数说明如下。

（1）参数 snmpEngine 是 SnmpEngine 类实例；

（2）参数 authData 是 UsmUserData 类实例；

（3）参数 transportTarget 是 UdpTransportTarget 类实例；

（4）参数 contextData 是 ContextData 类实例；

（5）参数*varBinds 是 ObjectType 类实例。

其使用方法如下。

```
g = getCmd(snmpEngine, authData, transportTarget, contextData, *varBinds)
```

getCmd()方法返回 errorIndication（错误指示）、errorStatus（错误状态）、errorIndex（错误索引）以及 varBinds（变量绑定）的元组，包含 SNMP 查询的返回消息。其中，g 是一个生成器，使用 next()方法，会产生一个 get 操作，获取的结果保存在 varBinds 中。

```
errorIndication, errorStatus, errorIndex, varBinds =next(g)
```

8. bulkCmd()方法

该方法用于实现 SNMP getbulk()操作并获取批量 MIB 值，是对 OID 值的遍历，返回值是一个生成器。bulkCmd()适用于节点下还有叶子节点或一个叶子节点有许多值的情况，如查询设备的接口，设备有多个接口，每个接口都有相关的信息，使用父节点 ifEntry 查询设备所有接口信息。

方法声明如下。

```
g = bulkCmd(snmpEngine, authData, transportTarget, contextData,
            nonRepeaters, maxRepetitions, *varBinds, )
```

常见参数说明如下。

（1）参数 nonRepeaters（非重复项）和参数 maxRepetitions（最大重复次数）可用于影响 MIB 对象的批处理。

（2）其他参数的意义与 getCmd()方法中参数的意义一致。

如图 5-4 所示，查询的是接口的数据表（ifTable），将非重复项保留为 0，并将最大重复次数设置为 50。这意味着，每个 SNMP 响应最多可以包含 50 个变量绑定（varBinds）。

图 5-5 所示为 ifEntry 下的所有接口信息。

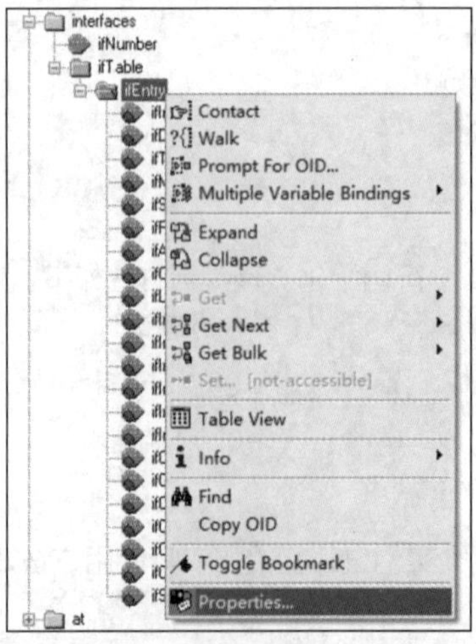

图 5-4 获取 ifEntry OID

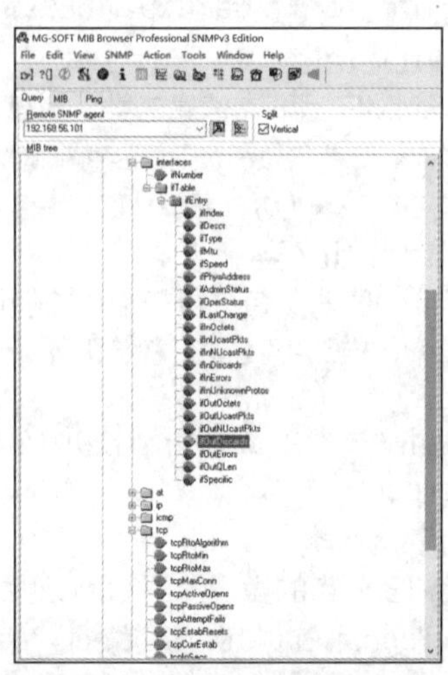

图 5-5 if Entry 下的所有接口信息

9. setCmd()方法

该方法是实现 SNMP Set 操作的方法，返回值是一个生成器。方法声明如下。

```
setCmd(snmpEngine, authData, transportTarget, contextData, *varBinds)
```

其参数的意义与 getCmd()方法中参数的意义一致，这里不赘述。

5.4 任务实施

公司 A 的网络已经在正常运行。为了有效管理网络设备，公司希望使用 PySNMP 模块获取网络设备运行数据。本任务将通过 PySNMP 模块获取路由器 SZ1 和 SZ2 的接口数据。本任务只考虑深圳总部园区网络和服务器区网络，使用表 5-2 所示的 IP 地址连接各设备。

表 5-2　设备连接 IP 地址

设备名	连接 IP 地址	管理 IP 地址
路由器 SZ2	10.2.12.2	192.168.56.102
路由器 SZ1	10.2.12.1	192.168.56.101

按照公司 A 的整体网络规划，运维工程师将通过 PySNMP 获取路由器 SZ1 和 SZ2 的数据，包括每台路由器的 sysname、接口数量、接口类型、接口 IP 地址、掩码、路由目标、路由下一跳，需要完成的任务如下。

（1）配置 SNMPv3。
（2）获取 OID 值。
（3）编写 Python 脚本。
（4）运行 Python 脚本。

5.4.1 配置 SNMPv3

在路由器 SZ1 和 SZ2 上配置 SNMPv3 用户，用户名为 user01，所属组名为 group01，鉴别方式为 SHA，鉴别密码为 Huawei@123，加密方式为 AES128，加密密码为 Huawei@123。由于路由器 SZ1 和 SZ2 的 SNMPv3 配置相同，下面以路由器 SZ1 配置为例进行介绍。

```
[SZ1] snmp-agent
[SZ1] snmp-agent sys-info version v3
[SZ1] snmp-agent mib-view nt include iso
[SZ1] snmp-agent mib-view rd include iso
[SZ1] snmp-agent mib-view wt include iso
[SZ1] snmp-agent group v3 group01 priv read-view rd write-view wt notify-view nt
[SZ1]snmp-agent usm-user v3 user01 group01 authentication-mode sha Huawei@123
      privacy-mode aes128 Huawei@123
[SZ1] snmp-agent trap source GigabitEthernet 0/0/1
```

5.4.2 获取 OID

通过 MIB 管理工具获取相应的 OID 信息，如表 5-3 所示。

表 5-3　OID 信息

名称	OID 对象名	OID 值	操作
sysname	sysname	1.3.6.1.2.1.1.5.0	getCmd
接口数量	ifNumber	1.3.6.1.2.1.2.1.0	

续表

名称	OID 对象名	OID 值	操作
接口类型	ifDescr	1.3.6.1.2.1.2.2.1.2	bulkCmd
接口 IP 地址	ipAdEntAddr	1.3.6.1.2.1.4.20.1.1	
掩码	ipAdEntNetMask	1.3.6.1.2.1.4.20.1.3	
路由目标	ipRouteDest	1.3.6.1.2.1.4.21.1.1	
路由下一跳	ipRouteNextHop	1.3.6.1.2.1.4.21.1.7	

将表 5-3 中的 OID 写入 oid_string.csv 文件，该文件的内容如图 5-6 所示。

A	B	C
1.3.6.1.2.1.1.5.0	get sysName:	S
1.3.6.1.2.1.2.1.0	get ifNumber:	S
1.3.6.1.2.1.2.2.1.2	get all ifDescr:	M
1.3.6.1.2.1.4.20.1.1	get all ip address:	M
1.3.6.1.2.1.4.20.1.3	get all mask:	M
1.3.6.1.2.1.4.21.1.1	get all route Destination:	M
1.3.6.1.2.1.4.21.1.7	get all next-hop:	M

图 5-6　oid_string.csv 文件的内容

图 5-6 中的第二列是描述，第三列中的“S”表示 OID 值是一个叶子节点，“M”表示节点下有叶子节点或一个叶子节点有许多值，需要遍历。

5.4.3　编写 Python 脚本

编写的 Python 脚本如下。

```
from pysnmp.hlapi import *
import csv
# 通过函数 use_getCmd()获取的 OID 值是一个叶子节点
def use_getCmd(engine, userdata, target, context,oid_str,desc_oid):
    oid = ObjectIdentity(oid_str)
    obj = ObjectType(oid)
    g = getCmd(engine, userdata, target, context, obj)
    errorIndication, errorStatus, errorIndex, varBinds = next(g)
    for i in varBinds:
        print(desc_oid,i)            # i 是 ObjectType 对象
# 通过函数 use_bulkCmd()获取的节点下有叶子节点或一个叶子节点有许多值，需要遍历
def use_bulkCmd(engine, userdata, target, context,oid_str,desc_oid):
    oid = ObjectIdentity(oid_str)
    obj = ObjectType(oid)
    g = bulkCmd(engine, userdata, target, context, 0, 50, obj, lexicographicMode=False)
    # 设置循环次数，足够将 OID 下的值取完
    MAX_REPS = 500
    count = 0
    while (count < MAX_REPS):
        try:
            errorIndication, errorStatus, errorIndex, varBinds = next(g)
            for i in varBinds:
                print(desc_oid,i)
        # 取完 OID 值，停止迭代
        except StopIteration:
```

```
                break
            count += 1
# 函数 SNMP_Init()用于进行初始化
def SNMP_Init(ip):
    engine = SnmpEngine()
    userdata = UsmUserData("user01",
                           authKey="Huawei@123",
                           privKey="Huawei@123",
                           authProtocol=usmHMACSHAAuthProtocol,
                           privProtocol=usmAesCfb128Protocol
                           )
    target = UdpTransportTarget((
ip, 161))
    context = ContextData()
    return engine,userdata,target,context

if __name__ == "__main__":
# 输入设备管理 IP 地址
    mgmt_ip = input(
"请输入设备管理 IP 地址：")
    # 初始化 PySNMP 的参数
    engine, userdata, target, context = SNMP_Init(mgmt_ip)
        try:
        with open("oid_string.csv") as f:
            oid_info = csv.reader(f)
            for oid in oid_info:
                if oid[-1] == "S" :
                    use_getCmd(engine, userdata, target, context, oid[0], oid[1])
                elif oid[-1] == "M":
                    use_bulkCmd(engine, userdata, target, context, oid[0], oid[1])
                else:
                    print("something error")
    except FileNotFoundError:
        print("the file does not exist.")
```

5.4.4 运行 Python 脚本

下面是程序执行结果，这里只给出其中一部分。

```
请输入设备管理 IP 地址：192.168.56.101
get sysName:   SNMPv2-MIB::sysName.0 = AR1
get ifNumber:  SNMPv2-SMI::mib-2.2.1.0 = 6
get all ifDescr:   SNMPv2-SMI::mib-2.2.2.1.2.1 = InLoopBack0
get all ifDescr:   SNMPv2-SMI::mib-2.2.2.1.2.2 = NULL0
get all ifDescr:   SNMPv2-SMI::mib-2.2.2.1.2.3 = GigabitEthernet0/0/0
get all ifDescr:   SNMPv2-SMI::mib-2.2.2.1.2.4 = GigabitEthernet0/0/1
get all ifDescr:   SNMPv2-SMI::mib-2.2.2.1.2.5 = GigabitEthernet0/0/2
get all ifDescr:   SNMPv2-SMI::mib-2.2.2.1.2.8 = LoopBack0
get all ip address:   SNMPv2-SMI::mib-2.4.20.1.1.1.1.1.1 = 1.1.1.1
get all ip address:   SNMPv2-SMI::mib-2.4.20.1.1.10.1.12.1 = 10.1.12.1
```

```
get all ip address:   SNMPv2-SMI::mib-2.4.20.1.1.127.0.0.1 = 127.0.0.1
get all ip address:   SNMPv2-SMI::mib-2.4.20.1.1.192.168.56.101 = 192.168.56.101
get all mask:   SNMPv2-SMI::mib-2.4.20.1.3.1.1.1.1 = 255.255.255.255
get all mask:   SNMPv2-SMI::mib-2.4.20.1.3.10.1.12.1 = 255.255.255.0
..............................
```

5.5 任务总结

本项目通过 PySNMP 模块获取了路由器 SZ1 和 SZ2 的数据，包括每台路由器的 sysname、接口数量、接口类型、接口 IP 地址、掩码、路由目标、路由下一跳，主要介绍了 PySNMP 模块和 MIB 管理工具的使用方法。

5.6 知识巩固

1. SNMPv3 相较 SNMPv1 和 SNMPv2c 在安全性方面的提升有（　　）。（多选）

A. 身份验证　　B. 对数据进行加密
C. 基于视图的访问控制　　D. 使用团体名进行认证

2. PySNMP 是 Python 的第三方模块，提供了简单易用的高层接口，用来简化工程师的编码过程，提高其效率。PySNMP 支持的 SNMP 的版本有（　　）。（多选）

A. v1　　B. v2c　　C. v3　　D. v2

3. PySNMP 高层接口用于实现 SNMPv3 基本操作，其中涉及的类有（　　）。（多选）

A. SnmpEngine 类　　B. UsmUserData 类
C. UdpTransportTarget 类　　D. ContextData 类

4. 属于 SNMPv3 基本操作命令的有（　　）。（多选）

A. Getnext　　B. bulkCmd　　C. getCmd　　D. Trap

5. 属于 SNMPv3 功能的有（　　）。（多选）

A. USM　　B. VACM　　C. NMS　　D. Agent

第三篇 协议篇

“云时代”对网络的关键诉求之一是网络自动化，包括业务快速按需自动发放、自动化运维等。传统的CLI和SNMP已经不能适应“云时代”网络。

采用传统的CLI配置方式面临不同厂家配置命令不兼容、出错率高、不适应“云时代”网络的特点、各厂商命令不同导致学习成本高、人工维护成本高等诸多挑战。

在数据采集方面，传统方式是人工定时登录设备采集系统日志；在故障响应方面，数据采集、分析都存在“先天的不足”。数据收集效率低，数据的利用率延迟或不高。这些都无法适应“云时代”的业务实时和动态调整及实时监控、采集、分析数据的网络。

在网络设备管理方面，虽然 SNMP在一定程度上解决了网络设备的管理问题，但面对现代大规模的网络，依然有着很多挑战：SNMP读取配置时采用依次读取方式，效率低，导致SNMP性能不足；SNMP支持写 MIB 的对象相对于读较少，导致SNMP下发不足；不支持事务机制，在配置下发失败时无法回滚；可扩展性差，SNMP提供给外部的接口较少；模型兼容性差，MIB混乱，无法适配所有厂商，导致需要定义各种私有MIB。

面对这些问题，2006年IETF领导并开发出了一种新的协议：网络配置协议（Network Configuration Protocol，NETCONF协议）。和SNMP不同，NETCONF协议基于远程过程调用（Remote Procedure Call，RPC）的方式，能很好地支持事务回滚等操作，从而能更好地满足复杂网络的各种需求。NETCONF协议提供了一种更简单的方式来管理（查询、配置、修改、删除）设备，同时开放了应用程序接口（Application Programming Interface，API），通过调用API可以方便地对设备进行各种操作。NETCONF传输层使用了SSH协议，保证了数据在客户端和服务器传输的安全性。

随着HTTP REST风格的普及，IETF又推出了 RESTCONF协议，RESTCONF协议是在NETCONF协议和超文本传送协议（Hypertext Transfer Protocol，HTTP）的基础上发展而来的。RESTCONF协议以HTTP的方法提供了NETCONF协议的核心功能，以更为流行的方式实现对设备的管理。

虽然NETCONF协议标准化了，但是没有对数据内容进行标准化，从而触发了更优秀的模型语言——YANG（Yet Another Next Generation）的出现，使得数据模型更加简单易懂。YANG是一种语言，是用来建立数据模型的语言，用于对网络配置管理协议（如NETCONF协议、RESTCONF协议）使用的配置数据、状态数据、RPC和通知进行模型化。

在网络自动化运维方面，Telemetry网络遥测技术变得越来越重要。Telemetry，顾名思义，就是一种远距离获取网络测量数据的技术。当Telemetry技术应用到网络中时，可以从物理、虚拟网络设备上远程、高速获取网络数据，为网络分析提供可靠、实时、高精度数据。

本篇围绕NETCONF协议和RESTCONF协议编写自动化脚本以实现网络自动化运维与管理，以及使用Telemetry进行网络遥测、监控。按照公司A的整体网络功能和自动化运维管理的要求，运维工程师需要完成的任务如下。

（1）使用NETCONF协议配置网络。

（2）使用Telemetry实时监控CPU和内存使用率。

（3）使用RESTCONF协议配置网络。

项目6 使用NETCONF协议配置网络

6.1 学习目标

- **知识目标**
  - 掌握 XML 数据格式
  - 掌握 NETCONF 协议
  - 掌握 NETCONF 客户端
- **能力目标**
  - XML 数据的处理
  - 在网络设备上配置 NETCONF 协议
  - 使用 NETCONF 协议配置网络设备
- **素养目标**
  - 通过实际应用，培养学生规范的运维操作习惯
  - 通过任务分解，培养学生良好的团队协作能力
  - 通过全局参与，培养学生良好的表达能力和文档编写能力
  - 通过示范作用，培养学生认真负责、严谨细致的工作态度和工作作风

项目 6　使用 NETCONF 协议配置网络

6.2 任务陈述

NETCONF 协议基于可扩展标记语言（Extensible Markup Language，XML）的网络配置和管理协议，使用简单的 RPC 机制实现客户端和服务器之间的通信。客户端可以是脚本或者网管上运行的应用程序。服务器是典型的网络设备。

ncclient 是开源的 Python 模块，用来在 NETCONF 客户端开发各种和 NETCONF 协议相关的网络运维脚本和应用程序。

公司 A 深圳总部园区网络、服务器区网络和广州分公司网络已经部署完毕，整个网络已经实现了互联互通。由于业务增长较快，深圳总部园区网络设备已经无法满足当前的业务需要，现在考虑对深圳总部园区网络进行升级，将深圳总部园区设备更换为 3 台华为 CE12800。为了使网络升级对业务的影响最小，升级时间尽可能短，公司决定先配置 3 台华为 CE12800 组成核心网，在业务量最小的时间段内，将原来深圳总部园区的核心网络切换到新的核心网络。切换后网络的拓扑如图 6-1 所示。

本项目将使用 Python 编程语言，围绕 NETCONF ncclient 模块编写自动化脚本实现网络自动化配置。

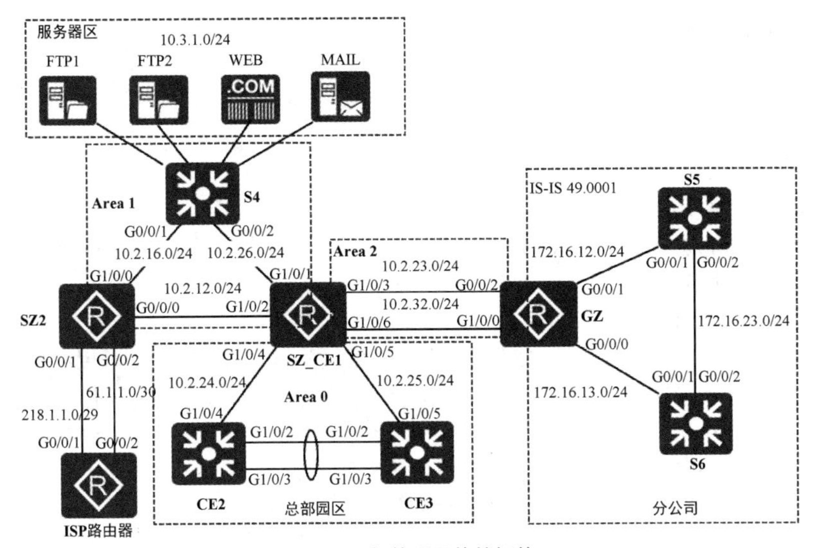

图 6-1　切换后网络的拓扑

6.3 知识准备

6.3.1 XML 数据格式

XML 作为 NETCONF 协议的编码格式，用文本表示复杂的层次化数据，既支持传统的文本编译工具，又支持专用的编辑工具。NETCONF 协议中的所有标准元素都在命名空间 urn:ietf:params:xml:ns:netconf:base:1.0 中进行定义。NETCONF 协议要求 XML 文本内容中不能出现文档类型声明。

基于 XML 进行网络管理的主要思想是利用 XML 强大的数据表示能力，使用 XML 来描述被管理数据和管理操作，便于计算机处理，提高计算机对网络管理数据的处理能力，从而提高网络管理能力。

1. XML 基础

XML 可以用于描述非常复杂的数据，常用于传输和存储数据。XML 是纯文本语言，与平台无关。XML 也独立于编程语言，默认使用 UTF-8 编码。XML 还可以嵌套使用，适合表示结构化数据。如果把 XML 内容存为文件，那么该文件就是 XML 文件。

XML 文件是纯文本文件，在许多方面类似于 HTML 文件。XML 文件由 XML 元素组成，每个 XML 元素包括一个开始标签、一个结束标签以及两个标签之间的内容。例如，可以将 XML 元素标记为价格、订单编号或名称。标记是对文档存储格式和逻辑结构的描述。在形式上，标记中可能包括注释、引用、字符数据段、开始标签、结束标签、空元素、文档类型定义（Document Type Definition，DTD）和序言。

下面是一个描述网络设备的简单 XML 文件的内容。

```
<?xml version="1.0" encoding="UTF-8"?>
<devices>
<router>
        <name>AR2220</name>
        <vendor>Huawei</vendor>
        <type>virtual</type>
</router>
    <switch>
        <name>S5700</name>
```

```
        <vendor>Cisco</vendor>
        <type>hardware</type>
</ switch >
</devices>
```

（1）XML 语法规则

- XML 文件内容有固定的结构，第一行一定是<?xml version="1.0"?>，用于定义 XML 的版本为 1.0，加上可选的编码格式，默认使用 UTF-8 编码格式，也可以把第一行看作 XML 文件的声明语句。其格式如下。

```
<?xml version="1.0" encoding="UTF-8"?>
```

- 接下来是 XML 文签的内容。一个 XML 文签有且仅有一个根元素，即紧接着声明后面建立的第一个元素。上述 XML 文件的根元素是 devices。根元素的开始标签要放在所有其他元素的开始标签之前；根元素的结束标签要放在所有其他元素的结束标签之后。其他元素都是这个根元素的子元素，根元素可以包含任意个子元素。例如，上述 XML 文件的具体含义如下。

```
<devices>                                <!-- 根元素开始 -->
<router>                                <!--第一个子元素 router 开始-->
        <name>AR2220</name><!--router 元素的子元素 name-->
        <vendor>Huawei</vendor><!--router 元素的子元素 vendor-->
        <type>virtual</type><!--router 元素的子元素 type-->
</router>                               <!--第一个子元素 router 结束-->
    <switch>    <!--第二个子元素 switch 开始-->
        <name>S5700</name><!--switch 元素的子元素 name-->
        <vendor>Huawei</vendor>      <!--switch 元素的子元素 vendor-->
        <type>hardware</type><!--switch 元素的子元素 type-->
</ switch >                             <!--第二个子元素 switch 结束-->
</devices>                              <!-- 根元素结束-->
```

- XML 文件的结构是一种树结构。XML 文件中的元素形成了一棵文件树。这棵树从根部开始，并扩展到树的最底端，如图 6-2 所示。

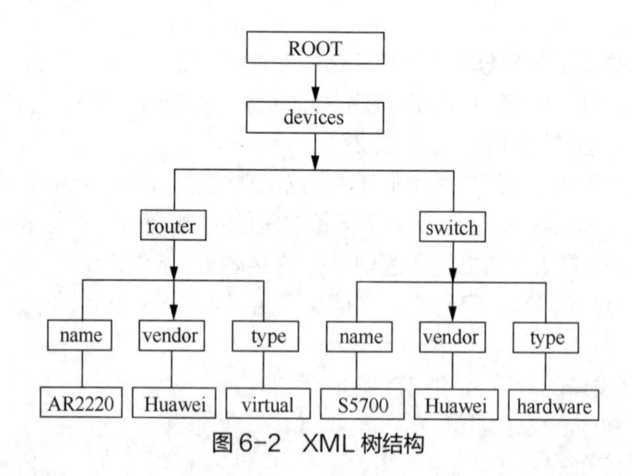

图 6-2 XML 树结构

- 所有的 XML 元素都必须有一个关闭标签。如上述 XML 文件中根元素的开始标签是<devices>，关闭标签是</devices>，正斜线表示关闭。第一个子元素的开始标签是<router>，关闭标签是</router>。
- XML 标签对字母大小写敏感，必须使用相同的字母大小写格式来编写开始标签和结束标签。如果是空元素，则可以用<tag/>表示，将正斜线放在开始标签的后面，也可以表示为<tag></tag>。如元素 name 要表示为空元素，则可以使用<name/>或<name></name>。

- XML 的注释。XML 中注释的语法与 HTML 中注释的语法很相似。以"<!--"开头，加上注释内容，再以"-->"结束。

（2）XML 元素

XML 元素指是从元素的开始标签（包括）到元素的结束标签（包括）的所有内容，如<name>AR2220</name>。元素可以包含文本、属性、其他元素或以上元素的混合。

```
<router location="Shenzhen">
    <name>AR2220</name>
    <vendor>Huawei</vendor>
    <type>virtual</type>
</router>
```

上面的例子中<name>、<vendor>和<type>具有文本内容，分别是 AR2220、Huawei、virtual；<router>具有元素内容。<router> 有一个属性 (location="Shenzhen")。

XML 元素必须遵循以下命名规则。

- 元素名称区分字母大小写；
- 元素名称必须以字母或下画线开头；
- 元素名称不能以字母 xml（或 XML、Xml 等）开头；
- 元素名称可以包含字母、数字、连字符、下画线和句点；
- 元素名称不能包含空格；
- 可以自定义任何名称，不保留任何字词（xml 除外）。

（3）XML 属性

XML 属性旨在包含与特定元素相关的数据。属性值必须被引号包围，可以使用单引号或双引号。如上面的<router location="Shenzhen">表示元素<router>包含一个 location 的属性，其属性值为"Shenzhen"。

属性出现在元素的开始标签中，属性名称和值成对出现。属性由后跟等号的属性名称和用引号括起来的属性值组成。一个 XML 元素可以有多个属性。多个属性以空格分隔，并且可以以任意顺序出现。下面定义了有 2 个属性的 router 元素。

```
<router id="1" location="Shenzhen">
```

（4）命名空间

在 XML 中，元素名称是由开发人员定义的。当两个不同的文件使用相同的元素名称时，就会发生命名冲突。命名空间是用于区分可能相同的 XML 元素名称和属性名称的标识符。使用命名空间可以防止不同开发人员出于不同原因使用相同元素名称或属性名称时引发问题。

命名空间被声明为元素的属性。不仅可以在根元素处声明命名空间，还可以在 XML 文件的任何元素中声明。已声明命名空间的范围从声明它的元素开始，并适用于该元素的全部内容，除非被名称具有相同前缀的另一个命名空间声明覆盖。

以下为名为 arp.xml 的 XML 文件内容，在根元素<rpc-reply>和子元素<arp>的开始标签处都定义命名空间。

```
<?xml version="1.0" encoding="UTF-8"?>
<rpc-reply xmlns="urn:ietf:params:xml:ns:netconf:base:1.0" message-id="1024">
  <data>
    <arp xmlns="http://www.huawei.com/netconf/vrp" content-version="1.0" format-version="1.0">
      <arpInterfaces>
        <arpInterface>
          <ifName>10GE1/0/1</ifName>
          <expireTime>1200</expireTime>
```

```
            <probeInterval>5</probeInterval>
          </arpInterface>
        </arpInterfaces>
      </arp>
    </data>
  </rpc-reply>
```

XML Namespace (xmlns)属性被放置于元素的开始标签之中，并使用以下语法。

```
xmlns:namespace-prefix="namespace URI"
```

在语法中，命名空间以带有冒号的关键字开头，名称是前缀名称，统一资源标识符（Uniform Resource Identifier，URI）是命名空间标识符。

2. 使用 Python 解析 XML 文件

Python 中可以使用 3 种方法，即 XML 简单 API（Simple API for XML，SAX）、文档对象模型（Document Object Model，DOM）和元素树（ElementTree）来解析 XML 文件。SAX 是 Python 标准库包含的 SAX 解析器。SAX 用事件驱动模型，通过在解析 XML 的过程中触发一个个事件并调用用户定义的回调函数来处理 XML 文件。DOM 将 XML 数据在内存中解析成一棵树，通过对树的操作来操作 XML 文件。

ElementTree 就像一个轻量级的 DOM，具有方便、友好的 API，代码可用性好、速度快、消耗内存少。本书将使用 ElementTree 对 XML 文件进行解析，对 SAX 和 DOM 两种方法有兴趣的读者可参阅相关文档进一步学习。

ElementTree 是 Python 的 XML 处理模块，它提供了一个轻量级的对象模型。XML 是一种固有的分层数据格式，最自然的表示方法是使用树。ElementTree 定义了如下两个重要的类。

- ElementTree 类：将整个 XML 文件表示为树，与整个文件交互（文件的读写）时通常使用这个类。
- Element 类：表示树中的单个节点，与单个 XML 元素及其子元素的交互通常使用此类。Element 类可以获取 tag（标签）、text（去除标签，获得标签中的内容，可以用来存储一些数据）、Attrib（获取标签中的属性名称和属性值）、Tail（用来保存与元素相关联的附加数据。它的值通常是字符串，但也可能是特定应用程序的对象）。

下面通过解析 arp.xml 来学习是如何使用 ElementTree 的。arp.xml 文件内容在前文中已经列出，在此不赘述。关于 arp.xml 中内容的说明如下。

- 根元素<rpc-reply>和子元素<arp>的开始标签处定义了命名空间。
- <rpc-reply>的命名空间为 xmlns="urn:ietf:params:xml:ns:netconf:base:1.0"。
- <arp>的命名空间为 xmlns=http://www.huawei.com/netconf/vrp。
- 根元素<rpc-reply>和子元素<arp>的开始标签处定义了属性，<rpc-reply>的属性为 message-id="1024"，<arp>有 2 个属性，即 content-version="1.0"和 format-version="1.0"。
- 子元素<ifName>、<expireTime>和<probeInterval>定义了文本，分别是 10GE1/0/1、1200 和 5。

下面使用 Python 来解析 arp.xml 文件。在 Python 中，xml.etree.ElementTree 模块提供了一个用于解析和创建 XML 文件的简单高效的 API。

（1）读取 XML 文件

```
from xml.etree import ElementTree as ET  # 导入 ElementTree
tree = ET.parse("arp.xml")               # 读取 arp.xml 文件，返回 ElementTree 对象
```

（2）遍历 ElementTree 对象下的所有元素

```
for element in tree.iter():              # 使用 iter()方法遍历当前对象下的所有元素
    print(element.tag)                   # 输出所有元素的标记
```

（3）处理根元素

解析 XML 文件找到根节点，并获取根节点。

```
root = tree.getroot()                # 使用 getroot( )方法获取根元素
for node in root.iter():             # 使用 iter()方法遍历根元素下的所有元素
    tag = node.tag                   # 获取元素的标记
    text = node.text                 # 获取元素的文本
    attrib = node.attrib             # 获取元素的属性
    print("标记:", tag, "文本：", text, "属性：", attrib)    # 最后输出
```

（4）处理子元素

下面依次获取根元素下的每个元素：

```
print(root[0])                       # 获取根元素的子元素 data
print(root[0][0])                    # 获取 data 的子元素 arp
print(root[0][0][0])                 # 获取 arp 的子元素 arpInterfaces
print(root[0][0][0][0])              # 获取 arpInterfaces 的子元素 arpInterface
for elem in root[0][0][0][0]:        # 遍历获取 arpInterface 的 3 个子元素
    print(elem)
```

6.3.2 NETCONF 协议基础

在网络自动化方面，NETCONF 协议越来越受欢迎，并被广泛采用。

NETCONF 协议是一种基于 XML 的网络设备配置协议，它可以用于配置、管理和监控网络设备。NETCONF 协议是 IETF 制定的标准协议，它的主要作用是解决网络配置管理的问题。

在传统的网络管理中，通常需要通过 SSH 协议或 Telnet 协议等来连接到网络设备，然后手动输入命令来进行管理。这种方式的缺点在于需要专业技能和经验，容易出错，且不够灵活，不能进行自动化处理。而 NETCONF 协议不存在这些缺点。

NETCONF 协议使用 XML 格式来配置信息，它可以让用户通过网络连接到网络设备，并使用类似 CLI 进行配置管理。

NETCONF 的主要特点如下。

（1）可扩展性：NETCONF 可以使用扩展协议来支持新的功能和设备。

（2）安全性：NETCONF 使用 SSH 协议进行加密，可以保证安全。

（3）灵活性：NETCONF 协议可以实现自动化处理配置信息，可以根据需求进行定制。

（4）可靠性：NETCONF 协议使用事务机制来确保配置的完整性和一致性。

NETCONF 协议的优点主要在于自动化和具有可编程性。通过 NETCONF 协议，可以编写脚本和程序自动化配置及管理网络设备。这不仅可以提高效率，还可以减少错误和故障。同时 NETCONF 可以与其他网络管理协议和工具，如 SNMP、Syslog、Radius 等进行集成。这种集成可以让用户更加方便地管理网络设备、监控网络状态。

总之，NETCONF 协议是一种非常有用的网络设备配置协议，它可以为用户提供更加灵活、可靠和安全的网络管理方式。随着网络技术的不断发展，NETCONF 协议将会变得越来越重要。

1. 网络架构

NETCONF 协议是基于 XML 的网络配置和管理协议，使用简单的 RPC 机制实现客户端和服务器之间的通信。客户端可以是脚本或者网管上运行的应用程序。服务器是典型的网络设备。

NETCONF 协议基本网络架构主要有 3 个对象：NETCONF 客户端、NETCONF 服务器、NETCONF 消息，如图 6-3 所示。

图 6-3 中部分对象的功能如下。

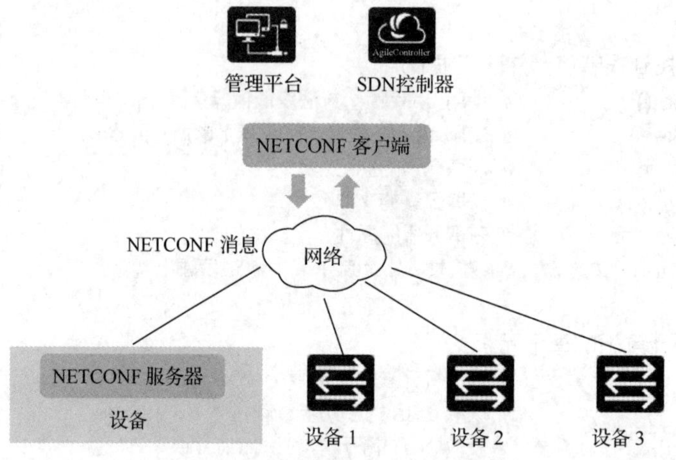

图 6-3 NETCONF 协议的网络架构

- NETCONF 客户端：主要功能是利用 NETCONF 协议对网络设备进行系统管理；向 NETCONF 服务器发送<rpc>请求，查询或修改一个或多个具体的参数值；接收 NETCONF 服务器主动发送的告警和事件，以获知被管理设备的当前状态。
- NETCONF 服务器：主要功能是维护被管理设备的信息数据并响应客户端的请求；服务器收到客户端的请求后会进行数据解析，然后给客户端返回响应；当设备发生故障或其他事件时，服务器利用 Notification 机制主动将设备的告警和事件通知给客户端，向客户端报告设备的当前状态变化。

NETCONF 会话是客户端与服务器之间的逻辑连接。客户端从运行的服务器上获取的数据包括配置数据和状态数据，网络设备必须至少支持一个 NETCONF 会话。客户端可以修改配置数据，并通过操作配置数据，使服务器的状态迁移到用户期望的状态。但客户端不能修改状态数据，状态数据主要是服务器的运行状态和统计数据。

NETCONF 基本会话的建立过程如下。

（1）客户端触发 NETCONF 会话，并进行认证与授权，完成 SSH 连接。

（2）客户端和服务器完成 NETCONF 会话建立和能力协商。

（3）客户端发送一个或多个请求给服务器，进行 RPC 交互（鉴权）。举例如下。

① 修改并提交配置。

② 查询配置数据或状态数据。

③ 对设备进行维护操作。

（4）客户端关闭 NETCONF 会话。

（5）SSH 连接关闭。

2. 协议框架

如同 ISO/OSI 一样，NETCONF 协议也采用了分层结构。每层分别对协议的某一方面进行包装，并向上层提供相关服务。分层结构使每层只关注协议的一个方面，实现起来更简单，同时使各层之间的依赖、内部实现的变更对其他层的影响降到最低。

NETCONF 协议在概念上可以划分为 4 层，即安全传输层、消息层、操作层、内容层，如图 6-4 所示。

图 6-4 中各层的功能如下。

- 安全传输（Secure Transport）层：为客户端和服务器之间的交互提供通信路径。当前华为使用 SSH 协议作为 NETCONF 协议的承载协议。

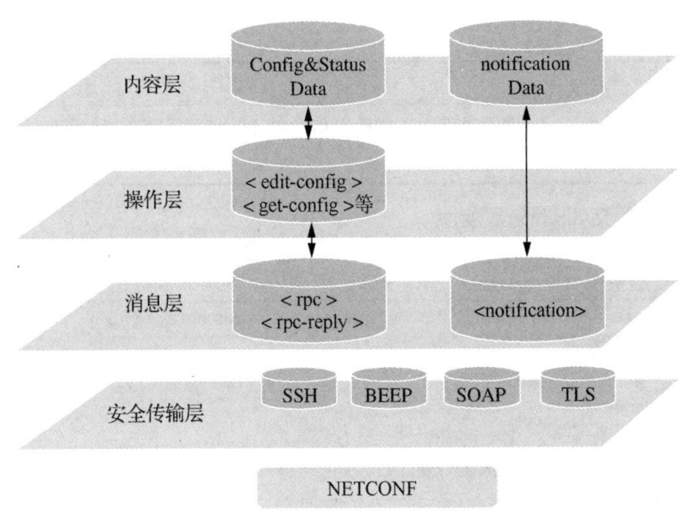

图 6-4　NETCONF 协议框架

- 消息（Message）层：提供一种简单的不依赖安全传输层协议的 RPC 请求和应答机制。客户端把 RPC 请求内容封装在一个<rpc>元素内，并将其发送给服务器；服务器把请求处理结果封装在一个<rpc-reply>元素内，并将其返回给客户端。

RPC 是指一台计算机上的程序调用另一台计算机上程序提供的方法。网络传输采用客户端/服务器架构，客户端和服务器之间要建立 TCP 连接。

- 操作（Operation）层：定义一组基本的操作，作为 RPC 的调用方法，这些操作组成了 NETCONF 协议的基本能力。
- 内容（Content）层：描述了网络管理所涉及的配置数据，而这些数据依赖于各制造商设备。目前主流的数据模型有 Schema 模型、YANG 模型等。
  - Schema 是为了描述 XML 文件而定义的一套规则。Schema 文件中定义了设备的所有管理对象，以及管理对象的层次关系、读写属性和约束条件。
  - YANG 是专门为 NETCONF 协议设计的数据建模语言，用来为 NETCONF 协议设计可操作的配置数据模型、状态数据模型、RPC 模型和通知机制等。
  - 当前华为设备支持的内容层有：Huawei-YANG、NETCONF Schema、IETF-YANG、OpenConfig-YANG。

NETCONF 客户端和服务器之间使用 RPC 机制进行通信。客户端必须和服务器成功建立一个安全的、面向连接的会话后才能进行通信。客户端向服务器发送一个 RPC 请求，服务器处理完用户请求后，给客户端发送一个应答消息。客户端的 RPC 请求和服务器的应答消息全部使用 XML 编码，XML 编码的<rpc>和<rpc-reply>元素提供独立于安全传输层协议的请求和应答消息框架。

基本的 RPC 元素如表 6-1 所示。

表 6-1　基本的 RPC 元素

元素	说明
<rpc>	<rpc>元素用来封装客户端发送给 NETCONF 服务器的请求
<rpc-reply>	<rpc-reply>元素用来封装<rpc>请求的应答消息，NETCONF 服务器给每个<rpc>操作回应一个使用<rpc-reply>元素封装的应答消息
<rpc-error>	在处理<rpc>请求过程中，如果发生任何错误，则在<rpc-reply>元素内只封装<rpc-error>元素返回给客户端

续表

元素	说明
<ok>	在处理<rpc>请求过程中，如果没有发生任何错误，则在<rpc-reply>元素内封装一个<ok>元素返回给客户端

完整的 NETCONF 报文如图 6-5 所示。

```
<?xml version="1.0" encoding="UTF-8"?>
<rpc message-id="101" xmlns="urn:ietf:params:xml:ns:netconf:base:1.0">  消息层
  <edit-config>
    <target>                                                              操作层
      <running/>
    </target>
    <default-operation>merge</default-operation>
    <error-option>rollback-on-error</error-option>
    <config xmlns:xc="urn:ietf:params:xml:ns:netconf:base:1.0">
      <isiscomm xmlns="http://www.huawei.com/netconf/vrp/huawei-isiscomm">
        <isSites>
          <isSite xc:operation="merge">                                   内容层
            <instanceId>100</instanceId>
            <description>ISIS</description>
            <vpnName>_public_</vpnName>
          </isSite>
        </isSites>
      </isiscomm>
    </config>
  </edit-config>
</rpc>
]]>]]>
```

图 6-5　完整的 NETCONF 报文

在图 6-5 中，NETCONF 报文由消息层、操作层和内容层 3 部分组成。

- 消息层：为 RPC 报文提供一个简单的独立的传输帧机制。客户端把 RPC 请求封装在一个<rpc>元素内，服务器把请求处理的结果封装在<rpc-reply>元素内，并将其返回给客户端。
- 操作层：定义了一组基本 NETCONF 协议操作，被带有基于 XML 编码参数的 RPC 方法调用。
- 内容层：定义了配置数据模型，目前主流的数据模型有 Schema 模型、YANG 模型等。

报文中各字段的含义如下。

- message-id：信息码，由发起 RPC 请求的客户端指定，服务器收到 RPC 请求报文后会保存 message-id 属性，在生成<rpc-reply>消息时使用。
- “urn:ietf:params:xml:ns:netconf:base:1.0”：NETCONF XML 的命名空间。其中，base 表示支持基本的操作类型。
- base1.0：支持<running/>配置库（简称配置库），定义的基本操作为<get-config>、<get>、<edit-config>、<copy-config>、<delete-config>、<lock>、<unlock>、<close-session>、<kill-session>，支持的<error-option>参数为 stop-on-error、continue-on-error、rollback-on-error。
- <edit-config>：操作类型。
- <target>：待操作的目标文件。

- <default-operation>：配置默认操作类型。
- <error-option>：执行<edit-config>操作出现错误后，后续操作包含以下 3 种类型。
  - stop-on-error：出现错误后停止操作。
  - continue-on-error：出现错误后记录错误信息并继续执行。如果发生任何错误，则 NETCONF 服务器会给客户端返回一个操作失败的<rpc-reply>消息。
  - rollback-on-error：出现错误后停止操作，并将配置回退到执行<edit-config>操作之前的状态。只有设备支持 rollback-on-error 时才支持此操作。
- <config>：一组由数据模型定义的层次化的配置数据。这些配置数据必须放在指定的命名空间中，必须遵循由其能力集定义的数据模型的约束条件。
-]]>]]>：XML 报文结束符。

3. 操作对象

NETCONF 操作对象有 3 个配置库，可以灵活读取和编辑配置库、候选库与运行库，实现整体配置的下发、验证和回滚。配置库是关于设备的一套完整的配置参数的集合。NETCONF 配置库如表 6-2 所示。

表 6-2 NETCONF 配置库

配置库	说明
<running/>	运行的配置库。此配置库用于存放网络设备上当前处于活动状态的完整配置。设备上只存在一个此类型的配置库，并且始终存在。NETCONF 协议使用<running/>引用此配置库
<candidate/>	备用的配置库。此配置库用于存放设备将要提交到<running/>的各项配置数据。管理员可以在<candidate/>上进行操作，对<candidate/>的任何改变都不会直接影响网络设备。可以通过<commit>指令将备用配置数据提交为设备运行数据。NETCONF 协议使用<candidate/>引用此配置库
<startup/>	启动的配置库。此配置库用于存放设备启动时所加载的配置数据，相当于已保存的配置文件。NETCONF 协议使用<startup/>引用此配置库

需要注意的是，对<candidate/>配置库的修改，必须执行<commit>操作将其提交至<running/>配置库才能生效。系统启动时会自动将<startup/>配置库中的配置复制到<running/>配置库中。

6.3.3 NETCONF 基本操作

NETCONF 协议定义了一系列基本操作，用于修改数据库配置、从数据库中获取数据等。NETCONF 定义的基本操作只是 NETCONF 必须实现的功能的最小集合，而不是功能的全集。NETCONF 基本操作如表 6-3 所示。

表 6-3 NETCONF 基本操作

应用场景	操作	功能描述
查询数据	<get-config>	从<running/>、<candidate/>和<startup/>配置库中获取配置数据
	<get>	从<running/>配置库中获取配置数据和设备状态数据
编辑数据	<edit-config>	修改、创建、删除配置数据
备份/恢复	<copy-config>	导出或替换配置数据
	<delete-config>	删除配置数据
锁定/解锁	<lock>	加锁，独占配置库的修改权
	<unlock>	解锁，放弃对配置库修改权的独占

续表

应用场景	操作	功能描述
事务操作	<commit>	提交<candidate/>配置库中的配置数据成为当前运行的配置数据
	<cancel-commit>	放弃配置，提交试运行
	<discard-changes>	放弃<candidate/>配置库中还未提交的配置数据
	<validate>	检查指定配置数据的语法、语义是否正确
会话操作	<close-session>	正常结束 NETCONF 会话
	<kill-session>	强制结束其他的 NETCONF 会话，需管理员权限

NETCONF 客户端通过<rpc>元素封装请求并将其发送给服务器，NETCONF 操作封装在操作层中。常用的基本操作说明如下。

1. <get-config>操作

<get-config>操作可用来查询全部或部分指定配置数据。<get-config>操作通过 source 参数来指定要查询的配置库，如<running/>、<candidate/>或<startup/>；通过 filter 参数来指定查询配置库的范围，如果此参数不存在，则返回设备上所有的配置。

2. <get>操作

<get>操作用来查询设备当前运行的状态数据，即只能从<running/>配置库中获取数据。所以，<get>操作不需要使用 source 参数指定配置库。若<get>操作成功，则服务器回复的<rpc-reply>元素中含有<data>参数，<data>中封装了获取的结果数据；否则在<rpc-reply>消息中返回<rpc-error>。

<get>和<get-config>的区别如下。

- 使用<get>只能查询<running/>配置库中的数据，使用<get-config>可以查询<running/>、<candidate/>和<startup/>配置库中的数据。
- 使用<get>可以查询配置数据和状态数据，使用<get-config>只能查询配置数据。

3. <edit-config>操作

<edit-config>操作用来把全部或部分配置数据加载到指定的目标配置库（<running/>或<candidate/>）中。设备对<edit-config>中的操作进行鉴权，鉴权通过后，执行相应的修改。

<edit-config>操作支持多种加载配置方式，如支持加载本地文件、远程文件，支持在线编辑。如果 NETCONF 服务器支持统一资源定位符（Uniform Resource Locator，URL），则可以使用标识本地配置文件的<url>参数替代<config>参数。

<edit-config>操作 RPC 报文中各参数的含义如下。

- <config>：一组由数据模型定义的层次化配置数据。<config>中可能包含可选的 operation 属性，用来给配置数据指定操作类型。如果未携带 operation 属性，则默认为 merge 操作。operation 取值如下。
  - merge：在配置库中修改存在或不存在的目标数据，如果目标数据不存在则创建，如果目标数据存在则修改。这是默认操作。
  - create：当且仅当配置库中不存在待创建的配置数据时，才能成功添加到配置库。如果配置数据存在，则会返回<rpc-error>，其中包含一个<error-tag>值 data-exists。
  - delete：删除配置库中指定的配置数据。如果数据存在，则删除该数据；如果数据不存在，则返回<rpc-error>，其中包含一个<error-tag>值 data-missing。
  - remove：删除配置库中指定的配置数据。如果数据存在，则删除该数据；如果数据不存在，则返回成功。
- target：待编辑的配置库。基于模式选择对应的配置库。

- 立即生效模式，配置库为<running/>。
- 两阶段生效模式，配置库为<candidate/>，对该配置库操作后需执行<commit>操作提交配置，修改后的配置才能生效。
- 试运行模式，配置库为<candidate/>。

4. <copy-config>操作

该操作用于用源配置库替换目标配置库。如果没有创建目标配置库，则直接创建配置库，否则用源配置库直接覆盖目标配置库。

注意 **<copy-config>从<running/>配置库中复制配置数据到<startup/>配置库中时，文件格式必须是 CFG、ZIP 或者 DAT，不支持以 XML 格式保存。**

5. <delete-config>操作

<delete-config>操作用来删除配置库，但不能删除<running/>配置库。

6. <lock>操作

<lock>操作用来锁定设备的配置库，独占配置库的修改权。这种锁定保证用户在配置时，不会受到如 NETCONFmanager、SNMP 或者 CLI 脚本的配置影响，防止产生冲突。

如果配置库被合法用户锁定，则返回的 reply 报文<error-tag>中将显示 lock-denied，并且<error-info>中将显示锁定者的<session-id>。

6.3.4 NETCONF 客户端

ncclient 是一个用于 NETCONF 客户端的开源的 Python 模块，旨在使用一个直观的 API 将 NETCONF 的 XML 编码特性映射到 Python，用来在 NETCONF 客户端开发各种和 NETCONF 相关的网络运维脚本及应用程序。截至 2023 年 4 月，ncclient 最新版本为 0.6.13。

打开计算机的命令提示符窗口，通过执行下面的命令安装 ncclient。

```
pip install ncclient
```

ncclient 中较常见的对象是 Manager 类。在实例化 Manager 类之后，ncclient 打开了向设备发送和从设备接收 NETCONF XML RPC 的通道。

1. 连接设备

通过 ncclient manager 提供的 connect()来连接指定的网络设备。

```
from ncclient import manager
manager.connect(host=host,
                port=port,
                username=user,
                password=password,
                hostkey_verify = False,
                device_params={'name': "huawei"},
                look_for_keys = False)
```

常见参数说明如下。

（1）host：设备 IP 地址。

（2）port：设备连接端口，NETCONF 默认端口为 830。

（3）username：设备登录名。

（4）passsword：设备登录密码。

（5）hostkey_verify 和 look_for_keys：使用 SSH 连接设备时，会在本地保存 SSH 服务器的键，并在连接时从本机进行查找。可以传输 False 来跳过这一安全检查。

（6）device_params：指示设备的型号。具体设备的型号一般有如下几种。

- Juniper: device_params={'name':'junos'}。
- Cisco 又分为如下 4 种。
  - CSR：device_params={'name':'csr'}。
  - Nexus：device_params={'name':'nexus'}。
  - iOS XR：device_params={'name':'iosxr'}。
  - iOS XE：device_params={'name':'iosxe'}。
- Huawei 又分为如下 2 种。
  - device_params={'name':'huawei'}。
  - device_params={'name':'huaweiyang'}。
- Nokia SR OS：device_params={'name':'sros'}。
- H3C：device_params={'name':'h3c'}。
- HP Comware：device_params={'name':'hpcomware'}。
- 服务器和其他厂商设备：device_params={'name':'default'}。

2. 获取<running/>配置库的配置数据和状态数据

使用 get()方法可以获取<running/>配置库的配置数据和状态数据。获取的是设备当前运行的状态数据，即只能从配置库中获取数据。不需要使用 source 参数指定配置库。操作成功后，服务器返回的元素中封装了获取的结果数据；否则在消息中返回错误信息。

3. 获取指定配置库的配置数据和状态数据

使用 get_config ()方法可以获取指定配置库的全部或部分配置数据和状态数据。

```
manager.get_config(source, filter=None)
```

常见参数说明如下。

（1）source：指定需要查询的配置库名称，可以是<running/>、<startup/>和<candidate/>。

（2）fileter：过滤器，用来标识要查询配置库的范围。如果此参数不存在，则返回所有配置。

4. 下发配置

edit_config()方法支持设备下发配置操作，该操作支持的配置选项包括 merge、create、replace、remove 和 delete 等。

```
edit_config(target，config, default_operation=None, test_option=None, error_option=None)
```

常见参数说明如下。

（1）target：指定配置库，可以是<running/> 、<startup/>和<candidate/>。

（2）config：设置配置参数，必须放在元素中，可以指定为字符串或元素。

（3）default_operation：如果指定此参数，则其必须是 merge、replace、remove、delete 和 none 中的一个。

（4）test_option： { “test_then_set”， “set” }其中之一。

（5）error_option: { “stop-on-error”， “continue-on-error”， “rollback-on-error” }其中之一。

5. 备份配置

使用 copy_config()方法可以导出设备配置进行备份。

```
copy_config(source, target)
```

常见参数说明如下。

（1）source：源配置库的名称。

（2）target：目标配置库的名称。

6. 删除配置库

使用 delete_config()方法可以删除设备配置库，但不能删除<running/>配置库。

```
delete_config(target)
```

其中，target 是指定要删除的配置数据存储的名称。

6.3.5 设备上配置 NETCONF

NETCONF 安全传输层可为客户端和服务器之间的交互提供通信路径。当前华为设备使用 SSH 协议作为 NETCONF 协议的承载协议。设备作为 SSH 服务器时，可以通过以下两个端口与客户端建立 NETCONF 连接。

- 通过知名端口 22 建立 NETCONF 连接时，必须在 SSH 服务器上执行命令 snetconf server enable。
- 通过知名端口 830 建立 NETCONF 连接时，在 SSH 服务器上无须执行命令 snetconf server enable，只需要执行命令 protocol inbound ssh port 830，服务器就能通过端口 830 与客户端建立连接。

设备作为 NETCONF 服务器时，只要在设备上使能 NETCONF 功能即可。

1. 使能 NETCONF 功能

（1）执行命令 system-view，进入系统视图。

（2）使能 NETCONF 功能。snetconf server enable 和 protocol inbound ssh port 830 都可以用于使能 NETCONF 功能。如果这两个命令都配置，则表示客户端可以使用 22 端口或 830 端口与服务器建立 NETCONF 连接。

- 在 TCP 22 端口上使能 SSH 服务器的 NETCONF 服务。执行命令 snetconf [ipv4 | ipv6] server enable，在 TCP 22 端口上使能 SSH 服务器的 NETCONF 服务。默认情况下，TCP 22 端口上的 SSH 服务器的 NETCONF 服务处于未使能状态。
- 在 830 端口上使能 SSH 服务器的 NETCONF 服务。执行命令 netconf，进入 NETCONF 用户界面视图。执行命令 protocol inbound ssh [ipv4 | ipv6] port 830，在 830 端口上使能 SSH 服务器的 NETCONF 服务。默认情况下，830 端口上的 SSH 服务器的 NETCONF 服务处于未使能状态。

（3）执行命令 quit，退出 NETCONF 用户界面视图。

（4）注意：在 TCP 22 端口或 830 端口上使能 SSH 服务器的 NETCONF 服务后，所有以 NETCONF 方式通过 22 或 830 端口连接的客户端都将断开连接。

（5）执行命令 commit，提交配置。

2. 调整 NETCONF 参数

调整合理的 NETCONF 参数，可保证 NETCONF 会话连接更安全。

（1）执行命令 netconf，进入 NETCONF 用户界面视图。

（2）执行命令 max-sessions，配置 NETCONF 的最大用户数。默认情况下，NETCONF 用户界面的最大用户数是 5。为防止非法用户通过 NETCONF 协议操作设备，可设置 NETCONF 用户界面的最大用户数。任一时刻，超过 NETCONF 用户界面的最大用户数的用户都将无法使用 NETCONF 协议操作设备，这能保证网络的安全性。

（3）执行命令 idle-timeout，配置 NETCONF 用户界面断开连接的超时时间。默认情况下，超时时间是 10min。如果 NETCONF 用户界面没有设置闲置断连功能，则有可能导致其他合法用户无法获得空闲连接，即合法用户无法使用 NETCONF 协议管理设备。

3. 配置 NETCONF 会话模型

设备作为 SSH 服务器时，可以与 SSH 客户端建立 NETCONF 会话。NETCONF 会话模型有以下两种。

（1）NETCONF Schema 模型：设备通过 NETCONF Schema 模型与客户端交互时，设备发送的报文为 Schema 模型报文。

（2）NETCONF YANG 模型：设备通过 NETCONF YANG 模型与客户端交互时，设备发送的报文为 YANG 模型报文。

在不配置 NETCONF 会话模型或者用户同时配置 NETCONF 会话模型为 YANG 模型和 Schema 模型时，设备会根据 NETCONF 客户端发送的 Hello 报文决定使用 NETCONF Schema 模型或 NETCONF YANG 模型。

（1）如果 NETCONF 客户端发送的 Hello 报文中包含华为私有能力，则选择使用 Schema 模型。

（2）如果 NETCONF 客户端发送的 Hello 报文中不包含华为私有能力，则选择使用 YANG 模型。

如果用户配置了 NETCONF 会话模型为 YANG 模型或者 Schema 模型，则设备将不再根据 Hello 报文中交互的能力集来判断 NETCONF 会话模型，而是直接根据配置命令选择指定的会话模型。

（1）执行命令 system-view，进入系统视图。

（2）执行命令 netconf，进入 NETCONF 用户界面视图。

（3）执行命令 work-mode { yang | schema }，配置 NETCONF 会话模型。默认情况下，NETCONF 会话模型由 Hello 报文中交互的能力集确定。

（4）执行命令 commit，提交配置。

4. 检查 NETCONF 的配置结果

通过 NETCONF 管理配置文件成功配置后，可查看到 SSH 会话、NETCONF 设备支持的能力等信息。

（1）执行命令 display netconf session，查看活动的 NETCONF 会话信息。

（2）执行命令 display ssh user-information [username]，在 SSH 服务器（NETCONF Agent）上查看 SSH 用户信息。

（3）执行命令 display ssh server status，查看 SSH 服务器的全局配置信息。

（4）执行命令 display ssh server session，在 SSH 服务器上查看与 SSH 客户端（NETCONF Manager）连接的会话信息。

（5）执行命令 display netconf capability，查看 NETCONF 设备支持的能力。

（6）执行命令 display netconf authorization { task-group-rules task-group-name | user-group-rules user-group-name } [rule-name rule-name]，查看 NETCONF 鉴权信息。

（7）执行命令 display netconf authorization statistics，查看 NETCONF 鉴权统计信息。

（8）执行命令 display netconf session [peer-id peerId]，查看 NETCONF 客户端会话信息。

6.4 任务实施

公司 A 的网络已经在正常运行。但由于业务增长较快，核心网已经无法满足当前的业务需要，现在考虑对核心网进行升级，增加 3 台华为 CE12800。为了使网络升级对业务的影响最小，升级时间尽可能短，公司决定先配置 3 台华为 CE12800 组成核心网，在业务量最小的时间将原来的核心网更换为新部署的核心网。

本项目按照公司 A 的整体网络规划，运维工程师对核心网使用网络配置协议 NETCONF 实现网络配置自动化，运维工程师需要完成的任务如下。

在使用 NETCONF 协议自动下发配置前，确保已经配置设备（NETCONF 服务器）管理接口的 IP 地址，NETCONF 客户端和 NETCONF 服务器端之间三层路由可达。

（1）配置设备 SSH 服务。在设备 NETCONF 服务器上部署 SSH，提高 NETCONF 协议的安全性。本任务采用 SSH 的口令认证。

（2）使能设备 NETCONF 功能。在设备上使能 NETCONF 功能，允许客户端登录服务器。

（3）编写 Python 脚本。

（4）运行 Python 脚本。

（5）验证配置。

本任务主要是向公司 A 深圳总部园区网络的华为 CE12800 下发配置，华为 CE12800 设备均为 NETCONF 服务器。网络拓扑如图 6-1 所示，使用表 6-4 所示的 IP 地址连接各设备。

表 6-4　设备连接 IP 地址

设备名	连接 IP 地址
SZ_CE1	管理接口：G1/0/0 管理接口。VLANif1 IP 地址：192.168.56.101/24。 连接 S4 接口：G1/0/1、10.2.26.1/24。 连接 SZ2 接口：G1/0/2、10.2.12.1/24。 连接 GZ 接口：G1/0/3、10.2.23.1/24。 连接 CE2 接口：G1/0/4、10.2.24.1/24。 连接 CE3 接口：G1/0/5、10.2.25.1/24
CE2	管理接口：G1/0/0 管理接口。VLANif1 IP 地址：192.168.56.102/24。 VLANif4 IP 地址：10.1.4.252/24。 VLANif5 IP 地址：10.1.5.252/24。 VLANif6 IP 地址：10.1.6.252/24。 VLANif7 IP 地址：10.1.7.252/24。 VLANif24 IP 地址：10.2.24.4/24
CE3	管理接口：G1/0/0 管理接口。VLANif1 IP 地址：192.168.56.103/24。 VLANif4 IP 地址：10.1.4.253/24。 VLANif5 IP 地址：10.1.5.253/24。 VLANif6 IP 地址：10.1.6.253/24。 VLANif7 IP 地址：10.1.7.253/24。 VLANif25 IP 地址：10.2.25.5/24

6.4.1 配置 SSH 服务

需要在 3 台华为 CE12800 上手动配置 SSH 服务。SZ_CE1、CE2 和 CE3 的 SSH 服务配置完全相同。为了方便，3 台 CE12800 设备的 NETCONF 用户采用了相同的用户名（netconf）和密码（Huawei12#$）。下面以配置 SZ_CE1 的 SSH 服务为例进行介绍。

```
<SZ_CE1>system-view immediately
[SZ_CE1]aaa
[SZ_CE1-aaa]local-user netconf password irreversible-cipher Huawei12#$
[SZ_CE1-aaa]local-user netconf service-type ssh
[SZ_CE1-aaa]local-user netconf level 3
[SZ_CE1-aaa]quit
```

```
[SZ_CE1]stelnet server enable
[SZ_CE1]ssh user netconf authentication-type password
[SZ_CE1]ssh user netconf service-type snetconf
[SZ_CE1]user-interface vty 0 4
[SZ_CE1-ui-vty0-4]authentication-mode aaa
[SZ_CE1-ui-vty0-4]user privilege level 3
[SZ_CE1-ui-vty0-4]quit
```

6.4.2 使能设备 NETCONF 功能

3 台 CE12800 设备使能 NETCONF 功能的配置方法是相同的。下面以 SZ_CE1 的配置为例进行介绍。

```
[SZ_CE1]snetconf server enable
[SZ_CE1]netconf
[SZ_CE1-netconf]protocol inbound ssh port 830
[SZ_CE1-netconf]work-mode yang schema
[SZ_CE1-netconf]quit
[SZ_CE1]
```

6.4.3 编写 Python 脚本

Python 脚本通过 NETCONF 客户端的 ncclient 模块发送配置或查询消息到 NETCONF 服务器端的设备，完成向设备下发配置或状态查询操作。

在编写 NETCONF 客户端脚本时，需要仔细阅读对应设备的产品文档，如本项目使用的是华为 CE12800 设备，参考的产品文档为 CloudEngine 12800, 12800E V200R005C10 NETCONF Schema API 参考.chm 和 CloudEngine 12800, 12800E V200R019C10 NETCONF YANG API 参考.chm。

1. 配置三层接口 Jinja2 模板文件

从图 6-5 中可知，NETCONF 请求是 XML 格式的。在 NETCONF 请求中，内容层信息包裹在操作层的标签<config>和</config>之间。NETCONF 客户端 ncclient 将包裹在操作层的标签<config>和</config>之间的内容层信息发送到 NETCONF 服务器，以完成设备的配置和状态查询。

下面的 XML 文件用于实现 SZ_CE1 设备 G1/0/2 的二层接口到三层接口的转换，使能该接口，配置该接口的 IP 地址为 10.2.12.1，子网掩码为 255.255.255.0。

```
<config>
<ifm xmlns="http://www.huawei.com/netconf/vrp/huawei-ifm">
<interfaces>
<interface xmlns:nc="urn:ietf:params:xml:ns:netconf:base:1.0" nc:operation="merge">
<ifName>GE1/0/2</ifName>
<ifAdminStatus>up</ifAdminStatus>
<ifDescr>Config by NETCONF</ifDescr>
</interface>
</interfaces>
</ifm>
<ethernet xmlns="http://www.huawei.com/netconf/vrp/huawei-ethernet">
<ethernetIfs>
<ethernetIf>
<ifName>GE1/0/2</ifName>
<l2Enable>disable</l2Enable>
```

```
</ethernetIf>
</ethernetIfs>
</ethernet>
<ifm xmlns="http://www.huawei.com/netconf/vrp/huawei-ifm">
<interfaces>
<interface>
<ifName>GE1/0/2</ifName>
<ipv4Config>
<addrCfgType>config</addrCfgType>
<am4CfgAddrs>
<am4CfgAddr>
<ifIpAddr>10.2.12.1</ifIpAddr>
<subnetMask>255.255.255.0</subnetMask>
<addrType>main</addrType>
</am4CfgAddr>
</am4CfgAddrs>
</ipv4Config>
</interface>
</interfaces>
</ifm>
</config>
```

Jinja2 是 Python 下一个被广泛应用的模板引擎，它作为 Python 的一个第三方库，在使用前需要先执行命令 pip install jinja2 进行安装。

Jinja2 适用于所有基于文本的格式，如 HTML、XML 等。Jinja2 使用花括号来表示自身的语法。Jinja2 中存在以下 3 种语法。

（1）控制结构：{% %}。

（2）变量取值：{{ }}。

（3）注释：{##}。

本项目中只用到第二种语法。将上述的 XML 文件转换为 Jinja2 模板文件，在模板文件中定义了 4 个变量，具体说明如下。

（1）{{ interface_name }}：表示配置的接口名称，如 G1/0/1。

（2）{{ interface_status }}：表示将接口连接起来，相当于执行命令 undo shutdown。

（3）{{ interface_ip }}：表示配置接口的 IP 地址，如 10.2.26.1。

（4）{{ interface_mask }}：表示配置接口的子网掩码，如 255.255.255.0。

转换后的 Jinja2 模板文件如下，将其保存为 config_L3_int.xml 文件，放置在本项目路径下的 jinja2 文件夹中。

```
<config>
<ifm xmlns="http://www.huawei.com/netconf/vrp/huawei-ifm">
<interfaces>
<interface xmlns:nc="urn:ietf:params:xml:ns:netconf:base:1.0" nc:operation="merge">
<ifName>{{ interface_name }}</ifName>
<ifAdminStatus>{{ interface_status }}</ifAdminStatus>
<ifDescr>Config by NETCONF</ifDescr>
</interface>
</interfaces>
</ifm>
<ethernet xmlns="http://www.huawei.com/netconf/vrp/huawei-ethernet">
```

```
<ethernetIfs>
<ethernetIf>
<ifName>{{ interface_name }}</ifName>
<l2Enable>disable</l2Enable>
</ethernetIf>
</ethernetIfs>
</ethernet>
<ifm xmlns="http://www.huawei.com/netconf/vrp/huawei-ifm">
<interfaces>
<interface>
<ifName>{{ interface_name }}</ifName>
<ipv4Config>
<addrCfgType>config</addrCfgType>
<am4CfgAddrs>
<am4CfgAddr>
<ifIpAddr>{{ interface_ip }}</ifIpAddr>
<subnetMask>{{ interface_mask }}</subnetMask>
<addrType>main</addrType>
</am4CfgAddr>
</am4CfgAddrs>
</ipv4Config>
</interface>
</interfaces>
</ifm>
</config>
```

2. 定义 process_L3_template()函数

该函数的功能是将实际配置的接口、接口状态、接口 IP 地址和子网掩码传入 Jinja2 模板文件，用以调换模板文件中的变量。该函数返回替换后的 XML 文件。

```
from jinja2 import Template

# 模板文件所在的文件夹
template_path = "./jinja2/"

# 将需要的变量传入模板文件，并返回替换后的 XML 文件
def process_L3_template(interface_name,interface_status,
                        interface_ip,interface_mask):
    with open(template_path + "config_L3_int.xml") as f:
        netconf_template = Template(f.read())
    XML_out = netconf_template.render(interface_name=interface_name,
                                      interface_status=interface_status,
                                      interface_ip=interface_ip,
                                      interface_mask=interface_mask)
    return XML_out
```

3. 配置 OSPF Jinja2 模板文件

由于设备上运行 OSPF 协议的接口数量不同，需要根据运行 OSPF 协议的接口数量定义多个 Jinja2 模板文件。在模板文件中定义以下变量。

（1）{{ ospf_process_id }}：表示 OSPF 进程号。

（2）{{ ospf_area_num }}：表示 OSPF 区域号。

（3）{{ ospf_interface_1 }}：表示运行 OSPF 协议的第一个接口。

（4）{{ ospf_interface_2 }}：表示运行 OSPF 协议的第二个接口。

以此类推，对运行 OSPF 协议的第三个接口可以定义变量{{ ospf_interface_3 }}。

下面直接给出设备上两个接口运行 OSPF 协议的模板文件，文件名为 config_ospf_2_int.xml，放置在本项目路径下的 jinja2 文件夹中。

```
<config>
<ospfv2 xmlns="http://www.huawei.com/netconf/vrp" format-version="1.0" content-version="1.0">
      <ospfv2comm>
        <ospfSites>
          <ospfSite>
            <processId>{{ ospf_process_id }}</processId>
            <vrfName>_public_</vrfName>
            <areas>
              <area>
                <areaId>{{ ospf_area_num }}</areaId>
                <areaType>Normal</areaType>
                <descriptionArea/>
                <interfaces>
                  <interface>
                    <ifName>{{ ospf_interface_1 }}</ifName>
                  </interface>
                  <interface>
                    <ifName>{{ ospf_interface_2 }}</ifName>
                  </interface>
                </interfaces>
              </area>
            </areas>
          </ospfSite>
        </ospfSites>
      </ospfv2comm>
    </ospfv2>
</config>
```

从上面的模板文件可以看出，通过增加或删减标签<interface>和</interface>即可生成不同的配置 OSPF 协议的模板文件。

4．定义 process_OSPF_template 函数

定义该函数的代码如下。

```
from jinja2 import Template

# 模板文件所在的文件夹
template_path = "./jinja2/"

# 处理 1 个接口运行 OSPF 协议
def process_OSPF_template_1_int(ospf_process_id,
                                 ospf_area_num,
                                 ospf_interface_1):
    with open(template_path + "config_ospf_1_int.xml") as f:
        netconf_template = Template(f.read())
```

```
    XML_out = netconf_template.render(ospf_process_id=ospf_process_id,
                                      ospf_area_num=ospf_area_num,
                                      ospf_interface_1=ospf_interface_1)
    return XML_out

# 处理 2 个接口运行 OSPF 协议
def process_OSPF_template_2_int(ospf_process_id,
                                ospf_area_num,
                                ospf_interface_1,
                                ospf_interface_2):
    with open(template_path + "config_ospf_2_int.xml") as f:
        netconf_template = Template(f.read())

    XML_out = netconf_template.render(ospf_process_id=ospf_process_id,
                                      ospf_area_num=ospf_area_num,
                                      ospf_interface_1=ospf_interface_1,
                                      ospf_interface_2=ospf_interface_2)
    return XML_out

# 处理 5 个接口运行 OSPF 协议
def process_OSPF_template_5_int(ospf_process_id,
                                ospf_area_num,
                                ospf_interface_1,
                                ospf_interface_2,
                                ospf_interface_3,
                                ospf_interface_4,
                                ospf_interface_5):
    with open(template_path + "config_ospf_5_int.xml") as f:
        netconf_template = Template(f.read())

    XML_out = netconf_template.render(ospf_process_id=ospf_process_id,
                                      ospf_area_num=ospf_area_num,
                                      ospf_interface_1=ospf_interface_1,
                                      ospf_interface_2=ospf_interface_2,
                                      ospf_interface_3=ospf_interface_3,
                                      ospf_interface_4=ospf_interface_4,
                                      ospf_interface_5=ospf_interface_5)
    return XML_out
```

5. 创建 VLAN Jinja2 模板文件

在模板文件中定义以下变量。

{{ vlan_id }} ：表示要配置的 VLAN 号。

下面直接给出设备配置 VLAN 的模板文件，文件名为 create_vlan.xml，放置在本项目路径下的 jinja2 文件夹中。

```
<config>
  <vlan xmlns="http://www.huawei.com/netconf/vrp" content-version="1.0" format-version="1.0">
      <vlans>
        <vlan>
          <vlanId>{{ vlan_id }}</vlanId>
```

```
            <vlanif operation="merge">
              <dampTime>0</dampTime>
            </vlanif>
          </vlan>
        </vlans>
      </vlan>
</config>
```

6. 定义 process_VLAN_template()函数

定义该函数的代码如下。

```
from jinja2 import Template

# 模板文件所在的文件夹
template_path = "./jinja2/"

# 创建 VLAN
def process_VLAN_template(vlan_id):
    with open(template_path + "create_vlan.xml") as f:
        netconf_template = Template(f.read())

    XML_out = netconf_template.render(vlan_id=vlan_id)
    return XML_out
```

7. 将接口加入 VLAN 的 Jinja2 模板文件

在模板文件中定义以下两个变量。

（1）{{ interface_name }}：表示将要加入 VLAN 的接口。

（2）{{ vlan_id }}：表示要配置的 VLAN 号。

下面直接给出将接口加入 VLAN 并启用该接口的模板文件，文件名为 join_interface_vlan.xml，放置在本项目路径下的 jinja2 文件夹中。

```
<config>
<ethernet xmlns="http://www.huawei.com/netconf/vrp" content-version="1.0" format-version="1.0">
        <ethernetIfs>
          <ethernetIf operation="merge">
            <ifName>{{ interface_name }}</ifName>
            <l2Attribute>
              <linkType>access</linkType>
              <pvid>{{ vlan_id }}</pvid>
            </l2Attribute>
          </ethernetIf>
        </ethernetIfs>
      </ethernet>
<ifm xmlns="http://www.huawei.com/netconf/vrp" content-version="1.0" format-version="1.0">
        <interfaces>
          <interface operation="merge">
            <ifName>{{ interface_name }}</ifName>
            <ifAdminStatus>up</ifAdminStatus>
            <ifDescr>Config by NETCONF</ifDescr>
          </interface>
        </interfaces>
      </ifm>
</config>
```

8. 定义 process_VLAN_join_template()函数

定义该函数的代码如下。

```
from jinja2 import Template

# 模板文件所在的文件夹
template_path = "./jinja2/"

# 将接口加入 VLAN，并启用该接口
def process_VLAN_join_template(interface_name,vlan_id):
    with open(template_path + "join_interface_vlan.xml") as f:
        netconf_template = Template(f.read())

    XML_out = netconf_template.render(interface_name=interface_name,
                                      vlan_id=vlan_id)
    return XML_out
```

9. 创建 Eth-Trunk 的 Jinja2 模板文件

在模板文件中定义以下 5 个变量。

（1）{{ Eth_Trunk_num }}：表示将要创建 Eth-Trunk 接口，如 Eth-Trunk1。

（2）{{ interface_name_1 }}：表示要加入 Eth-Trunk 的第一个接口。

（3）{{ interface_name_2 }}：表示要加入 Eth-Trunk 的第二个接口。

（4）{{ link_type }}：表示 Eth-Trunk 接口的链路类型，如 trunk。

下面直接给出配置 Eth-Trunk 接口的模板文件，Eth-Trunk 为 trunk，并将两个接口加入该接口的模板文件，文件名为 create_eth_trunk.xml，放置在本项目路径下的 jinja2 文件夹中。

```
<config>
      <ifmtrunk xmlns="http://www.huawei.com/netconf/vrp" content-version="1.0" format-
version="1.0">
        <TrunkIfs>
          <TrunkIf operation="create">
            <ifName>{{ Eth_Trunk_num }}</ifName>
          </TrunkIf>
        </TrunkIfs>
      </ifmtrunk>

<ifmtrunk xmlns="http://www.huawei.com/netconf/vrp" content-version="1.0" format-version="1.0">
        <TrunkIfs>
          <TrunkIf>
            <ifName>{{ Eth_Trunk_num }}</ifName>
            <TrunkMemberIfs>
              <TrunkMemberIf operation="create">
                <memberIfName>{{ interface_name_1 }}</memberIfName>
                <weight>1</weight>
              </TrunkMemberIf>
            </TrunkMemberIfs>
          </TrunkIf>
        </TrunkIfs>
        <TrunkIfs>
          <TrunkIf>
            <ifName>Eth-Trunk1</ifName>
```

```
            <TrunkMemberIfs>
              <TrunkMemberIf operation="create">
                <memberIfName>{{ interface_name_2 }}</memberIfName>
                <weight>1</weight>
              </TrunkMemberIf>
            </TrunkMemberIfs>
          </TrunkIf>
        </TrunkIfs>
      </ifmtrunk>
  <ifm xmlns="http://www.huawei.com/netconf/vrp" content-version="1.0" format-version="1.0">
        <interfaces>
          <interface operation="merge">
            <ifName>{{ interface_name_1 }}</ifName>
            <ifAdminStatus>up</ifAdminStatus>
            <ifDescr>Config by NETCONF</ifDescr>
          </interface>
        </interfaces>
         <interfaces>
          <interface operation="merge">
            <ifName>{{ interface_name_2 }}</ifName>
            <ifAdminStatus>up</ifAdminStatus>
            <ifDescr>Config by NETCONF</ifDescr>
          </interface>
         </interfaces>
       </ifm>
       <ethernet xmlns="http://www.huawei.com/netconf/vrp" content-version="1.0"
format-version="1.0">
         <ethernetIfs>
           <ethernetIf>
             <ifName>{{ Eth_Trunk_num }}</ifName>
             <l2Attribute operation="merge">
               <linkType>{{ link_type }}</linkType>
               <pvid>1</pvid>
               <trunkVlans></trunkVlans>
             </l2Attribute>
           </ethernetIf>
         </ethernetIfs>
       </ethernet>
  </config>
```

10. 定义 process_eth_trunk_template()函数

定义该函数的代码如下。

```
from jinja2 import Template

# 模板文件所在的文件夹
template_path = "./jinja2/"

# 允许通过 Eth-Trunk 的 VLAN 列表
trunk_vlans = [4,5,6,7]
```

```
# 创建 Eth-Trunk
def process_eth_trunk_template(Eth_Trunk_num,
                               link_type,
                               interface_name_1,
                               interface_name_2,
                               trunk_vlans):
    with open(template_path + "create_eth_trunk.xml") as f:
        netconf_template = Template(f.read())

    XML_out = netconf_template.render(Eth_Trunk_num=Eth_Trunk_num,
                                      link_type=link_type,
                                      interface_name_1=interface_name_1,
                                      interface_name_2=interface_name_2,
                                      trunk_vlans=trunk_vlans)
    return XML_out
```

11. 创建 VLANif 接口的 Jinja2 模板文件

在模板文件中定义以下 5 个变量。

（1）{{ vlanif_num }}：表示将要创建 VLANif 的 VLAN 号。

（2）{{ vlanif_name }}：表示 VLANif 接口名，如 VLANif 4。

（3）{{ vlanif_mask }}：表示 VLANif 接口的子网掩码，如 255.255.255.0。

（4）{{ vlanif_ip }}：表示 VLANif 接口的 IP 地址。

下面直接给出配置 VLANif 接口的模板文件，并配置该接口 IP 地址和子网掩码的模板文件，文件名为 create_vlanif.xml，放置在本项目路径下的 jinja2 文件夹中。

```
<config>
    <vlan xmlns="http://www.huawei.com/netconf/vrp" content-version="1.0"
format-version="1.0">
      <vlans>
        <vlan>
          <vlanId>{{ vlanif_num }}</vlanId>
          <vlanif operation="merge">
            <dampTime>0</dampTime>
          </vlanif>
        </vlan>
      </vlans>
    </vlan>
    <ifm xmlns="http://www.huawei.com/netconf/vrp" content-version="1.0" format-version="1.0">
      <interfaces>
        <interface operation="merge">
          <ifName>{{ vlanif_name }}</ifName>
          <ifAdminStatus>up</ifAdminStatus>
          <ifDescr>Config by NETCONF</ifDescr>
          <ifmAm4>
            <am4CfgAddrs>
              <am4CfgAddr operation="create">
                <subnetMask>{{ vlanif_mask }}</subnetMask>
                <addrType>main</addrType>
                <ifIpAddr>{{ vlanif_ip }}</ifIpAddr>
              </am4CfgAddr>
```

```
                </am4CfgAddrs>
              </ifmAm4>
            </interface>
          </interfaces>
        </ifm>
    </config>
```

12. 定义 process_create_vlanif_template()函数

定义该函数的代码如下。

```
from jinja2 import Template

# 模板文件所在的文件夹
template_path = "./jinja2/"

# 创建 VLANif 接口
def process_create_vlanif_template(vlanif_num,vlanif_name,
                                    vlanif_mask,vlanif_ip):
    with open(template_path + "create_vlanif.xml") as f:
        netconf_template = Template(f.read())

    XML_out = netconf_template.render(vlanif_num=vlanif_num,
                                      vlanif_name=vlanif_name,
                                      vlanif_mask=vlanif_mask,
                                      vlanif_ip=vlanif_ip)
    return XML_out
```

13. 定义 config_SZ_CE1()函数

定义该函数的代码如下。

```
def config_SZ_CE1():
    print("\n--------Start config SZ_CE1---------\n")
    host_ip = '192.168.56.101'
    netconf_port = '830'
    netconf_user = 'netconf'
    netconf_password = 'Huawei12#$'

    # 连接 SZ_CE1
    print("Netconf connect to %s ......", host_ip)
    m = huawei_connect(host=host_ip, port=netconf_port, user=netconf_user,
password=netconf_password)

    # 配置 SZ_CE1 接口的 IP 地址
    interface_list = [
        ["G1/0/1", "up", "10.2.26.1", "255.255.255.0"],
        ["G1/0/2", "up", "10.2.12.1", "255.255.255.0"],
        ["G1/0/3", "up", "10.2.23.1", "255.255.255.0"],
        ["G1/0/4", "up", "10.2.24.1", "255.255.255.0"],
        ["G1/0/5", "up", "10.2.25.1", "255.255.255.0"]
    ]
    print("Config interface IP address ......")
    for interface in interface_list:
```

```
            interface_name = interface[0]
            interface_status = interface[1]
            interface_ip = interface[2]
            interface_mask = interface[3]
            XML_out = process_L3_template(interface_name, interface_status, interface_ip,
interface_mask)
            m.edit_config(target='running', config=XML_out)

        # 配置 SZ_CE1 的 OSPF
        print("Add interface G1/0/3 into OSPF area 2 ......")
        XML_1 = process_OSPF_template_1_int(10, "0.0.0.2", "G1/0/3")
        m.edit_config(target='running', config=XML_1)

        print("Add interface G1/0/4 and G1/0/5 into OSPF area 0 ......")
        XML_2 = process_OSPF_template_2_int(10, "0.0.0.0", "G1/0/4", "G1/0/5")
        m.edit_config(target='running', config=XML_2)

        print("Add interface G1/0/1 and G1/0/2 into OSPF area 1 ......")
        XML_3 = process_OSPF_template_2_int(10, "0.0.0.1", "G1/0/1", "G1/0/2")
        m.edit_config(target='running', config=XML_3)
```

14. 定义 config_CE2()函数

定义该函数的代码如下。

```
def config_CE2():
    print("\n---------Start config CE2------------\n")
    host_ip = '192.168.56.102'
    netconf_port = '830'
    netconf_user = 'netconf'
    netconf_password = 'Huawei12#$'
    vlans = [4, 5, 6, 7, 24]

    # 连接 CE2
    print("Netconf connect to %s ......", host_ip)
    m = huawei_connect(host=host_ip, port=netconf_port, user=netconf_user,
password=netconf_password)

    # 创建 VLAN，VLAN 号为 4、5、6、7、24
    print("Create vlans : 4,5,6,7,24 ......")
    for vlan in vlans:
        XML_VLAN = process_VLAN_template(vlan)
        m.edit_config(target='running', config=XML_VLAN)

    # 将 G1/0/4 加入 VLAN 24
    print("Config G1/0/4 to vlans 24    ......")
    XML_VLAN_join = process_VLAN_join_template("G1/0/4", 24)
    m.edit_config(target='running', config=XML_VLAN_join)

    # 创建 Eth-Trunk1，配置为 trunk 链路，成员接口为 G1/0/2 和 G1/0/3，VLAN 号为 4、5、6、7 时，
流量可通过
    print("Config Eth-Trunk1 interface    ......")
```

```
        trunk_vlans = [4, 5, 6, 7]
        XML_eth_trunk = process_eth_trunk_template("Eth-Trunk1", "trunk", "G1/0/2", "G1/0/3",
trunk_vlans)
        m.edit_config(target='running', config=XML_eth_trunk)

        # 创建 VLANif 4
        print("Create VLANif 4 interface    ......")
        XML_VLANIF4 = process_create_vlanif_template("4", "VLANIF 4", "255.255.255.0", "10.1.4.252")
        m.edit_config(target='running', config=XML_VLANIF4)

        # 创建 VLANif 5
        print("Create VLANif 5 interface    ......")
        XML_VLANIF5 = process_create_vlanif_template("5", "VLANIF 5", "255.255.255.0", "10.1.5.252")
        m.edit_config(target='running', config=XML_VLANIF5)

        # 创建 VLANif 6
        print("Create VLANif 6 interface    ......")
        XML_VLANIF6 = process_create_vlanif_template("6", "VLANIF 6", "255.255.255.0", "10.1.6.252")
        m.edit_config(target='running', config=XML_VLANIF6)

        # 创建 VLANif 7
        print("Create VLANif 7 interface    ......")
        XML_VLANIF7 = process_create_vlanif_template("7", "VLANIF 7", "255.255.255.0", "10.1.7.252")
        m.edit_config(target='running', config=XML_VLANIF7)

        # 创建 VLANif 24
        print("Create VLANif 24 interface    ......")
        XML_VLANIF24 = process_create_vlanif_template("24", "VLANIF 24", "255.255.255.0",
"10.2.24.4")
        m.edit_config(target='running', config=XML_VLANIF24)

        # 在 VLANif 4、VLANif 5、VLANif 6、VLANif 7、VLANif 24 接口上运行 OSPF Area 0
        print("Config OSPF area 1    ......")
        XML_5 = process_OSPF_template_5_int(10, "0.0.0.0", "VLANif 4", "VLANif 5", "VLANif 6",
"VLANif 7", "VLANif 24")
        m.edit_config(target='running', config=XML_5)
```

15. 定义 config_CE3()函数

定义该函数的代码如下。

```
def config_CE3():
    print("\n---------Start config CE3-------------\n")
    host_ip = '192.168.56.103'
    netconf_port = '830'
    netconf_user = 'netconf'
    netconf_password = 'Huawei12#$'
    vlans = [4, 5, 6, 7, 25]

    # 连接 CE2
    print("Netconf connect to %s ......", host_ip)
    m = huawei_connect(host=host_ip, port=netconf_port, user=netconf_user,
password=netconf_password)
```

```
        # 创建 VLAN，VLAN 号为 4、5、6、7、25
        print("Create vlans : 4,5,6,7,25 ......")
        for vlan in vlans:
            XML_VLAN = process_VLAN_template(vlan)
            m.edit_config(target='running', config=XML_VLAN)

        # 将 G1/0/5 加入 VLAN 25
        print("Config G1/0/5 to vlans 25    ......")
        XML_VLAN_join = process_VLAN_join_template("G1/0/5", 25)
        m.edit_config(target='running', config=XML_VLAN_join)

        # 创建 Eth-Trunk1，配置为 trunk 链路，成员接口的 G1/0/2 和 G1/0/3，VLAN 号为 4、5、6、7 时，
流量可通过
        print("Config Eth-Trunk1 interface    ......")
        trunk_vlans = [4, 5, 6, 7]
        XML_eth_trunk = process_eth_trunk_template("Eth-Trunk1", "trunk", "G1/0/2", "G1/0/3",
trunk_vlans)
        m.edit_config(target='running', config=XML_eth_trunk)

        # 创建  VLANif 4
        print("Create VLANif 4 interface    ......")
        XML_VLANIF4 = process_create_vlanif_template("4", "VLANIF 4", "255.255.255.0", "10.1.4.253")
        m.edit_config(target='running', config=XML_VLANIF4)

        # 创建  VLANif 5
        print("Create VLANif 5 interface    ......")
        XML_VLANIF5 = process_create_vlanif_template("5", "VLANIF 5", "255.255.255.0", "10.1.5.253")
        m.edit_config(target='running', config=XML_VLANIF5)

        # 创建  VLANif 6
        print("Create VLANif 6 interface    ......")
        XML_VLANIF6 = process_create_vlanif_template("6", "VLANIF 6", "255.255.255.0", "10.1.6.253")
        m.edit_config(target='running', config=XML_VLANIF6)

        # 创建  VLANif 7
        print("Create VLANif 7 interface    ......")
        XML_VLANIF7 = process_create_vlanif_template("7", "VLANIF 7", "255.255.255.0", "10.1.7.253")
        m.edit_config(target='running', config=XML_VLANIF7)

        # 创建  VLANif 25
        print("Create VLANif 25 interface    ......")
        XML_VLANIF25 = process_create_vlanif_template("25", "VLANIF 25", "255.255.255.0", "10.2.25.5")
        m.edit_config(target='running', config=XML_VLANIF25)

        # 在 VLANif 4、VLANif 5、VLANif 6、VLANif 7、VLANif 25 接口上运行 OSPF Area 0
        print("Config OSPF area 1    ......")
        XML_5 = process_OSPF_template_5_int(10, "0.0.0.0", "VLANif 4", "VLANif 5", "VLANif 6",
"VLANif 7", "VLANif 25")
        m.edit_config(target='running', config=XML_5)
```

16. 定义 Python 的主函数

定义该函数的代码如下。

```
if __name__ == "__main__":
    # 模板文件所在的文件夹
    template_path = "./jinja2/"
    print("Please choose :")
    choose_num = """
    1 -> Config SZ_CE1
    2 -> Config CE2
    3 -> Config CE3
    \n
    """
    fun = input(choose_num)
    if fun == "1":
        config_SZ_CE1()
    elif fun == "2":
        config_CE2()
    elif fun == "3":
        config_CE3()
    else:
        print("input error,please choose again!")
```

6.4.4 运行 Python 脚本

运行 Python 脚本，配置 SZ_CE1，脚本运行结果如图 6-6 所示。

运行 Python 脚本，配置 CE2，脚本运行结果如图 6-7 所示。

运行 Python 脚本，配置 CE3，脚本运行结果如图 6-8 所示。

```
Please choose :

   1 -> Config SZ_CE1
   2 -> Config CE2
   3 -> Config CE3


   1
--------Start config SZ_CE1---------

Netconf connect to %s ...... 192.168.56.101
Config interface IP address ......
Add interface G1/0/3 into OSPF area 2 ......
Add interface G1/0/4 and G1/0/5 into OSPF area 0 ......
Add interface G1/0/1 and G1/0/2 into OSPF area 1 ......

Process finished with exit code 0
```

图 6-6　配置 SZ_CE1

```
Please choose :

   1 -> Config SZ_CE1
   2 -> Config CE2
   3 -> Config CE3


   2

--------Start config CE2------------

Netconf connect to %s ...... 192.168.56.102
Create vlans : 4,5,6,7,24 ......
Config G1/0/4 to vlans 24  ......
Config Eth-Trunk1 interface  ......
Create VLANif 4 interface  ......
Create VLANif 5 interface  ......
Create VLANif 6 interface  ......
Create VLANif 7 interface  ......
Create VLANif 24 interface  ......
Config OSPF area 1  ......

Process finished with exit code 0
```

图 6-7　配置 CE2

```
Please choose :

   1 -> Config SZ_CE1
   2 -> Config CE2
   3 -> Config CE3


   3

--------Start config CE3------------

Netconf connect to %s ...... 192.168.56.103
Create vlans : 4,5,6,7,25 ......
Config G1/0/5 to vlans 25  ......
Config Eth-Trunk1 interface  ......
Create VLANif 4 interface  ......
Create VLANif 5 interface  ......
Create VLANif 6 interface  ......
Create VLANif 7 interface  ......
Create VLANif 25 interface  ......
Config OSPF area 1  ......

Process finished with exit code 0
```

图 6-8　配置 CE3

6.4.5 验证配置

在 SZ_CE1、CE2 和 CE3 上执行命令 display current-configuration，获取通过 NETCONF 完成的接口配置和 OSPF 配置，如表 6-5 所示。表 6-5 中仅包含 SZ_CE1 和 CE2 的配置，CE3 的配置与 CE2 类似，区别仅是 IP 地址不同。

表 6-5　SZ_CE1 和 CE2 NETCONF 的配置

SZ_CE1 NETCONF 的配置	CE2 NETCONF 的配置
interface GE1/0/1 undo portswitch description Config by NETCONF undo shutdown ip address 10.2.26.1 255.255.255.0 ospf enable 10 area 0.0.0.1 # interface GE1/0/2 undo portswitch description Config by NETCONF undo shutdown ip address 10.2.12.1 255.255.255.0 ospf enable 10 area 0.0.0.1 # interface GE1/0/3 undo portswitch description Config by NETCONF undo shutdown ip address 10.2.23.1 255.255.255.0 ospf enable 10 area 0.0.0.2 # interface GE1/0/4 undo portswitch description Config by NETCONF undo shutdown ip address 10.2.24.1 255.255.255.0 ospf enable 10 area 0.0.0.0 # interface GE1/0/5 undo portswitch description Config by NETCONF undo shutdown ip address 10.2.25.1 255.255.255.0 ospf enable 10 area 0.0.0.0 # # ospf 10 area 0.0.0.0 area 0.0.0.1 area 0.0.0.2 #	vlan batch 4 to 7 24 # interface Vlanif4 description Config by NETCONF ip address 10.1.4.252 255.255.255.0 ospf enable 10 area 0.0.0.0 # interface Vlanif5 description Config by NETCONF ip address 10.1.5.252 255.255.255.0 ospf enable 10 area 0.0.0.0 # interface Vlanif6 description Config by NETCONF ip address 10.1.6.252 255.255.255.0 ospf enable 10 area 0.0.0.0 # interface Vlanif7 description Config by NETCONF ip address 10.1.7.252 255.255.255.0 # interface Vlanif24 description Config by NETCONF ip address 10.2.24.4 255.255.255.0 ospf enable 10 area 0.0.0.0 # interface Eth-Trunk1 port link-type trunk undo port trunk allow-pass vlan 1 # interface GE1/0/2 description Config by NETCONF undo shutdown eth-trunk 1 # interface GE1/0/3 description Config by NETCONF undo shutdown eth-trunk 1 # interface GE1/0/4 description Config by NETCONF undo shutdown port default vlan 24 # # ospf 10 area 0.0.0.0 #

在 SZ_CE1 上执行命令 display ospf peer brief 查看 SZ_CE1 的 OSPF 邻居。从下面的输出可以看出，SZ_CE1 与 CE2、CE3 都建立了 OSPF 邻居。

```
<SZ_CE1>display ospf peer brief
OSPF Process 10 with Router ID 192.168.56.101
                    Peer Statistic Information
Total number of peer(s): 2
 Peer(s) in full state: 2
------------------------------------------------------------------------------
 Area Id          Interface             Neighbor id          State
 0.0.0.0          GE1/0/4               192.168.56.102       Full
 0.0.0.0          GE1/0/5               192.168.56.103       Full
------------------------------------------------------------------------------
```

6.5 任务总结

本项目详细介绍了 NETCONF 协议基础、网络架构、协议框架等知识，同时以真实的工作任务为载体，介绍了 NETCONF 的各种操作，以及 Python 脚本的配置过程。熟练掌握这些知识和技能，可为满足“云时代”对网络自动化诉求，包括业务快速按需自动发放、自动化运维等奠定坚实的基础。

6.6 知识巩固

1. NETCONF 协议提供了一套管理网络设备的机制。用户可以使用这套机制增加、修改、删除网络设备的配置，获取网络设备的配置数据和状态数据。下列选项中是 NETCONF 对象的有（　　）。（多选）

A. NETCONF 客户端　　B. NETCONF 应用进程
C. NETCONF 服务器　　D. NETCONF 消息

2. NETCONF 协议在概念上可以划分为（　　）层。

A. 2　　B. 3　　C. 4　　D. 5

3. NETCONF 为客户端和服务器之间交互提供了通信路径。当前华为使用（　　）作为 NETCONF 协议的承载协议。

A. Telnet 协议　　B. SSH 协议　　C. HTTP　　D. HTTPS

4. NETCONF 描述了网络管理所涉及的配置数据，而这些数据依赖于各制造商设备。目前主流的数据模型有（　　）。（多选）

A. Schema 模型　　B. JSON 模型　　C. XML 模型　　D. YANG 模型

5. NETCONF 使用 SSH 协议实现安全传输，使用（　　）机制实现客户端和服务器的通信。

A. HTTP　　B. RPC　　C. SSH　　D. SNMP

项目7 使用Telemetry实时监控CPU和内存使用率

7.1 学习目标

- **知识目标**
  - 掌握 YAML 建模语言的使用
  - 掌握 Telemetry 技术原理、数据订阅、采样数据与编码格式
  - 了解 Proto 文件
  - 了解 gRPC 协议
- **能力目标**
  - 在设备上配置 Telemetry 订阅数据
  - 处理 Proto 文件
  - 使用 Telemetry 实时监控网络
- **素养目标**
  - 通过实际应用，培养学生规范的运维操作习惯
  - 通过任务分解，培养学生良好的团队协作能力
  - 通过全局参与，培养学生良好的表达能力和文档编写能力
  - 通过示范作用，培养学生认真负责、严谨细致的工作态度和工作作风

项目 7 使用 Telemetry 实时监控 CPU 和内存使用率

7.2 任务陈述

随着软件定义网络（Software Defined Network，SDN）的设备规模日益增大，网络承载的业务越来越多，用户对网络的智能运维提出了更高的要求，包括监控数据的采样周期、拥有更高的精度以便及时检测和快速调整微突发流量，同时监控过程要对设备自身功能和性能影响小以便提高设备和网络的使用率。

传统网络监控方式（如 SNMP get 和 CLI）因存在以下不足，管理效率越来越低，已不能满足用户需求。

（1）通过拉模式来获取设备的监控数据，不能监控大量网络节点，限制了网络规模增长。

（2）监控数据的采样周期精度在分钟级别，只能依靠加大查询频度来提升获取数据的准确性，但是这样会导致网络节点的 CPU 使用率高而影响设备的正常功能。

（3）由于存在网络传输时延，监控到的网络节点数据并不准确。

因此，面对大规模、高性能的网络监控需求，用户需要一种新的网络监控方式。Telemetry 技术可以满足用户需求，支持智能运维系统管理更多的设备、监控数据拥有更高精度且更加实时、监控过程对设备自身功能和性能的影响小，能为网络问题的快速定位、网络质量优化调整提供重要的大数据基础，将网络质量分析转换为大数据分析，有力地支撑智能运维。

Telemetry 也称 Network Telemetry，即网络遥测技术，是一种远程地从物理设备或虚拟设备上高速采集数据的技术。设备通过推模式（Push Mode）周期性地主动向采集器上送设备的接口流量统计、CPU 或内存数据等，相对传统拉模式（Pull Mode）的一问一答式交互，推模式提供了更实时、更高速的数据获取功能。

随着公司 A 业务规模日益增大，图 6-1 所示拓扑中的深圳总部园区已经完成了网络升级，采用了 3 台华为 CE12800 支撑整个总部园区网络。在日常运维过程中，运维工程师需要根据设备数据及时进行网络优化或故障排除，如当设备 CPU 使用率超过一定阈值时，就要上报数据给采集器，便于后续及时对网络流量进行监控与调整和优化（简称调优）。

本任务将通过 Telemetry 技术实时、高速地获取设备 SZ_CE1 的 CPU 使用率和内存使用率。设备 SZ_CE1 与采集器建立 gRPC 连接后，要求当 SZ_CE1 的 CPU 使用率超过 40%时，上送数据给采集器；当 SZ_CE1 的系统内存使用率超过 50%时，上送数据给采集器。

7.3 知识准备

7.3.1 YANG 建模语言

YANG 是一种数据建模语言。YANG 模型定义了数据的层次化结构，可用于基于网络配置管理协议（如 NETCONF 协议、RESTCONF 协议）的操作。YANG 模型相对于 SNMP 的模型 MIB 更层次化，能够区分配置和状态，可扩展性强。随着标准化的推行，YANG 正逐渐成为业界主流的数据描述规范，标准组织、厂商、运营商等纷纷定义各自的 YANG 模型。

1. YANG 语言基础

2002 年，因特网架构委员会（Internet Architecture Board，IAB）提出 SNMP 在配置、管理上有不少劣势，从而导致了 NETCONF 协议的诞生。但 NETCONF 协议没有对数据内容进行标准化，从而导致了更优秀的模型语言 YANG 的出现，这使得数据模型更加简单易懂。

YANG 模型的最终呈现是以.yang 为扩展名的文件。YANG 在以下 RFC 标准中定义。

（1）RFC 6020：2010 年，ETF 对 YANG 进行了第一次标准定义。YANG 是 NETCONF 协议的数据建模语言。

（2）RFC 6021：2010 年，ETF 定义了网络通信技术中常用的各种数据类型。用户建立自己的 YANG 模型的时候，可以导入这些预先定义好的网络数据类型，无须重新定义。

（3）RFC 6991：2013 年，ETF 在 RFC 6021 的基础上补充了 YANG 模型的数据类型。

（4）RFC 7950：2016 年，ETF 发布了 YANG 1.1，消除了在初始版本 RFC 6020 中的歧义和缺陷。

目前华为设备支持的 YANG 模型主要如下。

（1）HUAWEI-YANG：华为私有 YANG 模型。模型名称以 huawei 开头。

（2）IETF-YANG：IETF 定义的公有 YANG 模型。模型名称一般以 ietf 开头，也有以非 ietf 开头的名称。

（3）OPENCONFIG-YANG：OPENCONFIG 标准组织定义的公有 YANG 模型，一般也称为 OC YANG。模型名称以 openconfig 开头。

下面是截取自文件名为 huawei-ifm.yang 的华为设备 YANG 文件的部分内容。YANG 模型开头部分是描述 huawei-ifm.yang 的基本信息，container、list、leaf 则是 YANG 模型的定义的一些模型节点，这些节点可以用来清晰地划分层次。

```
module huawei-ifm {
  namespace "urn:huawei:yang:huawei-ifm";
  prefix ifm;
  import huawei-pub-type {
    prefix pub-type;
  }
  organization
    "Huawei Technologies Co., Ltd.";
  contact
    "Huawei Industrial Base
     Bantian, Longgang
     Shenzhen 518129
     the People's Republic of China
     Website: http://www.huawei.com
     Email: support@huawei.com";
  description
    "Common interface management, which includes the configuration of interfaces.";
  revision 2020-06-10 {
    description
      "Add units attribute.";
    reference
      "Huawei private.";
  }
  container auto-recovery-times {
    description
      "List of automatic recovery time configuration.";
    list auto-recovery-time {
      key "error-down-type";
      description
      "Configure automatic recovery time.";
      leaf error-down-type {
        type error-down-type;
        description
          "Cause of the error-down event.";
        }
      leaf time-value {
        type uint32 {
          range "30..86400";
        }
        units "s";
        mandatory true;
        description
          "Delay for the status transition from down to up.";
      }
    }
  }
```

2. YANG 主要元素

YANG 模型是由一个模型和无数的叶子节点、节点列表、叶子列表、容器节点组成的描述整个设备的一棵“树”。

（1）模块

一个 YANG 文件通常可以定义为一个模块（module）或者子模块（submodule）。模块和子模块都可以引用其他的模块文件，通过引用能够使用其他模块定义的数据类型和结构。YANG 文件中模块的名称必须与 YANG 文件名一致，如 huawei-ifm.yang 文件中模块的名称就是 huawei-ifm。YANG 文件所有内容都包含在模块中。

```
module huawei-ifm {
  # YANG 文件所有内容都在这里
}
```

模块的定义（或者称为模块的头部信息）可以包含以下几个部分。

- 第一部分是 namespace（命名空间）、prefix（缩略语）、import（引入的其他模块）、include（包含的子模块）。
- 第二部分是这个模块的历史信息以及相关描述，其中 organization、contact、description、revision 这些可以忽略。一般项目会要求写上 revision。
- 第三部分是当前这个模块中的数据形式定义。

（2）叶子节点

叶子节点（leaf node）是最末端的节点，它下面不包含任何节点。叶子节点中就是类型定义、默认值、取值范围、是否必填、是否不可配等。叶子节点支持以下定义。

- config：节点是否可配，默认是可配的。如果要定义成不可配，则需要加上 config false。
- description：节点的描述。
- mandatory：节点是否必须配置。
- reference：使用一个字符串定义引用外部文件的连接。
- units：单位。

更多定义请参考 RFC 7950。

（3）叶子列表

叶子列表（leaf list）也是一种叶子节点，用于定义数组类型变量，是一系列叶子节点的组合，每个叶子节点只有一个特定类型的值。

（4）节点列表

节点列表（list node）表示一组节点的集合，用于定义一个更高层次的数据节点。一个节点列表使用键作为唯一标识，可以包含多个叶子节点。YANG 当中的所有数组都被认为内部的元素是唯一的，不允许相同的情况存在。

（5）容器节点

容器（container）节点用于定义更大范围的数据集合。容器节点没有值，只有不同的子节点。这些子节点可以是容器节点、叶子节点、叶子列表和节点列表。

（6）自定义数据类型

YANG 模型也允许开发者自定义数据类型，typedef 声明用于定义扩展数据类型。如下例代码中先定义了 percent 类型，该类型的取值为 0～100，再定义了叶子节点 completed 使用该类型。

```
typedef percent {
   type uint8 {
     range "0 .. 100";
   }
 }
 leaf completed {
   type percent;
}
```

（7）grouping

grouping 用于定义可以重复使用的节点，一般和 uses 一起使用。如下例代码中的 target 定义了 leaf address 和 leaf port。在 container peer 中声明了 uses target，表示复用此叶子模型。

```
grouping target {
  leaf address {
    type inet:ip-address;
    description "Target IP address.";
  }
  leaf port {
    type inet:port-number;
    description "Target port number.";
  }
}
container peer {
  container destination {
    uses target;
  }
}
```

以上是 YANG 模型的基本元素和结构，有兴趣的读者可以参阅 RFC 7950，以全面了解关于 YANG 的内容。

3. YANG 文件的树结构

现用一个描述 IP 接口的数据模型来编写一个 YANG 文件，并通过 pyang 工具输出 YANG 文件的树结构，同时验证 YANG 文件的正确性。

（1）配置数据和状态数据

下面通过添加一个接口容器来说明配置数据和状态数据。interfaces 容器的定义代码如下。

```
container interfaces {

  }
```

interfaces 容器将保存配置数据和状态数据的子节点。

- 配置数据：可读、可写的配置字段。对于接口来说，可以是接口名称、IP 地址、子网掩码和管理员启用/禁用接口的配置命令。
- 状态数据：只读的操作数据字段。对于接口来说，可能包含数据包计数器和接口的物理状态（UP/DOWN）。

注意 **YANG 模块将仅定义配置数据和状态数据的结构，不会包含数据的实例化值。**

（2）添加配置数据

下面将向容器中添加一个列表，用于定义接口配置数据。定义 4 个叶子节点，用于定义接口的 4 个属性：name、address、subnet-mask 和 enabled。其中，3 个叶子节点 name、address 和 subnet-mask 被标记为必需；enabled 节点是可选的，如果未指定，则默认值为 false。

```
container interfaces {
    list interface {
    key "name";
    leaf name {
        type string;
```

```
            mandatory "true";
            description
              "Interface name. Example value: GigabitEthernet 0/0/0";
        }
        leaf address {
            type string;
            mandatory "true";
            description
              "Interface IP address. Example value: 10.10.10.1";
        }
        leaf subnet-mask {
            type string;
            mandatory "true";
            description
              "Interface subnet mask. Example value: 255.255.255.0";
        }
        leaf enabled {
            type boolean;
            default "false";
            description
            "Enable or disable the interface. Example value: true";
        }
    }
}
```

（3）添加状态数据

在 interfaces 容器的配置数据后面添加以下状态数据。设置 config 为 false，表示属于列表的子节点是只读的。

```
list interface-state {
  config false;
  key "name";
  leaf name {
    type string;
    description
      "Interface name. Example value: GigabitEthernet 0/0/0";
  }
  leaf oper-status {
    type enumeration {
      enum up;
      enum down;
    }
    mandatory "true";
    description
      "Describes whether the interface is physically up or down";
  }
}
```

4. 使用 pyang 工具验证 YANG 文件

使用 pyang 工具可以把 YANG 模型转换为 YANG Tree 视图，即将整个 YANG 模型以一棵树的形式展示，以此来验证 YANG 文件。

（1）安装 pyang 工具

在 Linux 下使用以下命令安装 pyang 工具。

```
pip install pyang
```

（2）准备 YANG 文件

一个 YANG 文件至少有一个模块，且模块的名称与 YANG 文件名相同。下面使用 pyang 工具验证 YANG 文件 config-interfaces.yang。

```
[root@ecs-ceaa ~]# pyang -f tree config-interfaces
module: config-interfaces
  +--rw interfaces
     +--rw interface* [name]
     |  +--rw name           string
     |  +--rw address        string
     |  +--rw subnet-mask    string
     |  +--rw enabled?       boolean
     +--ro interface-state* [name]
        +--ro name           string
        +--ro oper-status    enumeration
```

从上面的输出可以看到，模块的名称为 config-interfaces。在上面的 YANG 文件的树结构中，ro 代表状态数据，rw 代表配置数据。

7.3.2 Telemetry 技术原理

Telemetry 技术广泛应用于航空、军事、能源、交通、医疗、环保等领域，在提高设备的可靠性、降低维护成本、优化系统性能、提高安全性等方面具有重要意义。Telemetry 技术的发展历程可以追溯到 20 世纪初，当时美国国家航空航天局开始探索如何远程监测宇航员和飞船的状态。随着计算机技术和网络技术的飞速发展，Telemetry 技术得到了广泛应用。目前，Telemetry 技术已经成为各种设备、系统、应用程序等的必备技术之一。

Telemetry 技术是一种通过网络对设备、系统、应用程序等的运行状态、性能参数、错误日志等数据进行远程采集、传输、处理和分析的技术。Telemetry 技术的核心是数据采集和数据传输。数据采集是指将设备、系统、应用程序等的运行状态、性能参数、错误日志数据采集到本地或者远程服务器中；数据传输是指将采集到的数据通过网络传输到远程服务器中。

网络设备的统一监控和性能管理是运维平台的重要功能。设备监控数据包括数据平面数据、控制平面数据和管理平面数据。获取设备监控数据的方式有：SNMP、CLI、Syslog、NetStream 和 sFlow 等。NetStream 和 sFlow 为网络流量监控技术，主要针对数据平面数据。

1. SNMP 与 Telemetry

SNMP 是最主流的方式之一，但使用 SNMP 定期查询采集到的数据无法发现流量异常，通常会导致细节信息丢失。同时，传统 SNMP 每次采集数据都需要网管发起查询请求，设备解析请求后再响应上报数据。由于各厂家的 MIB 是自定义的，SNMP 的兼容性较差。

传统网络通过平均 5～15min 拉取采样数据，更密集地拉取会造成网络瘫痪。如在非常短的时间（毫秒级别）内收到非常多的突发数据，以至于产生瞬时突发速率达到平均速率的数十倍、数百倍，甚至超过端口带宽的现象。网管设备或网络性能监测软件通常基于比较长的时间（数秒到数分钟）计算网络实时带宽。在这种情况下，流量速率曲线通常是一条比较平稳的曲线，但是实际设备可能已由于微突发而导致丢包。

总之，传统采集机制无法满足大数据要求，需要支持超大规模网络及海量数据运维的机制，其应具备高实时、高性能、易于扩展等特点。

Telemetry 技术是一种远程从物理设备或虚拟设备上高速采集数据的技术。设备通过推模式周期性地主动向采集器上送设备的接口流量统计、CPU 或内存数据等数据。相对传统拉模式的一问一答式交互，推模式提供了更实时、更高速的数据采集功能，精度可以达到亚秒级。SNMP 和 Telemetry 模式如图 7-1 所示。

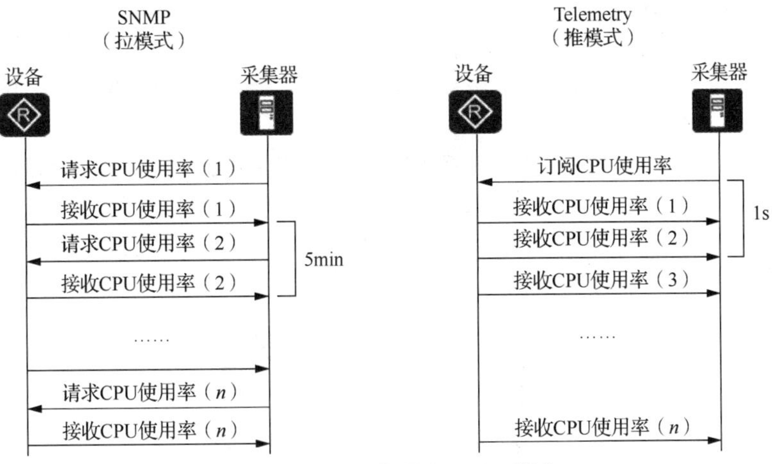

图 7-1　SNMP 和 Telemetry 模式

业界也将 SNMP 认为是传统的 Telemetry 技术，把当前 Telemetry 叫作 Streaming Telemetry 或 Model-Driven Telemetry。

2. Telemetry 技术优势

Telemetry 技术采用推模式及时获取丰富的监控数据，可以实现网络故障的快速定位，提供统一的数据流格式，简化采集器分析监测数据的难度，从而解决传统网络运维问题。

- 采集数据的精度高，且类型十分丰富，可以充分反映网络状况。
- 在复杂的网络中，能够快速地定位故障，达到秒级，甚至亚秒级的故障定位速度。
- 仅需配置一次订阅，设备就可以持续上报数据，减轻了设备处理查询请求的压力。

利用 Telemetry 技术，采集器可以采集到大量的设备数据，然后将数据交给分析器进行综合分析。分析器将决策结果发送给控制器，由控制器调整设备的配置，这样便可以几乎实时地反馈控制器调整后的设备状态是否符合预期。

Telemetry 分析器可以向第三方提供开放的 API，具有更强的数据存储和处理能力；将传统网管解耦成采集器和控制器 2 个部分，使得通信协议和管理应用解耦；在设备侧提升了设备的采集能力，支持订阅上报机制和建造标准数据模型。Telemetry 技术特点如图 7-2 所示。

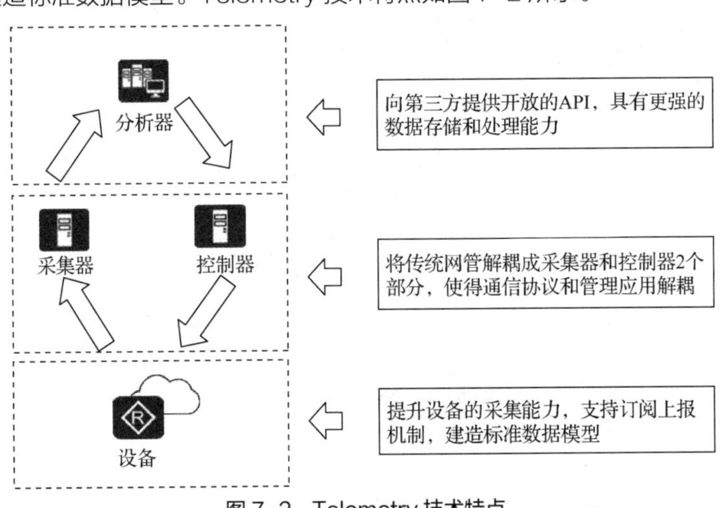

图 7-2　Telemetry 技术特点

相比传统网络监控方式，Telemetry 技术无论是调整的延迟还是反馈的延迟都大大缩短了，使用户对流量路径的变化无明显感知。

3. Telemetry 网络模型

Telemetry 网络模型分为广义和狭义两种。

（1）广义 Telemetry 网络模型：由采集器、分析器、控制器和设备共同构成的一个自闭环系统，分为网管侧和设备侧，如图 7-3 所示。

（2）狭义 Telemetry 网络模型：指设备采样数据上送给采集器的功能，是一个设备特性。

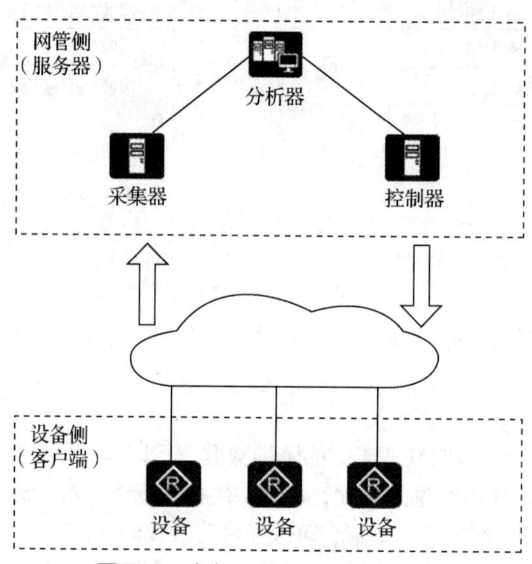

图 7-3　广义 Telemetry 网络模型

7.3.3 Telemetry 数据订阅

Telemetry 数据订阅定义了数据发送端和数据获取端的交互关系。华为 Telemetry 订阅方式分为两种，即静态订阅和动态订阅，如图 7-4 所示。

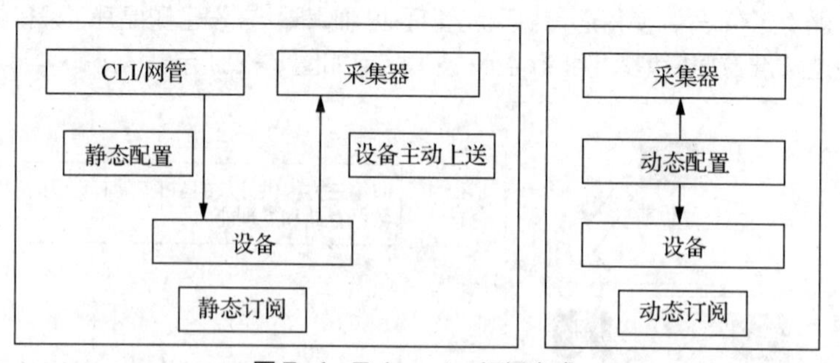

图 7-4　Telemetry 订阅方式

静态订阅是指设备作为客户端，采集器作为服务器，由设备主动发起到采集器的连接，进行数据采集上送。静态订阅多用于长期巡检。

动态订阅是指设备作为服务器，采集器作为客户端，由采集器发起到设备的连接，由设备进行数据采集上送。动态订阅多用于短期监控。

1. 静态订阅

当用户想长时间、周期性地监控某个端口的流量趋势时，可以配置 Telemetry 静态订阅功能。

Telemetry 网管侧和设备侧协同运作，完成整体的 Telemetry 静态订阅需要遵循 5 个操作步骤，如图 7-5 所示。

（1）配置静态订阅：控制器通过命令行配置支持 Telemetry 的设备，订阅数据源，完成数据采集。

（2）推送数据：网络设备依据控制器的配置要求，将采集完成的数据上报给采集器进行接收和存储。

（3）读取数据：分析器读取采集器存储的采样数据。

（4）分析数据：分析器分析读取到的采样数据，并将分析结果发送给控制器，便于控制器对网络进行配置管理，及时调优网络。

（5）调整网络参数：控制器将网络需要调整的配置下发给网络设备；配置下发生效后，新的采样数据又会被上报到采集器，此时在 Telemetry 网管侧可以分析调优后的网络效果是否符合预期，直到调优完成后，整个业务流程形成闭环。

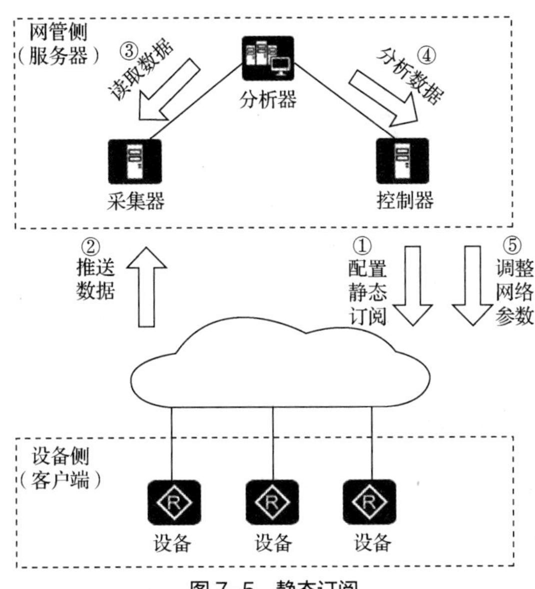

图 7-5 静态订阅

如果设备和上送目标之间的连接断开了，则设备会进行重新连接，再次上送数据，但是重连期间的采样数据会丢失。在系统主备倒换或保存 Telemetry 业务配置重启完成后，Telemetry 业务会重新加载配置，业务会继续运行，但重启或倒换期间的数据会丢失。

2. 动态订阅

当用户对某些端口产生兴趣，想对其进行一段时间的监控时，可以配置 Telemetry 动态订阅功能。当用户不感兴趣时，断开连接即可，订阅会自动取消且不会配置恢复，从而避免对设备造成长期负载，也简化了用户和设备的交互。

Telemetry 网管侧和设备侧协同运作，完成整体的 Telemetry 动态订阅需要遵循 5 个操作步骤，如图 7-6 所示。

（1）配置动态订阅：支持 Telemetry 的设备在完成 Google 远程过程调用（Google Remote Procedure Call，gRPC）服务的相关配置后，由采集器下发动态配置到设备，完成数据采集。

（2）推送数据：网络设备依据采集器的配置要求，将采集完成的数据上报给采集器进行接收和存储。

（3）读取数据：分析器读取采集器存储的采样数据。

（4）分析数据：分析器分析读取到的采样数据，并将分析结果发送给控制器，便于控制器对网络进行配置管理，及时调优网络。

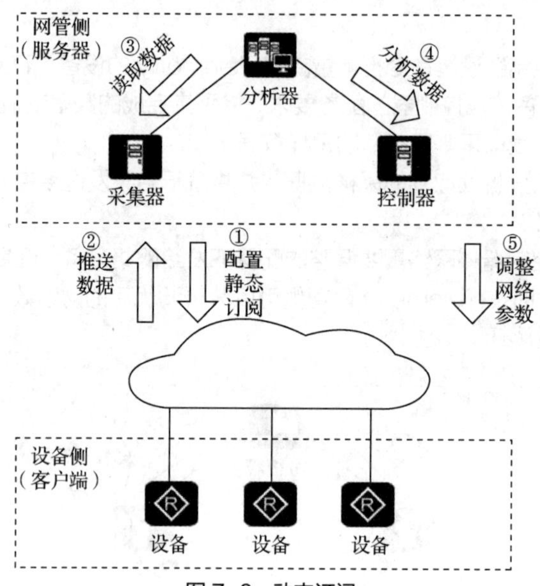

图 7-6　动态订阅

（5）调整网络参数：控制器将网络需要调整的配置下发给网络设备；配置下发生效后，新的采样数据又会被上报到采集器，此时在 Telemetry 网管侧可以分析调优后的网络效果是否符合预期，直到调优完成后，整个业务流程形成闭环。

7.3.4　采样数据与编码格式

Telemetry 主要由网管侧和设备侧组成。网管侧由采集器、分析器、控制器组成，可进行数据的收集、存储、应用分析及控制。设备侧由设备组成。本节仅描述 Telemetry 设备侧相关的关键组成部分。

设备侧将采样数据按照编码格式进行编码，并且使用传输协议进行数据传输。

1. 采样数据

设备侧采样数据主要包括以下 3 个方面的内容。

（1）原始数据：Telemetry 采样的原始数据可来自网络设备的转发平面、控制平面和管理平面，目前支持采集设备的接口流量统计、CPU 或内存数据等数据。

（2）数据模型：Telemetry 基于 YANG 模型采集数据。YANG 用于设计可以作为各种传输协议操作的配置数据模型、状态数据模型、RPCs 模型和通知机制等。HUAWEI-YANG 为测试特性，不能用于商用场景。

（3）性能指标：Telemetry 技术目前支持在特定的采样传感器路径下采集指定的数据。

2. 采样路径

用户通过采样路径来描述自己需要采集的数据。设备上的数据已经通过 YANG 模型描述说明，基于 YANG 模型和它的子树路径可以构成采样路径。

例如，采集 CPU 数据的路径为 huawei-debug:debug/cpu-infos/cpu-info。

其中，“:”之前的“huawei-debug”表示 YANG 模型名称，后续的“debug/...”表示 YANG 模型内的节点名称，各层节点名称通过正斜线衔接在一起。如图 7-7 所示，此图右侧是 YANG 文件，左侧是采样路径。

表 7-1 所示为华为 CE16800、CE12800 等设备的部分采样数据及其路径。

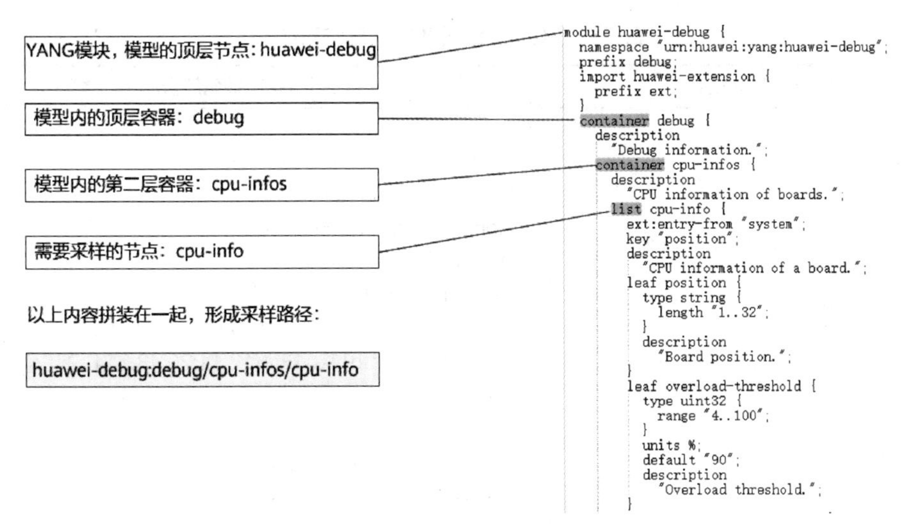

图 7-7　YANG 文件和采样路径

表 7-1　华为 CE16800、CE12800 等设备的部分采样数据及其路径

采样数据	YANG 文件	采样路径
CPU 数据	huawei-devm.yang	huawei-devm:devm/cpuInfos/cpuInfo
内存数据	huawei-devm.yang	huawei-devm:devm/memoryInfos/memoryInfo
MAC 地址统计数据	huawei-mac.yang	huawei-mac:mac/macAddrSummarys/macAddrSummary
接口统计信息	huawei-ifm.yang	huawei-ifm:ifm/interfaces/interface/ifStatistics
芯片缓存使用数据	huawei-qos.yang	huawei-qos:qos/qosCoreQueBufStats/qosCoreQueBufStat
接口入方向丢弃计数	huawei-qos.yang	huawei-qos:qos/qosIngPortDropStats/qosIngPortDropStat
物理接口统计数据	openconfig-interfaces.yang	openconfig-interfaces:interfaces/interface/state/counters
ARP 表项数据	huawei-arp.yang	huawei-arp:arp/arpTables/arpTable

3. 采样周期

采样周期是指周期性地主动向采集器上送设备的接口流量统计、CPU 或内存数据等数据。用户配置静态订阅的采样周期时，期望设备能在这个采样周期内将所有对象的数据都采集出来。采样周期的准确性受采样实例数、采样数据源的周期和 CPU 繁忙程度等因素影响。

4. GPB 编码

在设备和采集器之间传输数据时，需要对数据进行编码，当前支持 2 种编码格式，即 Google 协议缓冲（Google Protocol Buffer，GPB）编码格式和 JSON 编码格式。采用 GPB 编码格式传输的数据比采用其他编码格式（JSON 或 XML 格式）传输的数据具有更强的信息负载能力，保证了 Telemetry 业务的数据吞吐能力，同时降低了 CPU 使用率和带宽。

GPB 编码格式是一种与语言无关、平台无关、可扩展性好的用于通信协议、数据存储的序列化结构数据格式。

gRPC 协议用 GPB 编码格式承载数据，GPB 编码格式的文件扩展名为.proto。GPB 是一种灵活、高效、自动序列化结构数据的机制。GPB 与 XML、JSON 类似，不同的是，它采用二进制编码，性能好、效率高。

表 7-2 所示为 GPB 编码解析前后的对比。

表 7-2　GPB 编码解析前后的对比

GPB 编码解析前	GPB 编码解析后

{
1:"HUAWEI"
2:"s4"
3:"huawei-ifm:ifm/interfaces/interface"
4:46
5:1515727243419
6:1515727243514
7{
1[{
1: 1515727243419
2 {
5{
1[{
5:1
16:2
25:"Eth-Trunk1"
}]
}
}
}]
}
8:1515727243419
9:10000
10:"OK"
11:"CE16800"
12:0
}
	{
	"node_id_str":"HUAWEI",
	"subscription_id_str":"s4",
	"sensor_path":"huawei-ifm:ifm/interfaces/
	interface",
	"collection_id":46,
	"collection_start_time":"2018/1/12 11:20:43.419",
	"msg_timestamp":"2018/1/12 11:20:43.514",
	"data_gpb":{
	"row":[{
	"timestamp":"2018/1/12 11:20:43.419",
	"content":{
	"interfaces":{
	"interface":[{
	"ifAdminStatus":1,
	"ifIndex":2,
	"ifName":"Eth-Trunk1"
	}]
	}
	}
	}]
	},
	"collection_end_time":"2018/1/12 11:20:43.419",
	"current_period":10000,
	"except_desc":"OK",
	"product_name":"CE16800",
	"encoding":Encoding_GPB
	}

目前，GPB 包括 v2 和 v3 两个版本，设备当前支持的 GPB 版本是 v3。gRPC 对接时，需要通过 Proto 文件描述 gRPC 的定义、gRPC 承载的消息。GPB 通过 Proto 文件描述编码使用的字典，即数据结构描述。采集器可以利用 Protoc 等工具软件，并根据 Proto 文件自动生成代码（如 Python 代码），用户可以基于自动生成的代码进行二次开发，从而实现与设备的对接。

5. JSON 编码

JSON 是一种轻量级的数据交换格式，采用完全独立于编程语言的文本格式来存储和表示数据，层次结构简洁清晰。JSON 数据既易于人们阅读和编写，又易于机器解析和生成。

JSON 描述的数据结构中有两个基本概念：键值对和对象。键值对由键和值两个部分构成，键和值之间使用冒号进行隔离。

JSON 数据保存在键值对中，数据由逗号分隔，使用花括号保存对象，使用方括号保存数组，数组可以包含多个对象。

Telemetry 支持 2 种风格的 JSON 编码格式。

- 纯 JSON 编码格式：Telemetry 层和业务数据层均采用 JSON 编码格式，如表 7-3 所示。
- 混合 JSON 编码格式：Telemetry 层采用 GPB 编码格式，业务数据层采用 JSON 编码格式，如表 7-4 所示。

表 7-3　纯 JSON 编码格式

纯 JSON 编码格式

{
"node_id_str":"HUAWEI",
"subscription_id_str":"s4",
"sensor_path":"huawei-ifm:ifm/interfaces/interface",
"collection_id":46,
"collection_start_time":"2018/1/12 11:20:43.419",
"msg_timestamp":"2018/1/12 11:20:43.514",
"collection_end_time":"2018/1/12 11:20:43.419",
"current_period":10000,
"except_desc":"OK",
"product_name":"CE16800",
"encoding":Encoding_JSON,
"data_str":{
"row":[{
"timestamp":"2018/1/12 11:20:43.419",
"content":{
"interfaces":{
"interface":[{
"ifAdminStatus":1,
"ifIndex":2,
"ifName":"Eth-Trunk1"
}]
}
}
}]
}
}

表 7-4　混合 JSON 编码格式

JSON 编码解析前	JSON 编码解析后

{
1:"HUAWEI"
2:"s4"
3:"huawei-ifm:ifm/interfaces/interface"
4:46
5:1515727243419
6:1515727243514
8:1515727243419
9:10000
10:"OK"
11:"CE16800"
12:1
14:{
	{
	"node_id_str":"HUAWEI",
	"subscription_id_str":"s4",
	"sensor_path":"huawei-ifm:ifm/interfaces/interface",
	"collection_id":46,
	"collection_start_time":"2018/1/12 11:20:43.419",
	"msg_timestamp":"2018/1/12 11:20:43.514",
	"collection_end_time":"2018/1/12 11:20:43.419",
	"current_period":10000,
	"except_desc":"OK",
	"product_name":"CE16800",
	"encoding":Encoding_JSON,
	"data_str":{

续表

JSON 编码解析前	JSON 编码解析后

"row":[{
"timestamp":"2018/1/12 11:20:43.419",
"content":{
"interfaces":{
"interface":[{
"ifAdminStatus":1,
"ifIndex":2,
"ifName":"Eth-Trunk1"
}]
}
}
}]
}
}
	"row":[{
	"timestamp":"2018/1/12 11:20:43.419",
	"content":{
	"interfaces":{
	"interface":[{
	"ifAdminStatus":1,
	"ifIndex":2,
	"ifName":"Eth-Trunk1"
	}]
	}
	}
	}]
	}
	}

7.3.5 Proto 文件

Proto 文件用于定义 GPB 编码的编码规则。Proto 文件包含公共 Proto 文件和业务数据 Proto 文件。

1. 公共 Proto 文件

Telemetry 提供了 3 个公共的 Proto 文件，支持数据上送和订阅功能。

（1）huawei-grpc-dialout.proto 文件是 RPC 头文件。设备作为客户端对外推送数据时（即静态订阅时），该文件定义了 RPC 接口。其说明如表 7-5 所示。

表 7-5 huawei-grpc-dialout.proto 文件说明

huawei-grpc-dialout.proto

syntax = "Proto3"; # Proto 版本定义为 v3
package huawei_dialout; # 本包名称为 huawei_dialout
service gRPCDataservice { # 服务名称为 gRPCDataservice
# 方法为 dataPublish()，双向流模式，提供数据推送方法 	
rpc dataPublish(stream serviceArgs) returns(stream serviceArgs) {};
}
message serviceArgs { # 消息格式描述
int64 ReqId = 1; # 请求 ID
oneof MessageData {
bytes data = 2; # 表示承载 GPB 编码格式的采样数据
string data_JSON = 4; # 表示承载 JSON 编码格式的采样数据
}
string errors = 3; # 产生错误时的描述信息
}

（2）huawei-grpc-dialin.proto 文件是 RPC 头文件。设备作为服务端对外推送数据时（即动态订阅时），该文件定义了 RPC 接口。其说明如表 7-6 所示。

表 7-6 huawei-grpc-dialin.proto 文件说明

huawei-grpc-dialin.proto

```
syntax = "Proto3";                # Proto 版本定义为 v3
package huawei_dialin;            # 本包名称为 huawei_dialin
service gRPCConfigOper {          # 服务名称为 gRPCConfigOper
# 方法为 Subscribe()，服务器流模式，提供动态订阅方法。入参包含订阅的参数
rpc Subscribe(SubsArgs) returns(stream SubsReply) {};
# 方法为 Cancel()，一问一答模式，提供取消动态订阅方法。入参包含取消订阅的参数
rpc Cancel(CancelArgs) returns(CancelReply) {};
}
message Path {    # 路径消息结构
string path = 1;    # 订阅的 sensor-path
uint32 depth = 2;  # 订阅的采样深度，1 表示当前层，2 表示当前层和子层，以此类推
}
message SubsArgs {                # 订阅请求参数
uint64 request_id = 1;            # 请求 ID，由调用者传入
uint32 encoding = 2;              # 编码类型，0 表示 GPB 编码格式，1 表示 JSON 编码格式
repeated Path path = 5;           # 订阅的路径结构
uint64 sample_interval = 6;       # 采样周期
uint64 heartbeat_interval = 7;    # 冗余抑制的抑制周期
oneof Suppress {
bool suppress_redundant = 8;      # 冗余抑制，当数据内容不变时，抑制数据上报
uint64 delay_time = 9;            # 延迟时间，数据变更产生后，等待一定的延迟时间再上送
}
}
message SubsReply {               # 订阅响应参数
uint32 subscription_id = 1;       # 成功返回订阅 ID，失败返回 0
uint64 request_id = 2;            # 带回对应订阅请求的 request_id
string response_code = 3;         # 返回码，成功返回 200
oneof MessageData {
bytes message = 4;                # 错误时返回错误描述，成功时上送 GPB 编码的数据
string message_JSON = 5;          # 成功时上送 JSON 编码的数据
}
}
message CancelArgs {              # 取消订阅请求参数
uint64 request_id = 1;            # 请求 ID，由调用者传入
uint32 subscription_id = 2;       # 需要取消的订阅 ID
}
message CancelReply {             # 取消订阅响应参数
uint64 request_id = 1;            # 请求 ID，由调用者传入
string response_code = 2;         # 返回码，成功返回 200
string message = 3;               # 错误描述
}
```

（3）Telemetry 头定义文件 huawei-telemetry.proto，定义了 Telemetry 采样数据上送时的数据头，包括采样路径、采样时间戳等重要数据。其说明如表 7-7 所示。

表 7-7　huawei-telemetry.proto 文件说明

```
huawei-telemetry.proto
syntax = "proto3";                          # Proto 版本定义为 v3
package telemetry;                          # 本包名称为 telemetry
message Telemetry {                         # Telemetry 消息结构定义
 string node_id_str = 1;                    # 设备名称
 string subscription_id_str = 2;            # 订阅名称，静态订阅时的订阅名称
 string sensor_path = 3;                    # 订阅路径
 string proto_path = 13;                    # 采样路径对应在 Proto 文件中的 message 路径
 uint64 collection_id = 4;                  # 标识采样轮次
 uint64 collection_start_time = 5;          # 标识采样轮次开始时间
 uint64 msg_timestamp = 6;                  # 生成本消息的时间戳
 TelemetryGPBTable data_gpb = 7;            # 承载的数据由 TelemetryGPBTable 定义
 uint64 collection_end_time = 8;            # 标识采样轮次结束时间
 uint32 current_period = 9;                 # 采样精度，单位是毫秒
 string except_desc = 10;                   # 异常描述信息，采样异常时用于上报异常信息
 string product_name = 11;                  # 产品名称
 enum Encoding {
  Encoding_GPB = 0;                         # 表示 GPB 数据编码格式
  Encoding_JSON = 1;                        # 表示 JSON 数据编码格式
  };
 Encoding encoding = 12;                    # 数据编码
string data_str = 14;                       # 数据编码为非 GPB 编码时有效，否则为空
 string ne_id = 15;                         # 网元唯一标识
 string software_version = 16;              # 软件版本号
}
message TelemetryGPBTable {                 # TelemetryGPBTable 消息结构定义
 repeated TelemetryRowGPB row = 1;          # 数组定义，TelemetryRowGPB 结构的重复次数
 repeated DataPath delete = 2;              # 删除数据路径
 Generator generator = 3;                   # 数据源描述
}
message Generator {
 uint64 generator_id = 1;                   #  数据源标识
 uint32 generator_sn = 2;                   #  消息序列号
 bool generator_sync = 3;                   #  数据源同步
}
message TelemetryRowGPB {
 uint64 timestamp = 1;                      # 采样当前实例的时间戳
 bytes content = 11;                        # 承载的采样实例数据
}
message DataPath {
 uint64 timestamp = 1;                      #  采样当前实例的时间戳
 Path path = 2;                             #  数据树路径，仅包含数据的路径和键字段信息
}
message Path {
 repeated PathElem node = 1;                # 数据树路径的节点列表
}
message PathElem {
```

续表

huawei-telemetry.proto

```
string name = 1;                  # 数据树节点名称
 map<string, string> key = 2;     # 数据树节点的键字段名称和取值映射表
}
message TelemetrySelfDefinedEvent {
 string path = 1;                 # 触发自定义事件的采样路径，描述 content 的解析方法
 string Proto_path = 13;          # 采样路径对应在 Proto 文件中的 message 路径
 uint32 level = 2;                # 自定义事件的级别
 string description = 3;          # 自定义事件的描述信息
 string fieldName = 4;            # 触发自定义事件时字段的名称
 uint32 fieldValue = 5;           # 触发自定义事件时字段的取值
 TelemetrySelfDefineThresTable data_threshold = 6;  # 触发自定义事件阈值过滤条件
 enum ThresholdRelation {
  ThresholdRelation_INVALID = 0;     # 未配置多个阈值条件间的关系
  ThresholdRelation_AND = 1;         # 阈值间关系为与
  ThresholdRelation_OR = 2;          # 阈值间关系为或
  }
 ThresholdRelation thresholdRelation = 7; # 触发自定义事件多个阈值过滤条件间的关系
 bytes content = 8;                       # 触发自定义事件的采样数据内容
}
message TelemetrySelfDefineThresTable {
   repeated TelemetryThreshold row = 1;    # 包含多个阈值条件
}
message TelemetryThreshold {
 uint32 thresholdValue = 1;          # 配置下发的阈值
 enum ThresholdOpType {
  ThresholdOpType_EQ = 0;            # 上送数据的实际值等于配置数据的阈值
  ThresholdOpType_GT = 1;            # 上送数据的实际值大于配置数据的阈值
  ThresholdOpType_GE = 2;            # 上送数据的实际值大于等于配置数据的阈值
  ThresholdOpType_LT = 3;            # 上送数据的实际值小于配置数据的阈值
  ThresholdOpType_LE = 4;            # 上送数据的实际值小于等于配置数据的阈值
}
ThresholdOpType thresholdOpType = 2;      # 表示设备上的阈值条件
}
```

2. 业务数据 Proto 文件

设备提供了多个业务数据 Proto 文件，用于定义具体业务数据的 GPB 编码，采集器需要根据实际要监控的业务选择对应的 Proto 文件。可以通过华为官网获取 Proto 文件。

网管通过 Telemetry 采集设备数据时，首先要根据业务确定需要从设备上采集的数据范围，从而确定采样路径，再从采样路径获取相应的 Proto 文件。例如，当需要采集接口流量数据时，意味着采样路径是 huawei-ifm:ifm/interfaces/interface/mib-statistic，根据采样路径找到相应的 Proto 文件，这个 Proto 文件就是 huawei-ifm.proto。

网管可以通过 Protoc 工具基于该 Proto 文件生成适合自己开发环境的代码，将这些生成的代码集成到自己的开发环境中进行编译，实现解码处理。由于 Proto 文件是由一棵完整的 YANG 模型树生成的，内容较多，网管对接只使用了这棵树上的少量节点，这意味着 Protoc 工具生成的代码中，大多数内容实际上用不到，存在浪费现象，大规格的代码段甚至会导致无法编译和运行。所以，需要对 Proto 文件进

行预处理，手动删除那些不关心的节点。

Proto 文件是文本格式的文件，它通过花括号进行层次化缩进。使用支持折叠能力的文本编辑器就可以对其进行编辑。

设备采用一个模块一个 Proto 文件的方式发布，每个 Proto 文件都可独立使用。采集器使用 Proto 文件的一般方法是通过 Protoc 工具自动生成相应开发语言的代码。

3. 华为设备获取 Proto 文件

华为设备 Proto 文件的下载方式同系统软件的类似。访问华为企业用户技术支持网站并搜索相应的设备型号及版本，进入软件下载页面即可获取相应版本的 Proto 文件。

华为 CE12800 V200R005C10SPC800 设备的 Proto 文件 V200R005C10SPC800-Proto.tar 中包含该设备的公共 Proto 文件和业务数据 Proto 文件。

```
huawei-grpc-dialin.proto          -----------------
huawei-grpc-dialout.proto                          | 公共 Proto 文件
huawei-telemetry.proto            -----------------
huawei-devm.proto                                  |
huawei-driver.proto                                |
huawei-fibstatus.proto                             |
huawei-ifm.proto                                   | 业务数据 Proto 文件
huawei-mac.proto                                   |
huawei-mpls.proto                                  |
huawei-qos.proto                                   |
huawei-sem.proto                                   |
openconfig-interfaces.proto       -----------------
```

（1）公共 Proto 文件 **huawei-grpc-dialin.proto**：采集器作为客户端向设备发起 RPC 请求，订阅采样数据，用于 Telemetry 动态订阅。

（2）公共 Proto 文件 **huawei-grpc-dialout.proto**：设备作为客户端主动向采集器发起 RPC 请求，推送数据，用于 Telemetry 静态订阅。

（3）公共 Proto 文件 **huawei-telemetry.proto**：设备采集业务数据之后，使用 Telemetry 头进行封装，方便对接。

（4）业务数据 Proto 文件 **huawei-xxx.proto**：如 huawei-mac.proto、huawei-mpls.proto 等设备采集业务数据之后，按文件进行 GPB 编码，网管按业务数据 Proto 文件解码。

7.3.6 gRPC 协议

Telemetry 通过 gRPC 协议将经过编码格式封装的数据上报给采集器进行存储。gRPC 协议是 Google 发布的一个基于 HTTP/2 的高性能、通用的 RPC 开源软件框架。通信双方都基于该框架进行二次开发，从而使得通信双方聚焦在业务，无须关注由 gRPC 软件框架实现的底层通信。

gRPC 支持的语言包括 C++、Node.js、Python、Ruby、Objective-C、PHP、C#、Java 和 GO 等。gRPC 基于 HTTP/2 标准设计，能使用 HTTP/2 的特性，包括双向流、流控、头部压缩、多路复用等。

1. gRPC 协议栈

gRPC 协议栈具有 5 层，如图 7-8 所示。

（1）TCP 传输层：用于提供面向连接的、可靠的数据链路。

（2）TLS 传输层：层是可选的，设备和采集器可以基于传输层安全（Transport Layer Security，TLS）协议实现安全通信。

（3）HTTP/2 应用层：gRPC 承载在 HTTP/2 上，利用了该协议的头部压缩、多路复用、流量控制等增强特性。

（4）gRPC 层：用于定义 RPC 的协议交互格式。

（5）数据模型层：用于承载编码后的业务数据。业务数据的编码格式包括 GPB、XML、JSON 等。

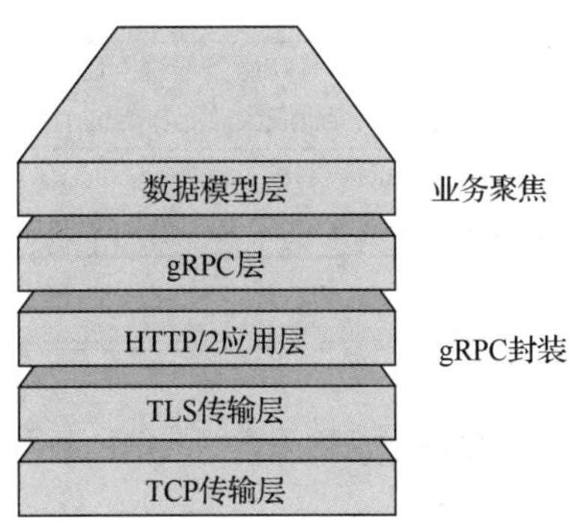

图 7-8　gRPC 协议栈

2. gRPC 网络架构

gRPC 采用客户端/服务器模型，使用 HTTP/2 传输报文。设备支持 gRPC 服务器或 gRPC 客户端。gRPC 网络架构如图 7-9 所示。

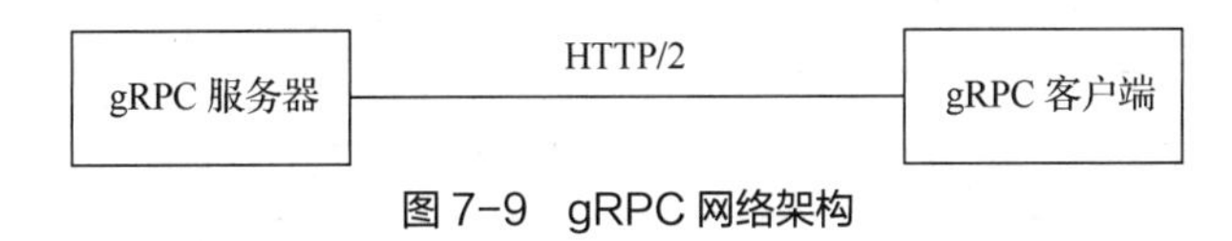

图 7-9　gRPC 网络架构

gRPC 网络的工作机制是服务器通过监测指定服务端口来等待客户端的连接请求；用户通过执行客户端程序登录到服务器；客户端调用 Proto 文件提供的 gRPC 方法发送请求消息；服务器回复应答消息。

设备在该网络架构中支持 2 种对接模式，分别是 Dial-out 模式（设备作为 gRPC 客户端对接）和 Dial-in 模式（设备作为 gRPC 服务器对接）。

Dial-out 模式适用于网络设备较多的情况，由设备主动向采集器提供设备数据。Dial-in 模式适用于小规模网络和采集器需要向设备下发配置的场景。

3. gRPC 服务模式

RPC 服务通过参数和返回值类型来指定可以远程调用的方法。gRPC 使用 Proto Buffers 语言来定义服务的方法、参数和返回值，这些方法定义在 Proto 文件中，定义格式如下：

```
service 服务名称 {
    rpc 方法名称（stream 参数名称） returns（stream 返回值）{}；
}
```

具体定义如下：

```
service gRPCDataservice {
    rpc dataPublish（stream serviceArgs） returns（stream serviceArgs）{}；
}
```

根据 stream 关键字的所在位置，gRPC 方法的服务模式如表 7-8 所示。

表 7-8　gRPC 方法的服务模式

服务模式	说明和示例
简单模式	一问一答的简单交互。例如： rpc Cancel(CancelArgs) returns(CancelReply) {};

续表

服务模式	说明和示例
服务器流模式	客户端发送一个请求，服务器不断返回数据给客户端。例如： rpc Subscribe(SubsArgs) returns(**stream** SubsReply) {};
客户端流模式	客户端不断向服务器推送数据，并等待服务器返回应答。例如： rpc LotsOfGreetings(**stream** HelloRequest) returns (HelloResponse) {};
双向流模式	客户端和服务器都可以发送一系列消息。例如： rpc dataPublish(**stream** serviceArgs) returns(**stream** serviceArgs) {};

7.3.7 配置设备侧数据订阅

Telemetry 在上送数据的过程中，根据设备和采集器的角色不同，可以采用静态订阅和动态订阅两种订阅方式，它们的对比如表 7-9 所示。

表 7-9 静态订阅与动态订阅的对比

对比项	静态订阅	动态订阅
设备和采集器角色	设备作为客户端，采集器作为服务器	设备作为服务器，采集器作为客户端
订阅过程	设备主动发起到采集器的连接并进行数据上送	采集器主动与设备建立连接，通过监听设备实现数据采集
订阅模式	基于 gRPC Dial-out 模式	基于 gRPC Dial-in 模式
适用场景	长时间、周期性地监控设备状态	短期监控设备状态

下面将以华为 CE12800 作为 Telemetry 的设备侧说明如何配置静态订阅和动态订阅。

1. 配置静态订阅

静态订阅是指设备作为客户端，采集器作为服务器，由设备主动发起到采集器的连接，进行数据上送。通过命令行配置支持 Telemetry 的设备，订阅数据源，完成数据采集。配置步骤如下。

（1）配置采集数据要推送的目标采集器

当用户配置静态订阅采集数据时，需要创建推送目标组，并指定好采集数据要推送的目标采集器（下文称为目标采集器），即目标采集器的 IP 地址、端口号、上送协议和加密方式等相关信息。配置命令如下。

```
# 进入系统视图
system-view immediately
# 进入 Telemetry 视图
telemetry
# 创建目标采集器所在的目标组，并进入 Destination-group 视图
destination-group destination-group-name
# 配置目标采集器的 IP 地址、端口号、上送协议和加密方式
ipv4-address ip-address-ipv4 port port-value [ vpn-instance vpn-name ] [ protocol { grpc [ no-tls ] } ]
# 检查配置结果
display telemetry destination [ dest-name ]
```

（2）配置采样路径和过滤条件

当用户配置静态订阅采集数据时，需要创建采样传感器组，并配置好采样路径和过滤条件。在 Telemetry 监控资源对象的性能指标满足过滤条件时，用户可配置 Telemetry 的自定义事件，及时上报给采集器，用于业务策略判断。

创建采样传感器组的命令如下。

```
# 进入系统视图
system-view immediately
# 进入 Telemetry 视图
telemetry
# 创建采样传感器组，并进入 sensor-group 视图
sensor-group sensor-name
```

配置采样路径和过滤条件的命令如下。

```
# 配置采样路径
sensor-path path
# （可选）配置非自定义事件的数据采集深度
depth depth-value
# （可选）创建采样路径的条件过滤器，并进入过滤器视图
filter filter-name
# 配置过滤条件
op-field field op-type { eq | gt | ge | lt | le } op-value value
# 配置多个过滤条件间的逻辑运算关系
condition-relation { and | or }
# 检查配置结果
# 查看传感器组信息
display telemetry sensor [ sensor-name ]
# 查看 Telemetry 传感器采样路径
display telemetry sensor-path
```

（3）创建静态订阅

当用户配置静态订阅采集数据时，需要创建采样传感器组，并配置好采样路径和过滤条件。当配置的采样路径满足过滤条件时，设备会及时上报给采集器，用于业务策略判断。配置命令如下。

创建订阅的命令如下。

```
# 进入系统视图
system-view immediately
# 进入 Telemetry 视图
telemetry
# 创建订阅用于关联目标采集器所在的目标组和采样传感器组，并进入订阅视图
subscription subscription-name
# 关联目标采集器所在的目标组
destination-group destination-name
# 关联采样传感器组，并可配置该采样传感器组的采样周期、冗余抑制和心跳间隔
sensor-group sensor-name [ sample-interval sample-interval { [ suppress-redundant ] |
[ heartbeat-interval heartbeat-interval ] } * ]
```

检查配置结果的命令如下。

```
# 查看订阅信息
display telemetry subscription [ subscription-name ]
# 查看上送目标组信息
display telemetry destination [ dest-name ]
```

2. 配置动态订阅

动态订阅是指设备作为服务器，采集器作为客户端发起到设备的连接，由设备进行数据上送。当设备作为服务器，采集器作为客户端发起到设备的连接，动态订阅采样的数据时，用户需要配置监听的源 IP 地址和端口号，使能 gRPC 服务等相关信息。

当用户配置动态订阅时，需要配置 gRPC 服务器的相关信息，并使能 gRPC 服务等信息；由采集

器下发动态配置到设备后，设备会及时上报给采集器，用于业务策略判断。配置命令如下。

配置 gRPC 服务器相关信息，并使能 gRPC 服务的命令如下。

```
# 进入系统视图
system-view immediately
# 进入 gRPC 视图
grpc
# 进入服务器视图。默认网络是 IPv4 网络
grpc server
# 配置动态订阅时监听的源 IPv4 地址或源 IPv6 地址
source-ip ip-address [ vpn-instance vpn-instance-name ]
# 配置动态订阅时监听的端口号。默认配置动态订阅时监听的端口号为 57400
server-port port-number
# 查看动态订阅信息
display telemetry dynamic-subscription [ subName ]
```

7.4 任务实施

随着公司 A 业务规模的日益增大，图 6-1 所示拓扑中的深圳总部园区已经完成了网络设备升级，采用了 3 台华为 CE12800 支撑整个总部园区网络。在日常运维过程中，运维工程师需要根据设备数据及时进行网络优化或故障排除，如当设备 CPU 使用率超过一定阈值时，就要上报数据给采集器，便于后续及时对网络流量进行监控和调优。使用表 7-10 所示的 IP 地址连接各设备。

表 7-10 设备连接 IP 地址

设备名	管理 IP 地址
路由器 SZ_CE1	192.168.56.101
采集器	192.168.56.1

设备 SZ_CE1 与采集器建立 gRPC 连接，要求当 SZ_CE1 的 CPU 使用率超过 40%时，上送数据给采集器；当 SZ_CE1 的系统内存使用率超过 50%时，上送数据给采集器。运维工程师需要完成的任务如下。

（1）配置 SSH 密码登录。

（2）配置目标采集器。

（3）配置采样路径和过滤条件。

（4）配置订阅。

（5）安装 grpcio-tools。

（6）创建 PyCharm 项目。

（7）编译 Proto 文件。

（8）编写 Python 脚本。

（9）运行 Python 脚本。

7.4.1 配置 SSH 密码登录

在 SZ_CE1 上配置 SSH 服务，SSH 登录名为 python，登录密码为 Huawei12#$。

```
[SZ_CE1]aaa
[SZ_CE1-aaa]local-user python password irreversible-cipher Huawei12#$
[SZ_CE1-aaa]local-user python user-group manage-ug
```

```
[SZ_CE1-aaa]local-user python service-type ssh
[SZ_CE1-aaa]quit
[SZ_CE1]stelnet server enable
[SZ_CE1]user-interface vty 0 4
[SZ_CE1-ui-vty0-4]authentication-mode aaa
[SZ_CE1-ui-vty0-4]user privilege level 3
[SZ_CE1-ui-vty0-4]protocol inbound ssh
[SZ_CE1-ui-vty0-4]quit
[SZ_CE1]ssh user python
[SZ_CE1]ssh user python authentication-type password
[SZ_CE1]ssh user python service-type stelnet
[SZ_CE1]
```

7.4.2 配置目标采集器

在 SZ_CE1 上创建采样数据目标采集器所在的上送目标组为 dest1，目标采集器的 IP 地址为 192.168.56.1，端口号为 20000，gRPC 的加密方式为采用 no-tls，即不加密。

```
# 进入 Telemetry 视图
[SZ_CE1] telemetry
# 配置设备推送目标，创建上送目标组为 dest1，推送目标 IP 地址为 192.168.56.1，端口为 20000，gRPC
# 的加密方式为采用 no-tls，即不加密
[SZ_CE1-telemetry] destination-group dest1
[SZ_CE1-telemetry-destination-group-dest1] ipv4-address 192.168.56.1 port 20000 protocol grpc no-tls
[SZ_ CE1-telemetry-destination-group-dest1] quit
[SZ_CE1-telemetry]
```

7.4.3 配置采样路径和过滤条件

配置采样传感器组 sensor1。

配置 CPU 使用率超过 40%的采样数据和自定义事件。其中，采样路径为 huawei-cpu-memory: cpu-memory/board-cpu-infos/board-cpu-info；CPU 使用率的过滤采样数据的字段为 system-cpu-usage；采样条件为大于 40%。注意：本任务采用华为 eNSP 模拟器，没有真实业务，在配置中将采样条件设置为大于 1%。

配置系统内存使用率超过 50%的采样数据和自定义事件。其中，采样路径为 huawei-cpu-memory: cpu-memory/board-memory-infos/board-memory-info；系统内存使用率的过滤采样数据的字段为 os-memory-usage；采样条件为大于 50%。注意：本任务采用华为 eNSP 模拟器，没有真实业务，在配置中将采样条件设置为大于 6%。

```
[SZ_CE1-telemetry] sensor-group sensor1
[SZ_CE1-telemetry-sensor-group-sensor1]
sensor-path huawei-devm:devm/cpuInfos/cpuInfo condition express op-field syste
mCpuUsage op-type gt op-value 1
[SZ_CE1-telemetry-sensor-group-sensor1]
sensor-path huawei-devm:devm/memoryInfos/memoryInfo condition express op-field
osMemoryUsage op-type gt op-value 6
```

7.4.4 配置订阅

在 SZ_CE1 上创建订阅 sub1，并关联采样传感器组 sensor1 和上送目标组 dest1。本任务使用静

态订阅。

```
[SZ_CE1-telemetry] subscription sub1
[SZ_CE1-telemetry-subscription-sub1] sensor-group sensor1
[SZ_CE1-telemetry-subscription-sub1] destination-group dest1
```

7.4.5 安装 grpcio-tools

Python grpcio-tools 模块包含 protocol buffer 的编译器 Protoc，可以根据 Proto 文件的服务定义生成服务器和客户端代码。grpcio-tools 模块不是 Python 的标准模块，需要安装后使用。安装命令如下。

```
pip install grpcio-tools
```

7.4.6 创建 PyCharm 项目

在 PyCharm 中创建一个项目，项目名为 Telemetry-task，如图 7-10 所示。

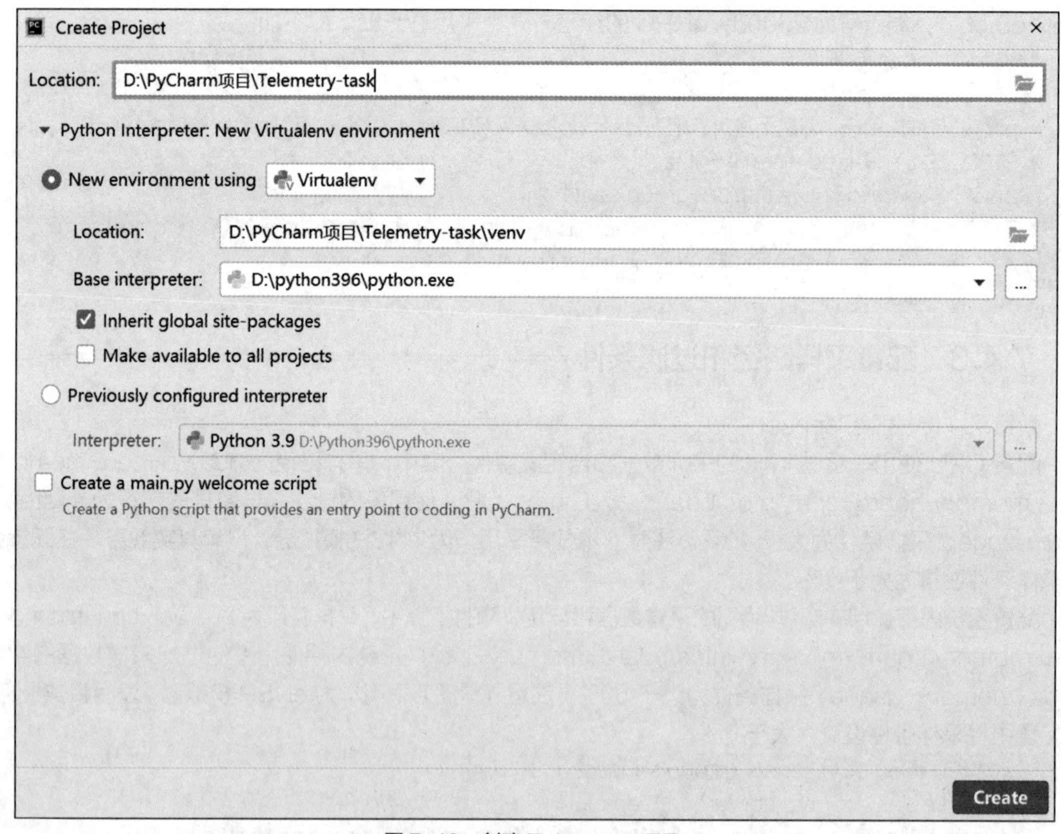

图 7-10 创建 Telemetry 项目

在项目 Telemetry-task 下创建 proto 目录，在华为官网下载设备 CE12800 的 Proto 文件 V200R005C10SPC800-Proto.rar，将解压后的文件复制到 proto 目录。设备 Proto 文件如图 7-11 所示。

本任务用到了 Telemetry 提供的 2 个公共 Proto 文件和 1 个业务数据 Proto 文件。

（1）公共 Proto 文件 huawei-grpc-dialout.proto 定义了 RPC 头文件。设备作为客户端（静态订阅）对外推送数据时，该文件定义了 RPC 接口。

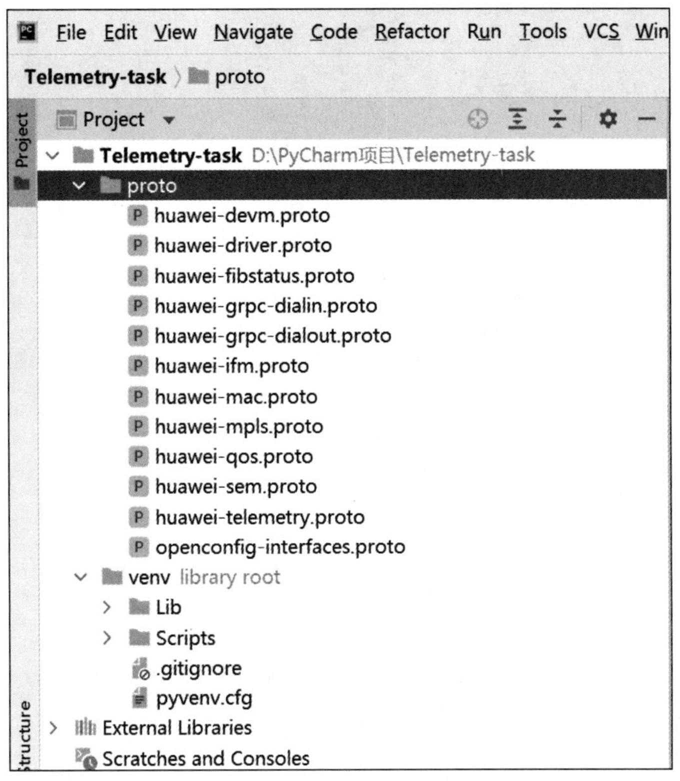

图 7-11　设备 Proto 文件

（2）公共 Proto 文件 huawei-telemetry.proto 定义了 Telemetry 采样数据上送时的数据头，包括采样路径、采样时间戳等重要数据。

（3）业务数据 Proto 文件 huawei-devm.proto 定义了 cpuInfos 和 memoryInfos。

7.4.7　编译 Proto 文件

本任务需要编译的 Proto 文件有 3 个，分别是 huawei-grpc-dialout.proto、huawei-telemetry.proto 和 huawei-devm.proto，从 Proto 文件的服务定义中生成 gRPC 客户端和服务器的接口。

可以使用 Python grpcio-tools 模块一个一个地编译 Proto 文件，也可以编写一个简单的脚本一次性编译多个 Proto 文件。

下面在 Telemetry-task 目录下新建 run_codegen.py，用于一次性编译 huawei-grpc-dialout.proto、huawei-telemetry.proto 和 huawei-devm.proto 文件。如果希望编译更多的 Proto 文件，则可以按照相同格式增加。run_codegen.py 中的代码如下。

```
from grpc_tools import protoc

# 编译 huawei-grpc-dialout.proto 文件
protoc.main(
    (
        '',
        '-I./proto',
        '--python_out=.',
        '--grpc_python_out=.',
        './proto/huawei-grpc-dialout.proto',   # 文件路径要正确
```

```
    )
)
# 编译 huawei-telemetry.proto 文件
protoc.main(
    (
        '',
        '-I./proto',
        '--python_out=.',
        '--grpc_python_out=.',
        './proto/huawei-telemetry.proto',      # 文件路径要正确
    )
)
# 编译 huawei-devm.proto 文件
protoc.main(
    (
        '',
        '-I./proto',
        '--python_out=.',
        '--grpc_python_out=.',
        './proto/huawei-devm.proto',          # 文件路径要正确
    )
)
```

运行 run_codegen.py，编译完成后将在 run_codegen.py 目录下生成相应的 Python 文件，共 6 个 Python 文件，每个 Proto 文件生成 2 个 Python 文件。

Proto 文件编译后生成的文件如图 7-12 所示。

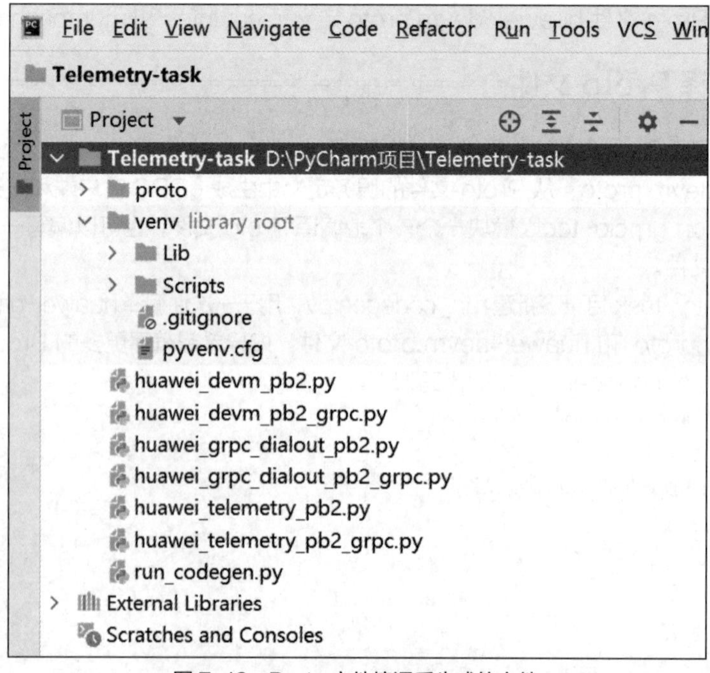

图 7-12　Proto 文件编译后生成的文件

7.4.8 编写 Python 脚本

Telemetry 静态订阅是指设备 CE12800 作为客户端，采集器（Python 代码运行的主机）作为服务器。在当前 PyCharm 项目目录下新建 telemetry_server.py 文件。其代码如下。

```
from concurrent import futures          # 导入实现服务器的多进程/多线程模块
import time
import importlib                        # 导入可以实现动态导入的模块
import grpc                             # 导入 gRPC 模块
import huawei_grpc_dialout_pb2_grpc
import huawei_telemetry_pb2

_ONE_DAY_IN_SECONDS = 60 * 60 * 24

# server()     # 函数是服务器的主体，可进行线程设置、监听 IP 地址和服务启停等操作
def serve():
    # 创建一个 grpc server 对象，使用多线程，最大线程数为 10
    server = grpc.server(futures.ThreadPoolExecutor(max_workers=10))
    # 注册 huawei 的 Telemetry 数据监听服务，如果收到设备的消息
    # 则创建 Telemetry_CPU_MEM_Info 实例解码回显消息内容
    huawei_grpc_dialout_pb2_grpc.add_gRPCDataserviceServicer_to_server(
        Telemetry_CPU_MEM_Info(), server)
    # 设置套接字监听端口
    server.add_insecure_port('192.168.56.1:20000')
    # 启动 grpc server
    server.start()
    # 死循环监听，如果没有收到设备侧发送的消息，则程序会陷入暂停状态
    try:
        while True:
            time.sleep(_ONE_DAY_IN_SECONDS)
    except KeyboardInterrupt:
        server.stop(0)

# 创建类继承 huawei_grpc_dialout_pb2_grpc 中的 Servicer 方法
class Telemetry_CPU_MEM_Info(
    huawei_grpc_dialout_pb2_grpc.gRPCDataserviceServicer):
    def __init__(self):
        return

    def dataPublish(self, request_iterator, context):
        for i in request_iterator:
            print('############ start ############\n')
            telemetry_data = huawei_telemetry_pb2.Telemetry.FromString(i.data)

            # 设备每次推送过来的数据包含多行，使用 for 循环对其进行读取、处理
        for row_data in telemetry_data.data_gpb.row:
                print('-----------------')
```

```
                # 显示每次数据对应的 proto_path 为 huawei_devm.Devm
                print('The proto path is :' + telemetry_data.proto_path)
                print('------------------')

                # 每次根据不同的 proto_path 动态加载不同的模块。使用 split()方法
                # 将 huawei_devm.Devm 划分为“huawei_devm”和“Devm”两个字符串
                module_name = telemetry_data.proto_path.split('.')[0]
                root_class = telemetry_data.proto_path.split('.')[1]

                # 动态加载 Telemetry 获取数据的对应模块 huawei_devm_pb2
                decode_module = importlib.import_module(module_name + '_pb2')

                # 定义解码方法 getattr()获取动态加载的模块中的属性值
                # 调用此属性的解码方法 FromString()
                decode_func = getattr(decode_module, root_class).FromString

                print('----------- content is -----------\n')
                # 将 row_data 的 content 中的内容使用此方法解码并输出
                print(decode_func(row_data.content))
                print('----------- done ------------------')
# 定义主函数
if __name__ == '__main__':
    serve()
```

7.4.9 运行 Python 脚本

运行 telemetry_server.py，观察结果，设备的 Telemetry 数据会被循环、持续推送。每次推送都用字段“############ start ############”标记消息的开始，用字段“----------- done ------------------”标记消息的结束。

```
############ start ############
------------------
The proto path is :huawei_devm.Devm
------------------
----------- content is -----------
memoryInfos {                                  # 内存数据
  memoryInfo {
    doMemoryFree: 375507
    doMemoryTotal: 601612
    doMemoryUsage: 37
    doMemoryUse: 226105
    entIndex: 16842753
    osMemoryFree: 4635052
    osMemoryTotal: 5354516
    osMemoryUsage: 13
    osMemoryUse: 719464
    ovloadThreshold: 95
    position: "1"
```

```
      simpleMemoryFree: 921
      simpleMemoryTotal: 2647
      simpleMemoryUsage: 65
      simpleMemoryUse: 1726
      unovloadThreshold: 75
  }
}
----------- done -----------------
############ start ############
----------------
The proto path is :huawei_devm.Devm
----------------
----------- content is -----------

cpuInfos {                                          # CPU 数据
  cpuInfo {
    entIndex: 16842753
    interval: 8
    ovloadThreshold: 90
    position: "1"
    systemCpuUsage: 3
    unovloadThreshold: 75
  }
}

----------- done -----------------
```

设备的 Telemetry 数据会被循环、持续推送，程序运行期间，内存数据和 CPU 数据会不断被发送到服务器，在此省略后续发送过来的数据。请有兴趣的读者自行观察。

7.5 任务总结

本项目详细介绍了 YANG 建模语言、Telemetry 技术原理、数据订阅、采样数据、编码格式、Proto 文件及 gRPC 协议等，并编写 Python 脚本实现了通过 Telemetry 技术实时、高速地获取设备 SZ_CE1 的 CPU 使用率和内存使用率。设备 SZ_CE1 与采集器建立 gRPC 连接后，要求当 SZ_CE1 的 CPU 使用率超过 40%时，上送数据给采集器；当 SZ_CE1 的系统内存使用率超过 50%时，上送数据给采集器。

7.6 知识巩固

1. YANG 模型是由一个模型和无数的叶子节点、(   ) 组成的描述整个设备的一棵“树”。(多选)
   A. 节点列表　　B. 叶子列表　　C. 容器节点　　D. 根节点
2. 目前华为设备支持的 YANG 模型有 (   )。(多选)
   A. HUAWEI-YANG　　C. OPEN-YANG
   B. IETF-YANG　　D. OPENCONFIG-YANG
3. Telemetry 技术是一项远程从物理设备或虚拟设备上高速采集数据的技术。设备通过 (   ) 向采集器上送设备的接口流量统计、CPU 或内存数据等数据。

A. 主动上报　　B. 拉模式　　C. 定时收集　　D. 推模式

4. 下列关于 Telemetry 静态订阅的说法中正确的有（　　）。(多选)

A. 设备作为客户端，采集器作为服务器

B. 设备作为服务器，采集器作为客户端

C. 多用于长期巡检

D. 多用于短期监控

5. Telemetry 设备侧采样数据包括（　　）。(多选)

A. 原始数据　　B. 订阅的数据　　C. 性能指标　　D. 数据模型

项目8 使用RESTCONF协议配置网络

8.1 学习目标

项目 8　使用 RESTCONF 协议配置网络

- **知识目标**
  - 掌握 HTTP 的使用方法
  - 掌握 RESTCONF 协议的使用方法
  - 掌握 Python requests 模块的使用方法
- **能力目标**
  - 配置设备 HTTP 与 HTTPS
  - 配置设备 RESTCONF
  - 会使用 Python requests 模块
  - 使用 RESTCONF 协议配置网络设备
- **素养目标**
  - 通过实际应用，培养学生规范的运维操作习惯
  - 通过任务分解，培养学生良好的团队协作能力
  - 通过全局参与，培养学生良好的表达能力和文档编写能力
  - 通过示范作用，培养学生认真负责、严谨细致的工作态度和工作作风

8.2 任务陈述

随着网络规模的增大、复杂性的增加，自动化运维的需求也日益增加。NETCONF 协议可提供基于 RPC 机制的 API，但是 NETCONF 协议已无法满足网络发展中对设备 API 提出的新要求，人们迫切希望能够提供支持 Web 应用访问和操作网络设备的标准化接口。

RESTCONF 协议是在融合 NETCONF 协议和 HTTP 的基础上发展而来的。RESTCONF 协议以 HTTP 的方法提供了 NETCONF 协议的核心功能，API 符合 IT 业界流行的 RESTful 风格，可为用户提供高效开发 Web 化运维工具的能力。

当用户希望通过 Web 应用方式统一管理网络设备，需要高安全性、高可扩展性时，可选择使用 RESTCONF 协议保证客户端和设备间的通信。为了方便读者学习，本任务中设备采用思科 CSR 1000v，通过 RESTCONF 协议配置网络设备。

公司 B 的网络由 4 台思科 CSR 1000v 组成，CSR1kv-1 和 CSR1kv-2 之间运行 OSPF Area 0，CSR1kv-1、CSR1kv-2 和 CSR1kv-3 相应接口运行 OSPF Area 10，Area 10 为 Stub 区域，CSR1kv-1、CSR1kv-2 和 CSR1kv-4 相应接口运行 OSPF Area 20，Area 20 为 Totally Stub 区域。公司 B 的网络拓扑如图 8-1 所示。

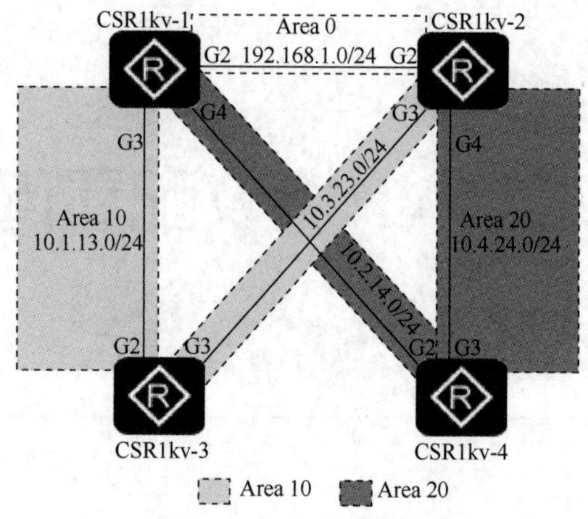

图 8-1 公司 B 的网络拓扑

本项目将使用 RESTCONF 协议，通过 Python 编程语言编写自动化脚本实现网络配置。

8.3 知识准备

8.3.1 HTTP

HTTP 是一种用于分布式、协作式和超媒体信息系统的应用层协议。HTTP 是网络数据通信的基础。

1. HTTP 概述

HTTP 是一种请求/响应协议，基于 TCP/IP 来传递数据，默认工作在 TCP 的 80 端口。当客户端，尤其是 Web 浏览器，发送请求到 Web 服务器时，客户端就发起一个 HTTP 请求到服务器上的指定端口（默认为 80 端口）。客户端为用户代理程序，应答的服务器上存储着一些资源，如 HTML 文件和图像等，应答服务器称为 Web 服务器。

HTTP 基于客户端/服务器（Client/Server，C/S）的架构模型。HTTP 请求及响应一般会经历以下 5 个步骤。

（1）客户端与服务器建立 TCP 连接。

（2）客户端发送 HTTP 请求。请求报文由请求行、请求头部、空行和请求数据 4 部分组成。

（3）服务器接收请求并返回 HTTP 响应。响应报文由状态行、响应头部、空行和响应正文 4 部分组成。

（4）释放 TCP 连接。

（5）客户端浏览器解析响应报文并显示。客户端浏览器依次解析状态行、响应头部、响应正文并显示。如正文数据为 HTML 数据，则客户端将根据 HTML 的语法对其进行格式化，并在浏览器窗口中显示结果。

HTTP 具有无连接、媒体独立和无状态的特点，如图 8-2 所示。

（1）无连接：限制每次连接只处理一个请求。服务器处理完客户的请求后就断开连接。

（2）媒体独立：只要客户端和服务器知道如何处理数据，任何类型的数据都可以通过 HTTP 发送。客户端及服务器通过头部字段指定适合的多用途互联网邮件扩展（Multipurpose Internet Mail Extensions，MIME）类型的内容。

（3）无状态：协议对于事务处理没有记忆能力，这利于更快地处理大量事务，确保协议的可伸缩性。

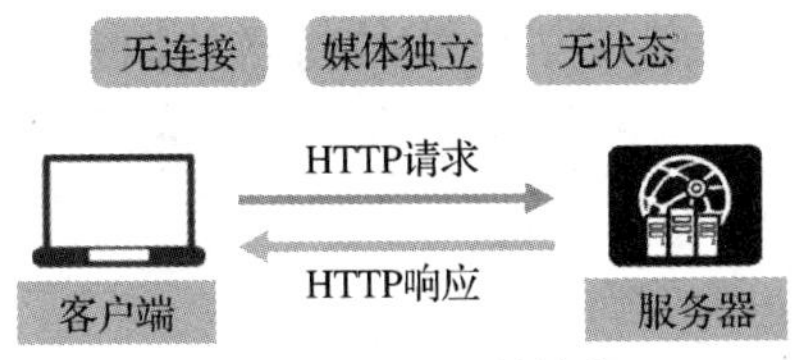

图 8-2　HTTP 的特点

2. HTTP 客户端请求报文

客户端发送的 HTTP 请求报文包括请求行、请求头部、空行和请求数据 4 部分，图 8-3 给出了客户端请求报文的一般格式。

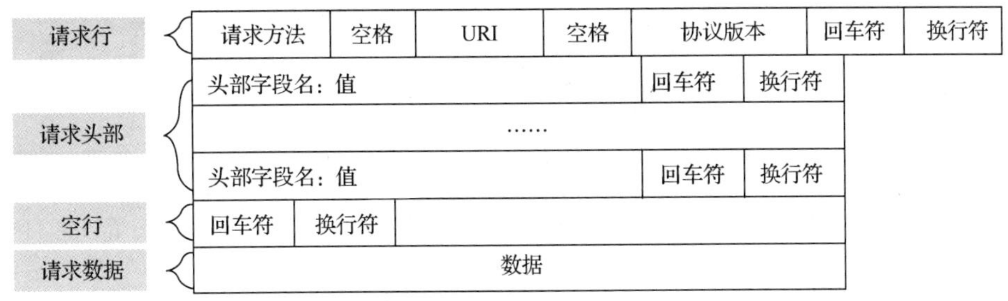

图 8-3　客户端请求报文的一般格式

（1）请求行

请求行由请求方法字段、URI 字段和协议版本字段组成。

① 请求方法：HTTP 客户端使用的请求方法。HTTP 客户端（如浏览器）向服务器发送请求的时候必须指明请求类型，如常见的 GET、POST 等。根据 HTTP 标准，HTTP 请求可以使用多种请求方法。HTTP/1.0 定义了 3 种请求方法：GET、POST 和 HEAD。HTTP/1.1 新增了 6 种请求方法：OPTIONS、PUT、PATCH、DELETE、TRACE 和 CONNECT。HTTP 请求方法如表 8-1 所示。

表 8-1　HTTP 请求方法

请求方法	描述
GET	请求指定的页面数据，服务器端将返回具体数据
POST	提交数据，如提交表单
HEAD	类似于 GET 请求，但是返回的响应中没有具体的内容，用于获取请求头部
OPTIONS	允许客户端查看服务器的性能
PUT	更新和修改数据
PATCH	用来对已知资源进行局部更新
DELETE	请求删除指定的页面
TRACE	回显服务器收到的请求，主要用于测试或诊断
CONNECT	用于 HTTP 代理

② URI：用来唯一标识请求所针对的一个资源。

③ 协议版本：用于指定 HTTP 版本。例如，在请求行 GET http://www.w3.org/pub/WWW/TheProject.html HTTP/1.1 中，采用了 HTTP 的 GET 请求方法，URI 为 http://www.w3.org/pub/WWW/TheProject.html，HTTP 版本为 1.1。

（2）请求头部

请求头部允许客户端向服务器传递关于请求的附加信息，其作用相当于编程语言方法调用中的参数。常用的请求头部字段如表 8-2 所示。

表 8-2　常用的请求头部字段

请求头部字段	描述
Accept	客户端可接收的 MIME 类型
Accept-Encoding	客户端能够进行解码的数据编码方式，如 gzip
Accept-Language	客户端所希望的语言种类，当服务器能够提供一种以上的语言时需要
Authorization	授权信息，通常出现在对服务器发送的 WWW-Authenticate 头的应答中
Content-Type	表示数据属于什么 MIME 类型，默认为 text/plain 纯文本
Content-Length	表示请求数据的长度
Host	客户端要访问的主机名
Refer	客户端通过该字段表示自己是从哪个资源来访问服务器的，该字段包含一个 URL，表示从该 URL 代表的页面出发访问当前请求的页面
User-Agent	该字段将发起请求的应用程序名称告知服务器
Cookie	用于客户端保存服务器返回的数据，通常保存的是用户身份数据
Connection	表示处理完请求后是否断开连接

HTTP/1.0 对每个连接都只能传送一个请求和响应。HTTP/1.0 没有 Host 字段，而 HTTP/1.1 在同一个连接中可以传送多个请求和响应，多个请求可以同时进行。

WWW-Authenticate 是早期的一种简单的、有效的用户身份认证技术。更多详细信息请参见 RFC HTTP/1.1 标准。

（3）空行

空行的作用是告诉服务器请求头部到此为止。

（4）请求数据

若方法字段是 GET，则请求数据为空，表示没有数据。若方法字段是 POST，则通常来说请求数据是要提交的数据。例如，通过 POST 方法提交登录数据的方法如下。

```
user=admin&password=123456
```

3. 请求报文示例

客户端向服务器发送含有用户名、密码的请求报文，进行登录认证，如图 8-4 所示。

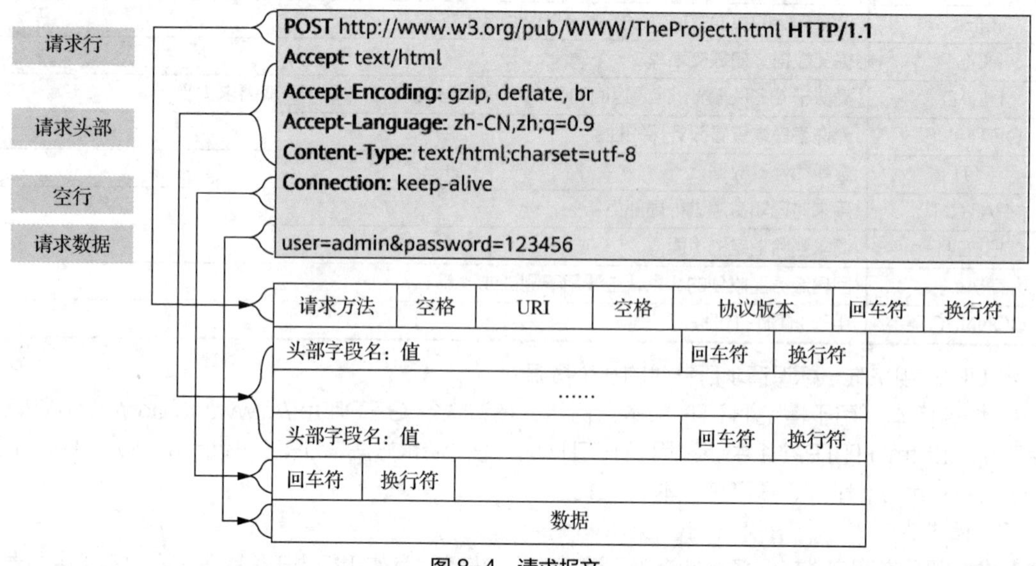

图 8-4　请求报文

4. HTTP 服务器响应报文

HTTP 服务器响应报文由 4 个部分组成，分别是状态行、响应头部、空行和响应正文。图 8-5 给出了响应报文的一般格式。

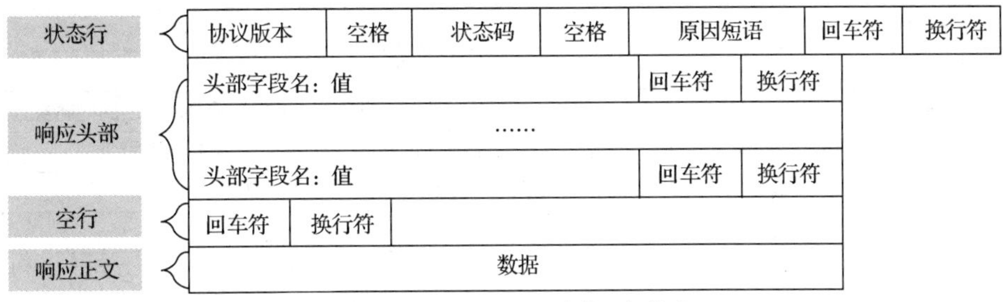

图 8-5 服务器响应报文的一般格式

（1）状态行

服务器响应报文的第一行是状态行，由协议版本、状态码和原因短语组成，每个字段由空格分隔。协议版本指定 HTTP 版本；状态码是 3 位整数，用于向客户端返回操作结果；原因短语是状态码的简短文本描述，用于帮助理解。

下面的状态行表示请求成功。

```
HTTP1.1 200 OK
```

表 8-3 给出了常见的状态码。

表 8-3 常见的状态码

状态码		状态码描述	
1XX	请求被接收	100 Continue	请求被接收，继续执行
2XX	请求成功	200 OK	成功，有响应数据
		201 Create	资源创建成功
		204 No Create	成功，无响应数据
3XX	进一步操作需要被执行	301 Moved Permanently	目标资源被分配了新的 URI，且未来的资源都会关联到新的 URI
4XX	请求错误	400 Bad Request	请求消息体错误，消息体中携带有错误描述
		401 Unauthorized	授权失败，如证书不匹配
		403 Forbidden	禁止访问
		404 Not Found	找不到请求的资源
5XX	服务器端错误	500 Internal Server Error	服务器内部错误，不能执行请求，用户需要稍后重新发送请求
		501 Not Implrmented	功能未实现

（2）响应头部

响应头部用于描述服务器及数据的基本信息。服务器通过响应头部可以通知客户端如何处理后续其回复的数据。响应头部允许服务器传递关于响应的附加信息，这些附加信息提供了关于服务器的相关信息以及 URI 所标识资源的信息。下面的响应头部表示服务器提供了 Java 服务器页面（Java Server Pages，JSP）。

```
Server: JSP3/2.0.14
```

HTTP 响应头部往往和状态码结合在一起。例如，表示“位置已经改变”的状态码通常伴随着一个 Location 头，而 401（Unauthorized）状态码则必须伴随一个 WWW-Authenticate 头。响应头部可以用来完成设置 Cookie、指定日期、指示客户端按照指定的间隔刷新页面等。表 8-4 给出了响应头部的常见字段。

表 8-4 响应头部的常见字段

响应头部字段	描述
Allow	服务器支持哪些请求方法（如 GET、POST 等）
Content-Encoding	文档的编码方法。只有在解码之后才可以得到 Content-Type 指定的内容类型
Content-Length	表示内容长度。只有当客户端使用持久 HTTP 连接时才需要该字段
Content-Type	表示数据属于什么 MIME 类型。默认为 text/plain 纯文本
Date	当前的 GMT 时间
Location	该字段配合 302 状态码使用，用于重定向到一个新的 URL。表示客户端应当去寻找并提取资源的位置
Server	表示服务器的类型
Set-Cookie	用于设置和页面关联的 Cookie
Transfer-Encoding	数据的传送格式
WWW-Authenticate	表示客户端应该在 WWW-Authorization 中提供什么类型的授权信息，在包含 401 状态行的应答中这个字段是必需的

（3）空行

空行的作用是告知客户端响应头部到此为止。

（4）响应正文

响应正文是响应的消息体，如果客户端请求的数据是纯数据，则返回纯数据；如果客户端请求的是 HTML 数据，则返回 HTML 代码。

5. 响应报文示例

服务器向客户端返回响应报文，认证成功，如图 8-6 所示。

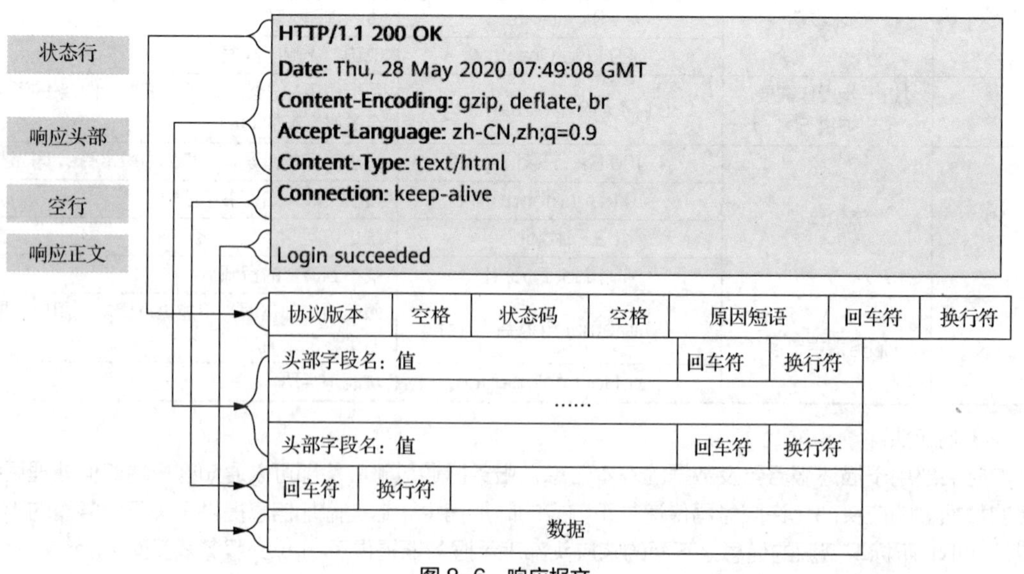

图 8-6 响应报文

8.3.2 RESTCONF 基础

随着网络规模的不断扩大和网络技术的不断更新，传统的网络配置方式已经无法满足网络配置的需求。针对这种情况，IETF 提出了一种新的网络配置协议——描述性状态迁移配置（Representational State Transfer Configuration，RESTCONF）协议，它是基于 RESTful 架构风格的网络配置协议。

RESTCONF 协议是基于 YANG 数据模型来实现网络设备配置的。YANG 是 IETF 开发的一种用于建模网络数据的语言，它允许用户定义网络设备支持的功能和特性，并提供标准化的方式来描述这些功能和特性。RESTCONF 协议通过 HTTP 获取 YANG 数据模型，然后使用 RESTful 方法操作网络设备数据。

RESTCONF 协议的应用场景非常广泛。例如，在云计算中，RESTCONF 协议可以与 OpenStack 等云计算平台集成，实现对网络设备的自动化管理；在企业网络中，RESTCONF 协议可以帮助管理员快速配置和管理网络设备，提高工作效率，降低成本；在物联网（Internet of Things，IoT）领域中，RESTCONF 协议可以实现对智能设备的远程配置和控制，实现智能家居等各种应用。

总的来说，RESTCONF 协议是一种新的网络配置协议，它采用 RESTful 架构风格，易于编写和理解，更加灵活，可与 Web 应用程序集成，安全性更强。随着网络规模的不断扩大和网络技术的不断更新，RESTCONF 协议将会越来越重要，极有可能成为网络配置的主流协议之一。

在网络通信领域，网络开放是必然趋势。在万物互联的智能世界中，尽快开放更多的接口意味着能与其他网络尽快建立连接。网络开放不但能够为网络带来变革，还可以进一步细分产业链，带来新的产业发展机遇。如今 REST 风格被越来越多的公司选择，RESTful 接口更是风靡全网络。RESTCONF 协议是一种基于 HTTP 的协议，支持对网络设备的数据进行增、删、改、查操作。

1. REST 简介

描述性状态迁移（Representational State Transfer，REST）由 HTTP 的主要设计者 Roy Thomas Fielding（罗伊・托马斯・菲尔丁）在其 2000 年的博士论文中提出。简而言之，REST 是一种设计风格，表达了资源在网络中进行状态迁移，采用 HTTP 进行传输。作为客户端/服务器的交互框架，REST 具有 3 个概念，即资源、表现层和状态转化，如图 8-7 所示。

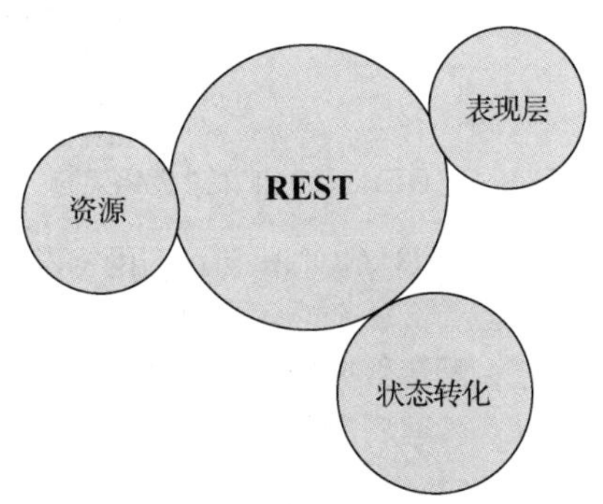

图 8-7　REST 概念

资源是信息实体。网络中的实体都是以资源的形式存在的，每个资源都有一个唯一的 URI。端口、网元、单板、机房等都属于资源。REST 的核心在于资源和操作，用 URI 定位资源，用 HTTP 动作（如 GET、POST、PUT、DELETE 等）描述操作。

URI 只代表资源的实体，不代表资源的形式。资源具有多种外在表现形式，资源具体呈现出来的形式叫作它的表现层。例如，文本作为资源可以用 TXT 格式表现，也可以用 HTML 格式、XML 格式、JSON 格式表现，甚至可以用二进制格式表现。又如，图片作为资源可以用 JPG 格式表现，也可以用 PNG 等格式表现。

访问一个 URI，即代表了客户端和服务器的一个互动过程。在这个过程中，势必涉及数据和状态的变化。互联网通信协议 HTTP 是一个无状态协议，这意味着所有的状态都保存在服务器中，客户端不保存状态。因此，客户端通过某种手段操作服务器，让服务器发生状态转化。而这种转化是依赖于表现层的，所以就是表现层状态转化。客户端用到的某种手段就是 HTTP。

REST 的 3 个概念的关系如图 8-8 所示。

图 8-8　REST 的 3 个概念的关系

2017 年，IETF 发布了 RFC 8040 RESTCONF 协议规范。

2. RESTCONF 基本网络架构

RESTCONF 基本网络架构包括 RESTCONF 客户端和 RESTCONF 服务器 2 个主要元素，如图 8-9 所示。

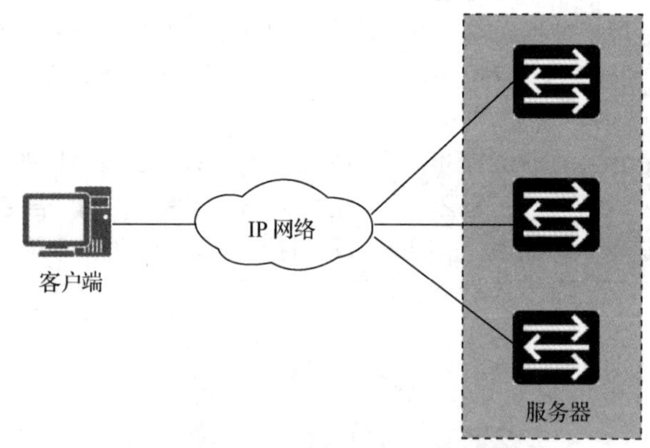

图 8-9　RESTCONF 基本网络架构

在图 8-9 所示架构中，客户端利用 RESTCONF 协议对网络设备进行系统管理。客户端向服务器发送请求，可以实现创建、删除、修改或查询一个或多个数据。客户端从运行的服务器上获取的数据包括配置数据和状态数据。客户端可以查询配置数据和状态数据；可以修改配置数据，并通过操作配置数据，使服务器的状态达到用户期望的状态；客户端不能修改状态数据，状态数据主要是服务器的运行状态和统计的相关数据。

服务器用于维护被管理设备的数据并响应客户端的请求，把数据返回给发送请求的客户端。服务器收到客户端的请求后会进行解析并处理请求，然后给客户端返回响应。

3. RESTCONF 协议与 NETCONF 协议的比较

RESTCONF 协议与 NETCONF 协议类似，都是用来进行网络配置的协议，但 RESTCONF 协议与 NETCONF 协议相比有以下几个优势。

（1）易于编写和理解：RESTCONF 协议基于 HTTP，采用 JSON 或 XML 格式进行数据交互，具有良好的可读性和可编程性。

（2）更加灵活：RESTCONF 协议使用 HTTP 操作方法（GET、POST、PUT、DELETE）进行资源操作，而 NETCONF 协议只支持 RPC 操作。因此，RESTCONF 协议更加灵活，可以根据需求自由定制请求类型，而 NETCONF 协议需要通过复杂的 XML 编程来实现。

（3）可以直接与 Web 应用程序集成：RESTCONF 协议基于 HTTP，允许 Web 应用程序与网络设备进行直接交互，而 NETCONF 协议需要通过专门的客户端工具进行调用，增加了使用难度。

（4）安全性更强：RESTCONF 协议支持以 HTTPS 进行通信，可以提供更高的安全性。

表 8-5 给出了 RESTCONF 协议和 NETCONF 协议的区别。

表 8-5　RESTCONF 协议和 NETCONF 协议的区别

项目	NETCONF 协议+YANG	RESTCONF 协议+YANG
传输协议	NETCONF 协议安全传输层首选 SSH 协议，XML 数据通过 SSH 协议承载	RESTCONF 协议基于 HTTP 访问设备资源。RESTCONF 协议提供的 API 符合 IT 业界流行的 RESTful 风格
报文格式	采用 XML 编码	采用 XML 或 JSON 编码
操作特点	NETCONF 协议的操作复杂，支持增、删、改、查，支持多个配置库，也支持回滚等	RESTCONF 协议的操作简单，RESTCONF 协议支持增、删、改、查操作，仅支持<running/>配置库。RESTCONF 协议操作方法无须分两阶段提交，操作直接生效

从表 8-5 中可以看出，NETCONF 协议提供基于 RPC 机制的 API。当前网络管理者希望设备能够提供支持 Web 应用访问和操作网络设备的标准化接口时，可以使用 RESTCONF 协议。RESTCONF 协议相较于 NETCONF 协议，使用了不同的操作方法和数据编码。NETCONF 协议操作设备多个配置库，有事务机制，支持回滚。RESTCONF 协议使用了 HTTP 的操作，无状态，无事务机制，无回滚。

图 8-10 给出了 RESTCONF 协议和 NETCONF 协议各层的区别。

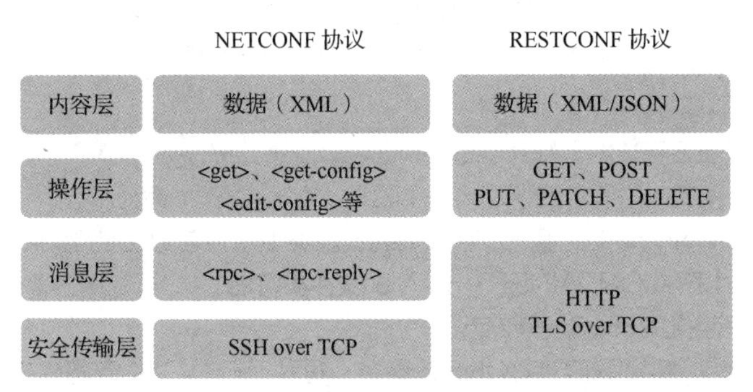

图 8-10　RESTCONF 协议和 NETCONF 协议各层的区别

对于操作层，NETCONF 协议定义了一系列的基本操作，如<get>、<get-config>、<edit-config>、<delete-config>等。RESTCONF 协议基于 HTTP，将 NETCONF 协议安全传输层的 SSH 和消息层的 RPC 替换为 HTTP，在操作层使用 HTTP 的操作方法。RESTCONF 协议和 NETCONF 协议操作层上的对应关系如表 8-6 所示。

表 8-6　RESTCONF 协议和 NETCONF 协议操作层上的对应关系

RESTCONF 协议的操作	对应 NETCONF 协议的操作
GET	<get-config>、<get>
POST	<edit-config> (nc:operation="create")
	invoke a RPC operation
PUT	<edit-config> (nc:operation="create/replace")
	<copy-config> (PUT on datastore)
PATCH	<edit-config> (nc:operation depends on PATCH content)
DELETE	<edit-config> (nc:operation="delete")

4. RESTCONF 协议报文格式

（1）请求报文

RESTCONF 协议是一种基于 HTTP 的协议，客户端和服务器之间相互传递的数据为 HTTP 报文，包括请求报文和响应报文。

RESTCONF 协议请求报文如图 8-11 所示。

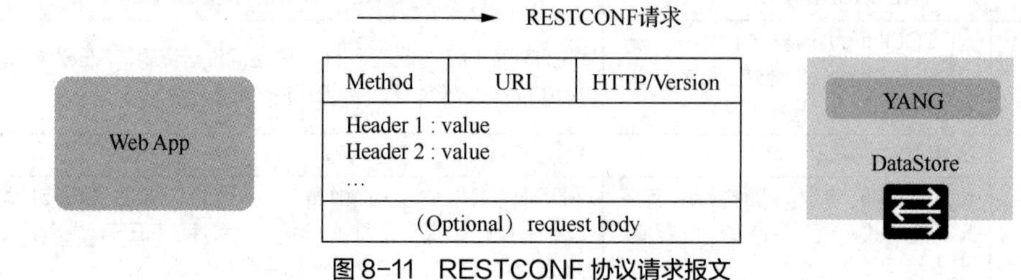

图 8-11 RESTCONF 协议请求报文

图 8-11 中，Method 字段是 HTTP 操作方法，作用于 URI 指定的目标资源；URI 字段是统一资源标识符字段；HTTP/Version 字段指定了 HTTP 版本；Header : value 字段是请求头部，有特定字段要求；request body 字段是请求消息体，有些方法不携带 body 信息。请求头部还可以包含多个其他参数，如 Accept、Authorization、Host、From 等。

RESTCONF 协议的 URI 格式如图 8-12 所示。

https://<ADDRESS>/<ROOT>/data/<[YANGMODULE:]CONTAINER>/<LEAF>[?<OPTIONS>]

图 8-12 RESTCONF 协议的 URI 格式

格式说明如下。

① ADDRESS：RESTCONF 服务器的 IP 地址。

② ROOT：RESTCONF 请求的入口，在 NETCONF 中为 restconf。

③ data：RESTCONF API 中用来指定数据的资源类型，通常直接使用 data。

④ [YANGMODULE:]CONTAINER：YANG 文件和容器。

⑤ LEAF：容器下定义的一个叶子节点。

⑥ [?<OPTIONS>]：定义 RESTCONF 的参数。每种 RESTCONF 操作方法都允许请求 URI 中存在 0 个或多个查询参数。用户可以根据需要指定特定的查询参数。查询参数可以按照任意顺序给出。一个请求 URL 可以包含多个查询参数，每个参数只能出现一次。查询参数名称和值是区分字母大小写的。常见的参数如下。

- content 查询参数表示用户访问指定类型的数据。该参数仅在通过 GET 或 HEAD 方法查询数据时使用。
- depth 查询参数可以用于限定查询数据的层次数。该参数仅在通过 GET 或 HEAD 方法查询数据时使用。
- fields 查询参数可以用于检索目标数据内容的子集。该参数仅在通过 GET 或 HEAD 方法查询数据时使用。
- with-defaults 查询参数表示设备具有处理默认值呈现方式的能力，支持在 GET 方法中使用。

图 8-13 所示为 URI 与 YANG 文件的对应关系。使用的 YANG 文件为 ietf-interfaces.yang，容器节点为 interfaces，叶子节点为 interface，获取的接口名为 GigabitEthernet1。

（2）响应报文

RESTCONF 服务器收到客户端发送的请求后，会返回响应报文给客户端。RESTCONF 协议的响应报文如图 8-14 所示。

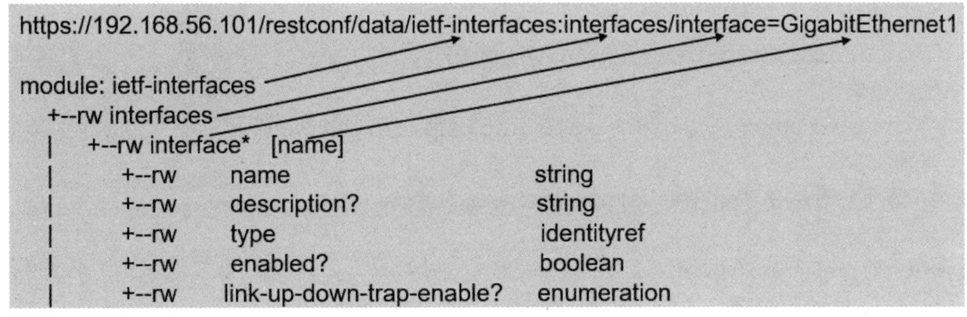

图 8-13 URI 与 YANG 文件的对应关系

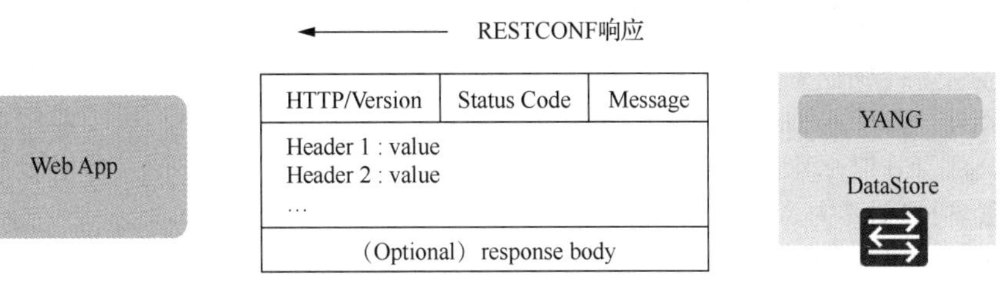

图 8-14 RESTCONF 协议的响应报文

图 8-14 中，HTTP/Version 为 HTTP 版本；Status Code 为 HTTP 状态码；Message 为 HTTP 状态消息；Header : value 为响应报文的头部字段名和值；response body 为响应消息体。

图 8-13 中的请求发送后，RESTCONF 服务器返回的响应消息体中包含 JSON 格式的 GigabitEthernet1 的信息。

```
{
  "ietf-interfaces:interface": {
    "name": "GigabitEthernet1",
    "description": "management interface",
    "type": "iana-if-type:ethernetCsmacd",
    "enabled": true,
    "ietf-ip:ipv4": {
      "address": [
        {
          "ip": "192.168.56.101",
          "netmask": "255.255.255.0"
        }
      ]
    },
    "ietf-ip:IPv6": {}
  }
}
```

8.3.3 配置 RESTCONF

在思科 CSR 1000v 上配置 RESTCONF 协议，需要配置 RESTCONF 登录用户、配置 SSH、使能 RESTCONF 功能，开启 HTTPS 服务，并验证 RESTCONF 进程。

1. 配置 RESTCONF 登录用户，允许 SSH 登录

（1）配置主机名

```
Router(config)#hostname hostname
```

（2）配置域名

```
Router(config)#hostname ip domain-name domain-name
```

（3）配置登录用户

```
Router(config)#username username privilege 15 password password
```

（4）配置 VTY

```
Router(config)#line vty first_line_number last_line_number
```

（5）允许本地登录

```
Router(config-line)#login local
```

（6）允许 SSH 协议登录

```
Router(config-line)#transport prefered ssh
```

2. 配置 SSH

（1）生成 SSH 密钥

```
CSR1kv(config)#crypto key generate rsa
```

密钥至少为 768 位，可选的值有 768、1024、2048。

（2）配置 SSH 版本为 2

```
CSR1kv(config)#ip ssh version 2
```

（3）验证 SSH

```
CSR1kv#show ip ssh
```

3. 使能 RESTCONF 功能

使能 RESTCONF 功能的命令如下。

```
CSR1kv(config)#restconf
```

4. 启用 HTTPS 服务

启用 HTTPS 服务的命令如下。

```
CSR1kv(config)#ip http authentication local
CSR1kv(config)#ip http secure-server
```

5. 验证 RESTCONF 进程

验证 RESTCONF 进程的命令如下。

```
CSR1kv# show platform software yang-management process
```

8.3.4 requests 模块

Python requests 是一个常用的 HTTP 请求模块，可以用于方便地向网站发送 HTTP 请求，并获取响应结果。它将复杂的网络请求封装为简单的 API 以供用户调用。在使用 requests 模块前需要在 Python 环境中安装该模块，即使用以下命令。

```
pip install requests
```

安装完成后便可以通过 import 命令——import requests 导入该库。导入完成后就可以发送 HTTP 请求，使用 requests 提供的方法向指定 URL 发送 HTTP 请求。每次调用 requests 请求之后，会返回一个 response 对象，该对象包含具体的响应信息，如状态码、响应头部、响应正文等。requests 模块常用方法如表 8-7 所示。

表 8-7 requests 模块常用方法

方法	描述
delete(*url*, ***kwargs*)	发送 DELETE 请求到指定 URL
get(*url*, *params*, ***kwargs*)	发送 GET 请求到指定 URL
head(*url*, ***kwargs*)	发送 HEAD 请求到指定 URL

续表

方法	描述
patch(*url, data, **kwargs*)	发送 PATCH 请求到指定 URL
post(*url, data, JSON, **kwargs*)	发送 POST 请求到指定 URL
put(*url, data, **kwargs*)	发送 PUT 请求到指定 URL
request(*method, url, **kwargs*)	向指定的 URL 发送指定的请求方法

表 8-7 中，方法 request()、get()和 head()用于获取服务器信息并保存到本地；方法 put()、post()、patch()和 delete()用于向服务器提交本地信息。

方法中的常用参数说明如下。

（1）method：请求方法。值可以是 get、post、put、delete、head、patch 等。

（2）url：请求 URL。在 RESTCONF 中需要根据使用接口文档标注的接口请求地址。

（3）params：查询字符串参数，可以是字典、元组、列表。

（4）data：发送给指定 URL 的字典、元组列表、字节或文件对象。

（5）JSON：发送给指定 URL 的 JSON 对象。

8.4 任务实施

公司 B 的网络由 4 台思科 CSR 1000v 组成，希望通过 Web 应用方式统一管理网络设备。按照公司的整体网络规划，运维工程师将使用 RESTCONF 协议实现网络 Web 配置与管理。本任务主要通过 Web 的方式配置与管理公司 B 网络的 4 台思科 CSR 1000v，思科 CSR 1000v 作为 RESTCONF 服务器。网络拓扑如图 8-1 所示。

运维工程师需要完成的任务如下。

（1）配置设备 SSH 密码登录。

（2）配置 RESTCONF。

（3）编写 Python 脚本。

（4）运行 Python 脚本。

（5）验证配置。

在使用 RESTCONF 协议配置与管理网络前，确保已经配置设备（RESTCONF 服务器）管理接口的 IP 地址，RESTCONF 客户端和 RESTCONF 服务器之间三层路由可达。

使用表 8-8 所示的 IP 地址连接各设备，OSPF 接口配置信息如表 8-9 所示。

表 8-8　设备连接 IP 地址

设备名	连接 IP 地址
CSR1kv-1	管理接口：G1。 管理接口 IP 地址：192.168.56.101/24。 连接 CSR1kv-2 接口 G2：192.168.1.11/24。 连接 CSR1kv-3 接口 G3：10.1.13.1/24。 连接 CSR1kv-4 接口 G4：10.2.14.1/24。 环回接口 Loopback0：1.1.1.1/32
CSR1kv-2	管理接口：G1。 管理接口 IP 地址：192.168.56.102/24。 连接 CSR1kv-1 接口 G2：192.168.1.12/24。 连接 CSR1kv-3 接口 G3：10.3.23.2/24。 连接 CSR1kv-4 接口 G4：10.4.24.2/24。 环回接口 Loopback0：2.2.2.2/32

续表

设备名	连接 IP 地址
CSR1kv-3	管理接口：G1。 管理接口 IP 地址：192.168.56.103/24。 连接 CSR1kv-1 接口 G2：10.1.13.3/24。 连接 CSR1kv-2 接口 G3：10.3.23.3/24。 环回接口 Loopback0：3.3.3.3/32
CSR1kv-4	管理接口：G1。 管理接口 IP 地址：192.168.56.104/24。 连接 CSR1kv-1 接口 G2：10.2.14.4/24。 连接 CSR1kv-2 接口 G3：10.4.24.4/24。 环回接口 Loopback0：4.4.4.4/32

表 8-9　OSPF 接口配置信息

OSPF 区域	CSR1kv 接口
Area 0	CSR1kv-1：G2。 CSR1kv-2：G2
Area 10 Stub	CSR1kv-1：G3。 CSR1kv-2：G3。 CSR1kv-3：G3
Area 20 Totally Stub	CSR1kv-1：G4。 CSR1kv-2：G4。 CSR1kv-4：G3

8.4.1　配置 SSH 密码登录

配置 SSH 密码登录是为了方便登录路由器进行查看，与 RESTCONF 配置无关。下面以路由器 CSR1kv-1 为例配置 SSH 密码登录，其他路由器的配置方法相同。

```
CSR1kv-1#conf t
CSR1kv-1(config)#ip domain-name cisco.com
CSR1kv(config-1)#crypto key generate rsa
How many bits in the modulus [512]: 768
% Generating 768 bit RSA keys, keys will be non-exportable...
[OK] (elapsed time was 0 seconds)
CSR1kv-1(config)#username cisco privilege 15 password 0 cisco
CSR1kv-1(config)#line vty 0 4
CSR1kv-1(config-line)#login local
CSR1kv-1(config-line)#transport preferred ssh
CSR1kv-1(config-line)#exit
CSR1kv-1(config)#ip ssh version 2
CSR1kv-1(config)#exit
```

在配置中，需要生成 RSA 密钥对，输入密钥位数时需要输入 768 或 1024，同时路由器上的 SSH 版本配置为 2，默认是 1.99。

8.4.2　配置 RESTCONF

配置 RESTCONF 时，需要启用 HTTPS 服务。下面以路由器 CSR1kv-1 为例配置 RESTCONF，同时启用 HTTPS 服务，其他路由器的配置方法相同。

```
CSR1kv-1#conf t
Enter configuration commands, one per line. End with CNTL/Z.
CSR1kv-1(config)#restconf
CSR1kv-1(config)#ip http authentication local
CSR1kv-1(config)#ip http secure-server
```

8.4.3 编写 Python 脚本

RESTCONF 客户端通过表 8-8 中各路由器的管理接口 IP 地址连接 RESTCONF 服务器。

1. 导入 Python 模块

导入 Python 模块的代码如下。

```
import json
import requests
from requests.auth import HTTPBasicAuth
from collections import OrderedDict
import urllib3
from time import sleep

# 关闭 SSL 告警
urllib3.disable_warnings(urllib3.exceptions.InsecureRequestWarning)
```

2. 定义路由器接口 IP 地址

定义路由器接口 IP 地址的代码如下。

```
CSR1kv_1_int_ip = [
    {"Loopback0": {"address": "1.1.1.1", "mask": "255.255.255.255"}},
    {"GigabitEthernet2":{"address":"192.168.1.11","mask":"255.255.255.0"}},
    {"GigabitEthernet3":{"address":"10.1.13.1","mask":"255.255.255.0"}},
    {"GigabitEthernet4":{"address":"10.2.14.1","mask":"255.255.255.0"}}]

CSR1kv_2_int_ip = [
    {"Loopback0": {"address": "2.2.2.2", "mask": "255.255.255.255"}},
    {"GigabitEthernet2":{"address":"192.168.1.12","mask":"255.255.255.0"}},
    {"GigabitEthernet3":{"address":"10.3.23.2","mask":"255.255.255.0"}},
    {"GigabitEthernet4":{"address":"10.4.24.2","mask":"255.255.255.0"}}]

CSR1kv_3_int_ip = [
    {"Loopback0": {"address": "3.3.3.3", "mask": "255.255.255.255"}},
    {"GigabitEthernet2":{"address":"10.1.13.3","mask":"255.255.255.0"}},
    {"GigabitEthernet3":{"address":"10.3.23.3","mask":"255.255.255.0"}}]

CSR1kv_4_int_ip = [
    {"Loopback0": {"address": "4.4.4.4", "mask": "255.255.255.255"}},
    {"GigabitEthernet2":{"address":"10.2.14.4","mask":"255.255.255.0"}},
{"GigabitEthernet3":{"address":"10.4.24.4","mask":"255.255.255.0"}}]
```

3. 定义路由器 CSR1kv-1 的 OSPF 请求消息体

定义路由器 CSR1kv-1 的 OSPF 请求消息体的代码如下。

```
CSR1kv_1_ospf_body = {
    "Cisco-IOS-XE-native:router": {
        "Cisco-IOS-XE-ospf:ospf": [
```

```
                {
                    "id": 10,
                    "area": [
                        {
                            "id": 10,
                            "stub": {}
                        },
                        {
                            "id": 20,
                            "stub": {}
                        }
                    ],
                    "router-id": "1.1.1.1",
                    "network": [
                        {
                            "ip": "1.1.1.1",
                            "mask": "0.0.0.0",
                            "area": 0
                        },
                        {
                            "ip": "10.1.13.1",
                            "mask": "0.0.0.0",
                            "area": 10
                        },
                        {
                            "ip": "10.2.14.1",
                            "mask": "0.0.0.0",
                            "area": 20
                        },
                        {
                            "ip": "192.168.1.11",
                            "mask": "0.0.0.0",
                            "area": 0
                        }
                    ]
                }
            ]
        }
}
```

4. 定义路由器 CSR1kv-2 的 OSPF 请求消息体

定义路由器 CSR1kv-2 的 OSPF 请求消息体的代码如下。

```
CSR1kv_2_ospf_body = {
    "Cisco-IOS-XE-native:router": {
        "Cisco-IOS-XE-ospf:ospf": [
            {
                "id": 10,
                "area": [
                    {
                        "id": 10,
```

```
                        "stub": {}
                    },
                    {
                        "id": 20,
                        "stub": {}
                    }
                ],
                "router-id": "2.2.2.2",
                "network": [
                    {
                        "ip": "2.2.2.2",
                        "mask": "0.0.0.0",
                        "area": 0
                    },
                    {
                        "ip": "10.3.23.2",
                        "mask": "0.0.0.0",
                        "area": 10
                    },
                    {
                        "ip": "10.4.24.2",
                        "mask": "0.0.0.0",
                        "area": 20
                    },
                    {
                        "ip": "192.168.1.12",
                        "mask": "0.0.0.0",
                        "area": 0
                    }
                ]
            }
        ]
    }
}
```

5. 定义路由器 CSR1kv-3 的 OSPF 请求消息体

定义路由器 CSR1kv-3 的 OSPF 请求消息体的代码如下。

```
CSR1kv_3_ospf_body = {
    "Cisco-IOS-XE-native:router": {
        "Cisco-IOS-XE-ospf:ospf": [
            {
                "id": 10,
                "area": [
                    {
                        "id": 10,
                        "stub": {}
                    }
                ],
                "router-id": "3.3.3.3",
                "network": [
```

```
                    {
                        "ip": "3.3.3.3",
                        "mask": "0.0.0.0",
                        "area": 10
                    },
                    {
                        "ip": "10.1.13.3",
                        "mask": "0.0.0.0",
                        "area": 10
                    },
                    {
                        "ip": "10.3.23.3",
                        "mask": "0.0.0.0",
                        "area": 10
                    }
                ]
            }
        ]
    }
}
```

6. **定义路由器 CSR1kv-4 的 OSPF 请求消息体**

定义路由器 CSR1kv-4 的 OSPF 请求消息体的代码如下。

```
CSR1kv_4_ospf_body = {
    "Cisco-IOS-XE-native:router": {
        "Cisco-IOS-XE-ospf:ospf": [
            {
                "id": 10,
                "area": [
                    {
                        "id": 20,
                        "stub": {}
                    }
                ],
                "router-id": "4.4.4.4",
                "network": [
                    {
                        "ip": "4.4.4.4",
                        "mask": "0.0.0.0",
                        "area": 20
                    },
                    {
                        "ip": "10.2.14.4",
                        "mask": "0.0.0.0",
                        "area": 20
                    },
                    {
                        "ip": "10.4.24.4",
                        "mask": "0.0.0.0",
                        "area": 20
```

```
                        }
                    ]
                }
            ]
        }
}
```

7. **定义用于配置接口 IP 地址的函数 configure_ip_address()**

定义该函数的代码如下。

```
def configure_ip_address(interface, ip):
    if interface == "Loopback0":
        # 如果创建环回接口，则接口类型为 iana-if-type:softwareLoopback
        interface_type = "iana-if-type:softwareLoopback"
        print("    正在路由器上配置 %s 接口......"%interface)
    else:
        # 如果创建以太网接口，则接口类型为 iana-if-type:ethernetCsmacd
        interface_type = 'iana-if-type:ethernetCsmacd'
        print("    正在路由器上配置 %s 接口......" % interface)
    # 组成 URL
    url = url_base + "/data/ietf-interfaces:interfaces/interface={i}".format(i=interface)
    print("    "+ url)

    # 请求消息体。OrderedDict()方法用于保证元素的顺序
    body = OrderedDict([('ietf-interfaces:interface',
                        OrderedDict([
                            ('name', interface),
                            ('type', interface_type),
                            ('ietf-ip:ipv4',
                             OrderedDict([
                                 ('address', [OrderedDict([
                                     ('ip', ip["address"]),
                                     ('netmask', ip["mask"])
                                 ])]
                                 )
                             ])
                            ),
                        ])
                        )])

    # 发送 PUT 请求配置接口
    response = requests.put(url,auth=(USER, PASS),
                            headers=headers,
                            verify=False,
                            JSON=body
                            )
    sleep(0.5)
```

8. **定义用于配置多个接口 IP 地址的函数 config_interface_ip()**

该函数用于通过循环一次性配置路由器上的多个接口。定义该函数的代码如下。

```
def config_interface_ip(interface_ip):
    for interface in interface_ip:
        for key in interface:
            configure_ip_address(key, interface[key])
```

9. 定义用于配置 OSPF 的函数 configure_ospf()

该函数的参数 ospf_body 为配置 OSPF 的消息体。定义该函数的代码如下。

```
def configure_ospf(ospf_body):
    url = url_base + "/data/Cisco-IOS-XE-native:native/router"
    print("      " + url)
    # 发送 PUT 请求
    response = requests.put(url, auth=(USER, PASS),
                            headers=headers,
                            verify=False,
                            data=json.dumps(ospf_body)
                            )
```

10. 定义主函数 main()

定义该函数的代码如下。

```
if __name__ == "__main__":
    # 登录路由器的用户名和密码
    USER = 'cisco'
    PASS = 'cisco'

    # 添加 HTTP headers 信息，使用 YANG+JSON 作为数据格式
    headers = {'Content-Type': 'application/yang-data+JSON',
               'Accept': 'application/yang-data+JSON'}
    # 定义设备信息，包括路由器管理 IP 地址、接口及 OSPF 配置信息
    device_conf_info =[
        ["192.168.56.101",CSR1kv_1_int_ip,CSR1kv_1_ospf_body],
        ["192.168.56.102",CSR1kv_2_int_ip,CSR1kv_2_ospf_body],
        ["192.168.56.103",CSR1kv_3_int_ip,CSR1kv_3_ospf_body],
        ["192.168.56.104",CSR1kv_4_int_ip,CSR1kv_4_ospf_body]
    ]
    # 遍历设备信息
    for device in device_conf_info:
        # 获取设备管理 IP 地址
        host = device[0]
        url_base = "https://{host}/restconf".format(host=host)

        print("在路由器 %s 上配置接口 IP 地址........."%host)
        # 获取设备接口配置信息
        interface_ip = device[1]
        # 调用函数 config_interface_ip()配置设备 IP 地址
        config_interface_ip(interface_ip)
        print("路由器 %s 上接口 IP 地址配置完毕........." % host)

        print("在路由器 %s 上配置 OSPF........." %host)
        ospf_body = device[2]
        # 调用函数 configure_ospf()配置设备的 OSPF
        configure_ospf(ospf_body)
        print("路由器 %s 上 OSPF 配置完毕........." % host)
```

8.4.4 运行 Python 脚本

运行 Python 脚本，运行结果如图 8-15 所示。

```
在路由器 192.168.56.101 上配置接口IP地址.........
    正在路由器上配置 Loopback0 接口......
    正在路由器上配置 GigabitEthernet2 接口......
    正在路由器上配置 GigabitEthernet3 接口......
    正在路由器上配置 GigabitEthernet4 接口......
路由器 192.168.56.101 上接口IP地址配置完毕.........
在路由器 192.168.56.101 上配置OSPF.........
路由器 192.168.56.101 上OSPF配置完毕.........
在路由器 192.168.56.102 上配置接口IP地址.........
    正在路由器上配置 Loopback0 接口......
    正在路由器上配置 GigabitEthernet2 接口......
    正在路由器上配置 GigabitEthernet3 接口......
    正在路由器上配置 GigabitEthernet4 接口......
路由器 192.168.56.102 上接口IP地址配置完毕.........
在路由器 192.168.56.102 上配置OSPF.........
路由器 192.168.56.102 上OSPF配置完毕.........
在路由器 192.168.56.103 上配置接口IP地址.........
    正在路由器上配置 Loopback0 接口......
    正在路由器上配置 GigabitEthernet2 接口......
    正在路由器上配置 GigabitEthernet3 接口......
路由器 192.168.56.103 上接口IP地址配置完毕.........
在路由器 192.168.56.103 上配置OSPF.........
路由器 192.168.56.103 上OSPF配置完毕.........
在路由器 192.168.56.104 上配置接口IP地址.........
    正在路由器上配置 Loopback0 接口......
    正在路由器上配置 GigabitEthernet2 接口......
    正在路由器上配置 GigabitEthernet3 接口......
路由器 192.168.56.104 上接口IP地址配置完毕.........
在路由器 192.168.56.104 上配置OSPF.........
路由器 192.168.56.104 上OSPF配置完毕.........

Process finished with exit code 0
```

图 8-15　运行结果

8.4.5 验证

在路由器上查看配置。

（1）在 4 台路由器上执行命令 show ip int brief 查看接口配置。这里只给出 CSR1kv-1 的输出结果。

```
CSR1kv-1#show ip int brief
Interface            IP-Address       OK?    Method   Status          Protocol
GigabitEthernet1     192.168.56.101   YES    NVRAM    up                up
GigabitEthernet2     192.168.1.11     YES    other    up                up
GigabitEthernet3     10.1.13.1        YES    other    up                up
GigabitEthernet4     10.2.14.1        YES    other    up                up
Loopback0               1.1.1.1       YES    other    up                up
```

（2）在 4 台路由器上执行命令 show ip ospf neighbor 查看 OSPF 邻居。这里只给出 CSR1kv-1 的输出结果。

```
CSR1kv-1#show ip ospf neighbor
Neighbor ID    Pri   State        Dead Time   Address         Interface
2.2.2.2          1   FULL/DR      00:00:38    192.168.1.12    GigabitEthernet2
3.3.3.3          1   FULL/DR      00:00:39    10.1.13.3       GigabitEthernet3
4.4.4.4          1   FULL/DR      00:00:39    10.2.14.4       GigabitEthernet4
```

8.5 任务总结

本项目详细介绍了RESTCONF基本原理、RESTCONG和NETCONF的区别、HTTP以及REST编程风格，还介绍了HTTP的操作、RESTCONF的操作、Python requests模块，并编写Python脚本实现了通过RESTCONF配置公司B的网络。

8.6 知识巩固

1. 以下网络配置协议中，使用JSON编码作为消息编码的是（　　）。
   A. NETCONF　　B. SOAP
   C. RESTCONF　　D. HTML
2. HTTP的特点有（　　）。（多选）
   A. 无连接　　B. 媒体独立　　C. 无状态　　D. 回滚
3. REST作为客户端/服务器的交互框架，具有的概念有（　　）。（多选）
   A. 资源　　B. 接口　　C. 表现层　　D. 状态转化
4. （　　）是用来对RESTCONF协议中的配置数据和状态数据等进行建模的语言。
   A. YANG　　B. XML　　C. Schma　　D. JSON
5. HTTP响应报文的组成部分有（　　）。（多选）
   A. 状态行　　B. 响应头部　　C. 空行　　D. 响应正文

第四篇 工具篇

在网络自动化中，自动化工具扮演着至关重要的角色。自动化工具能够自动执行网络任务，提高工作效率和准确性。以下是自动化工具在网络自动化中的具体作用。

（1）配置管理：自动化工具可以协助管理员在网络设备上进行基本的配置操作，如添加新用户、创建接口、设置路由器、配置交换机等。自动化工具通过模板和脚本来完成这些配置任务，提高了配置速度和准确性。

（2）故障排除：自动化工具可以自动化监控网络设备和拓扑，发现和修复故障，如发现和修复网络延迟、设备状态异常或服务中断等。自动化工具还可以为管理员提供警报和通知，帮助管理员及时发现和修复故障。

（3）安全管理：自动化工具可以在网络设备上执行常规的安全管理任务，如实施合规性安全检查、关闭不必要的服务或端口、更新补丁、检测威胁、监测应用程序、执行安全审计等。

（4）采集和分析日志：自动化工具可以采集网络设备和应用程序的日志，并对其进行分析，以便找出网络中的问题。自动化工具可以监控设备的运行情况、网络流量、用户活动等，并创建可视化报表和警报，帮助管理员迅速了解网络的状态。

总之，自动化工具可以大大简化网络管理任务，缩短时间，减少出错率，提高可靠性和效率。管理员可以利用自动化工具更好地管理网络，确保网络的正常运行，并保护网络的安全。

自动化工具是用于自动执行网络管理任务的应用程序，以下是一些常用的自动化工具。

Ansible：一种自动化工具，可自动执行配置管理、应用程序部署、自动化故障排除和安全合规性等任务。它使用YAML文件编写自动化脚本，易于学习和使用。

Nornir：一种基于Python的自动化工具，专注于实现复杂自动化任务的具体实现。Nornir使用标准Python库中的多线程来提高效率，可与Ansible和netmiko等其他自动化工具一起使用，以实现各种自动化管理任务，如配置管理、故障排除、设备管理等。

Scapy：一种基于Python的交互式数据包处理程序和网络协议开发库，可用于对网络进行请求-响应、探测等操作。Scapy能够在网络通信中与极其多样化的协议进行交互，可自定义和解析网络报文，具有快速、灵活、可编程等特点。

Nmap：一种开源的网络发现和安全审计工具，用于扫描主机和网络中的端口，并提供各种网络发现和安全检测功能。Nmap可用于对网络设备进行自动化管理，如发现新设备、确定设备开放的端口、识别服务、破解密码等。

这些工具都具有广泛应用于网络自动化和安全领域的特性，可帮助管理员自动执行管理任务、保护网络安全，并提高网络性能。

本篇内容将围绕网络自动化工具Ansible、Nornir、Scapy和Nmap实现网络自动化运维与管理，按照整体网络功能和自动化运维管理的要求，运维工程师需要完成的任务如下。

（1）使用Ansible实现网络自动化运维。

（2）使用Nornir收集网络日志。

（3）使用Scapy处理数据包。

（4）使用Nmap扫描网络。

项目9
使用Ansible实现网络自动化运维

9.1 学习目标

项目 9 使用 Ansible 实现网络自动化运维

- **知识目标**
  - 掌握 YAML 配置文件的使用方法
  - 掌握 Ansible 自动化运维工具的使用方法
  - 掌握 Ansible 语法
- **能力目标**
  - 编写 YAML 配置文件
  - 编写 Ansible 模块
  - 编写 Ansible playbook
  - 通过 Ansible 实现网络自动化运维
- **素养目标**
  - 通过实际应用，培养学生规范的运维操作习惯
  - 通过任务分解，培养学生良好的团队协作能力
  - 通过全局参与，培养学生良好的表达能力和文档编写能力
  - 通过示范作用，培养学生认真负责、严谨细致的工作态度和工作作风

9.2 任务陈述

目前，随着 IT 行业的快速发展，原来的网络工程师都慢慢地变成了系统工程师。部署应用系统不仅涉及网络，还涉及服务器、操作系统及应用系统等。另外，有些辅助的服务需要部署、维护，如日志管理、监控系统、分析系统等。

如果手动搭建这些服务，就需要安装服务器操作系统、安装软件包、编辑配置文件、配置每台网络设备等。这种方式需耗费大量时间且会经常出错，这种枯燥重复的手工劳动是令人非常痛苦的。

IT 自动化配置管理最近 20 年获得了迅猛的发展，特别是近几年在移动互联、云计算、大数据、互联网+等大规模应用平台需求的推动下，涌现出一批成熟的大规模自动化运维工具，如 Puppet、Chet、Salt 和 NixOS 等。在自动化运维工具中，Ansible 的人气非常高，已经是当今最常用的管理基础架构的开源管理工具之一。

本任务主要介绍 IT 自动化配置管理的必要性、使用自动化运维工具 Ansible 运维和配置网络设备。通过使用 Ansible 收集公司 A 深圳总部园区网络的路由器 SZ1 及交换机 S1 和 S2 的版本信息、OSPF 邻居信息和路由表信息，同时在交换机 S1 和 S2 上配置 VLAN，并允许该 VLAN 通过 eth-trunk12。本任务可帮助读者掌握自动化运维工具 Ansible 的安装与配置、编写剧本、管理与配置网络设备等职业技能，为后续网络自动化运维做好准备。网络拓扑如图 2-1 所示。

9.3 知识准备

9.3.1 YAML 配置文件

YAML 是一种简洁的非标记语言。YAML 以数据为中心，使用空格缩进，分行组织数据，从而使得数据更加简洁、易读。由于实现简单、解析成本很低，YAML 特别适合在脚本语言如 Ruby、Java、Perl、Python、PHP、JavaScript 等中使用。YAML 是专门用来编写配置文件的语言，非常简洁和强大，远比 JSON 数据格式方便。YAML 的设计目标就是方便人类读写。它实质上是一种通用的数据串行化格式。YAML 配置文件的扩展名为.yml 或.yaml。

1. 数据类型

YAML 支持以下几种数据类型。

（1）对象：键值对的集合，又称为映射（mapping）/哈希（hash）/字典（dictionary）。YAML 对象在使用方法上可以参考 Python 数据结构。YAML 对象使用方法如表 9-1 所示。

表 9-1　YAML 对象使用方法

YAML 对象	YAML 示例	Python 数据结构
对象键值对使用冒号结构表示，如 key: value，冒号后面要加上一个空格	animal: dogs	{'animal': 'dogs'}

对象键值对也可以使用缩进表示层级关系	hash:
	    name: Steve
	    foo: bar
		{
		  'hash':
		    {
		      'name': 'Steve',
		      'foo': 'bar'
		    }
		}

（2）数组：一组按照次序排列的值，又称序列、列表。以半字线开头的列表构成一个数组。YAML 数组在使用方法上可以参考 Python 的数据结构。YAML 数组使用方法如表 9-2 所示。

表 9-2　YAML 数组使用方法

YAML 数组	YAML 示例	Python 数据结构
以半字线开头的行表示构成一个数组	- A - B - C	['A','B','C']
若数组的子成员是数组，则可以在该项下面缩进一个空格	- - A - B - C	[['A','B','C']]

复杂数组	hard_list:
	  - {key: value}
	  - [1,2,3]
	  - test:
	      - 1
	      - 2
	      - 3
		'hard_list': [
		    {'key': 'value'},
		    [1, 2, 3],
		    {
		      'test': [1, 2, 3]
		    }
		]

续表

YAML 数组	YAML 示例	Python 数据结构

数组和对象可以构成复合结构	languages:
	  - Ruby
	  - Perl
	  - Java
	websites:
	  YAML: yaml.org
	  Ruby: ruby.org
	  Java: java.org
	  Perl: use.perl.org
		{
		  languages: ['Ruby','Perl','Java'],
		  websites: {
		    YAML: 'yaml.org',
		    Ruby: 'ruby-lang.org',
		    Java: 'java.org',
		    Perl: 'use.perl.org'
		  }
		}

（3）纯量：最基本的、不可再分的值，包括字符串、布尔值、整数、浮点数、Null、时间、日期等。

2. 语法规则

YAML 的基本语法规则如下。

（1）使用空格键缩进，不能使用 Tab 键。

（2）使用#标记注释。

（3）列表：使用半字线标记元素。

（4）映射：使用冒号分隔 key 和 value。如果写在一行，则需要用逗号分隔并前后加花括号。

（5）字符串：不加引号或加单引号或加双引号均可，加双引号时可以使用以反斜线开头的转义字符。

（6）多行字符串可以使用 | 或 > 标识，其后紧接换行符。

（7）重复的节点可以使用 & 标识，并用 * 来引用。

3. 组织结构

一个 YAML 文件可以由一个或多个 YAML 文档组成，YAML 文档之间使用 3 个半字线“---”作为分隔符，且每个 YAML 文档相互独立，互不干扰。如果 YAML 文件只包含一个 YAML 文档，则---可以省略。以下示例的 YAML 文件由 2 个 YAML 文档组成。

```
---
website:
  name: huawei
  url: www.huawei.com
---
interfaces:
  - Loopback0
  - GigabitEthernet1
  - GigabitEthernet2
```

4. 使用 Python 解析 YAML 文件

PyYAML 模块是 Python 中用于处理 YAML 文件的第三方模块，主要使用 yaml.safe_dump()、yaml.safe_load()函数将 Python 数据和 YAML 格式数据相互转换。当然，也存在 yaml.dump()、yaml.load()函数，同样能实现数据转换功能，只是不太推荐使用。

使用 PyYAML 模块前，需要执行命令 pip install pyyaml 安装 PyYAML 模块，使用时执行命令 import yaml 导入该模块。

（1）使用 yaml.safe_load( )加载 YAML 文件

yaml.safe_load( )函数用于将 YAML 文件中的字符串加载为 Python 对象，函数执行后返回 Python 字典。

```
yaml.safe_load(yaml_string)  # yaml_string 是要被加载的 YAML 文件中的字符串
import yaml
config_file = "config_ospf.yaml"        # YAML 文件名
with open(config_file) as f:
    ret = yaml.safe_load(f)
```

（2）使用 yaml.safe_dump( )生成 YAML 文件

yaml.safe_dump( )函数用于将 Python 数据转换为 YAML 格式数据。

yaml.safe_dump( )函数的使用方法如下。

```
yaml.safe_dump(data, f)             # data 是 Python 中的列表或字典，f 是 YAML 文件对象
```

以下代码使用 yaml.safe_dump()函数将 Python 数据写入 YAML 文件。

```
import yaml                         # 导入 YAML 模块
with open('data.yaml', 'w') as f:   # 创建 YAML 文件对象
    yaml.safe_dump(data,f)          # 将 Python 数据写入 YAML 文件
```

9.3.2 Ansible 基础

Ansible 是一种功能强大的自动化工具，它可以帮助管理员轻松地管理多台服务器主机或网络设备，同时可以执行自动化运维任务。Ansible 使用 SSH 协议连接到服务器，并使用 Python 编写的模块来执行管理任务。Ansible 的主要优点是它非常容易学习，而且使用方法非常简单。Ansible 的基本概念如下。

（1）主机：需要管理的服务器主机或网络设备。在 Ansible 中，主机可以是一台服务器、一组服务器或者网络设备。

（2）模块：Python 脚本，它可以执行各种管理任务。Ansible 自带了大量的模块，如创建用户、安装软件等模块。

（3）变量：Ansible 中的一个重要概念，它可以用来存储和传递数据。例如，可以使用变量来存储服务器的 IP 地址、用户名和密码等。

（4）playbook：playbook 是 YAML 文件，它描述了一组任务的执行顺序。playbook 可以包含多个任务，每个任务可以使用不同的模块和变量。

（5）角色：一组任务的集合，它们共同实现一个特定的目标。例如，一个 Web 服务器的角色可以包含安装 Apache、配置虚拟主机等任务。

Ansible 基于 Python 开发，由 paramiko 和 PyYAML 两个关键模块构建，是简单易用、功能强大的自动化管理工具。Ansible 的第一个版本发布于 2012 年 2 月，软件发布周期大约是 2 个月。

Ansible 只依赖 SSH 协议，无须在远程机器上安装代理，极容易上手。Ansible 的部署简单，只需在主控端部署 Ansible 环境，在被控端无须做任何操作；默认使用 SSH 协议对设备进行管理；有大量常规运维操作模块，可实现日常的绝大部分操作；配置简单、功能强大、可扩展性强；支持 API 及自定义模块，可通过 Python 轻松扩展；可通过 playbook 来定制强大的配置、进行状态管理；轻量级，无须在客户端安装代理程序，更新时，在 Ansible 上进行一次更新即可。

Ansible 结构模式通常由管理节点（manage）和被管理节点（managed）组成。管理节点是用来安装 Ansible 工具软件、执行维护指令的服务器或工作站，是 Ansible 唯一的核心。被管理节点是运行业务服务的服务器、路由器、交换机等网络设备，由管理节点通过 SSH 协议来进行管理，无须在被管理节点上安装附加软件。

Ansible 通过模块来运行任务，有自带的核心模块、用于完成一些自定义的功能扩展模块、为了完成一些小型的特定功能和辅助模块完成操作的插件，以及可以执行多个任务的剧本（playbook）。

1. 安装与配置

当前，管理节点的操作系统可以选用 Linux 或 OS X，对被管理节点的要求更少，支持 Linux、类 UNIX、Windows 等类型的主机节点，还支持华为、思科、Juniper 等的网络设备、负载均衡器。安装 Ansible 之后，管理节点不需要启动或运行任何 Ansible 的后台进程，也不需要有数据库。只需要在管理节点上安装好，就可以通过它管理一组远程的被管理节点。在远程被管理节点上，同样不需要安装、运行任何 Ansible 特有的软件。如果 Ansible 版本需要升级，则只需升级管理节点，不用升级被管理节点。

Ansible 不需要安装客户端，因此相对于其他配置管理工具而言，Ansible 的安装简单得多，在控制端安装 Ansible 即可。Ansible 基于 Python 开发，可以直接使用 pip 进行安装，也可以使用 Linux 下的包管理工具（如 yuml、apt-get）进行安装。

在 CentOS 7 主机上安装 Ansible 的命令如下。

```
[root@ansi_manager ~]#yum -y install Ansible
```

安装完成后，执行下面的命令验证 Ansible 是否安装成功。如果安装成功，则输出 Ansible 版本、Ansible 配置文件路径、Ansible 模块路径、Python 对应模块路径、Ansible 执行命令路径以及 Python 版本等信息。

```
[root@ansi_manager ~]# Ansible --version
Ansible 2.9.17                                          # Ansible 版本
  config file = /etc/Ansible/Ansible.cfg                # Ansible 配置文件路径
  configured module search path                         # Ansible 模块路径
=[u'/root/.Ansible/plugins/modules', u'/usr/share/Ansible/plugins/modules'] Ansible python module
location                                                # Python 对应模块路径
= /usr/lib/python2.7/site-packages/Ansible
  executable location = /usr/bin/Ansible                # Ansible 执行命令路径
  python version = 2.7.5 (default, Oct 30 2018, 23:45:53) [GCC 4.8.5] # Python 版本
```

Ansible 默认的配置文件为/etc/Ansible/Ansible.cfg，常见的配置参数如表 9-3 所示。

表 9-3 Ansible 常见的配置参数

配置参数	说明
#inventory = /etc/Ansible/hosts	表示资源清单的文件位置，即 Ansible 管理的主机列表
#library = /usr/share/my_modules/	Ansible 运行都需要使用模块，这个路径就是模块存放的路径
#remote_tmp = ~/.Ansible/tmp	指定远程执行的路径。Ansible 在远程主机上操作时，会在对应远程主机用户的/目录下创建“.Ansible”目录，然后创建一个 TMP 文件。Ansible 管理端会把相关模块的 Python 脚本复制到此文件中，远程节点会根据这个 Python 脚本来执行操作
local_tmp = ~/.Ansible/tmp	管理节点的执行路径。在 Ansible 管理端也会有这样一个文件，将一些功能模块放进去可执行相应的操作
#forks = 5	定义并发处理的进程数量，通俗地讲就是定义能支持多少个进程同时工作，需要根据主机的性能和被管理节点的数量来控制
#poll_interval = 15	轮询的间隔
#sudo_user = root	sudo 使用的默认用户，默认是 root
#ask_sudo_pass = True	是否需要用户输入 sudo 密码
#ask_pass = True	是否需要用户输入连接密码
#remote_port = 22	指定连接对端节点的管理端口，默认是 22 端口
#host_key_checking = False	设置 SSH 首次连接提示验证部分，值为 False 时表示跳过
#timeout = 10	设置 SSH 连接的超时时间
#module_name = command	指定 Ansible 默认的执行模块

2. 资产

在 Ansible 中，将可管理的服务器主机、网络设备的集合称为 Inventory（资产）。在大规模的配置管理工作中，需要管理不同业务的不同服务器主机和网络设备，这些服务器主机和网络设备的信息都存放在 Ansible 的 Inventory 组件中。在工作中配置部署的服务器主机必须先存放在 Inventory 中，这样才能使用 Ansible 对它进行操作。

默认 Ansible 的 Inventory 存放在/etc/Ansible/hosts 文件中。可以通过 ANSIBLE_HOSTS 环境变量指定 Inventory 或在运行 Ansible 和 Ansible-playbook 时使用 -i 参数临时设置 Inventory。

在 Ansible 中，有两种常用的制定 hosts 文件的方式：一种是默认读取/etc/Ansible/hosts 文件；另一种是通过命令行参数-i 指定 hosts 文件。

Ansible 的资产分为静态资产和动态资产。静态资产本身是文本文件，格式类似于 INI 文件。下面的示例在默认资产文件中定义了 3 台主机。

```
[root@ansi_manager ~]# cat /etc/Ansible/hosts
192.168.1.1
192.168.1.2
192.168.1.3
```

除了使用默认资产文件外，还可以自定义资产文件。下面的示例中，在自定义资产文件中使用方括号定义了一个主机组，示例中 router 和 switch 都是主机组名，主机组 router 下有一台路由器，主机组 switch 下有两台交换机。

```
[router]
192.168.1.1
[switch]
192.168.1.2
192.168.1.3
```

3. 主机变量和主机组变量

在资产文件中，可以定义主机变量及主机组变量。主机变量是针对主机设置的变量。下面的实例中，分别为每台主机定义了变量 username 和 password。

```
[root@ansi_manager ~]# cat /etc/Ansible/hosts
192.168.1.1        username='python'   password='Huawei12#$'
192.168.1.2        username='python'   password='Huawei12#$'
192.168.1.3        username='python'   password='Huawei12#$'
```

主机组变量对主机组中的所有主机有效。通过在主机组名后加上 vars 可以定义主机组变量。在下面的示例中，分别为主机组 router 和 switch 定义变量 vars，在该变量中定义登录用户名和密码。

```
[router]
192.168.1.1
[switch]
192.168.1.2
192.168.1.3
[router: vars]
username='python'
password='Huawei12#$'
[switch: vars]
username='python'
password='Huawei12#$'
```

在 Ansible 中，还定义了大量的资产内置变量，它们都以 Ansible_开头。表 9-4 给出了部分资产内置变量。

表 9-4　部分资产内置变量

名称	默认值	描述
Ansible_ssh_host	主机名	SSH 目的主机名或 IP 地址
Ansible_ssh_port	22	SSH 目的端口
Ansible_ssh_user	root	SSH 登录使用的用户名
Ansible_ssh_pass	none	SSH 认证所使用的密码
Ansible_connection	smart	Ansible 使用何种连接模式连接到主机
Ansible_ssh_private_key_file	none	SSH 认证所使用的私钥
Ansible_shell_type	sh	命令所使用的 Shell
Ansible_python_interpreter	/usr/bin/python	主机上的 Python 解释器

4. 执行任务

Ansible 提供了两种方式执行任务：一种是使用 ad-hoc 命令，另一种是编写 Ansible playbook。前者用于处理一些简单的任务，而后者用于处理比较复杂的任务。ad-hoc 命令与 playbook 的关系类似于在命令行中输入的 Shell 命令与 Shell Script 的关系。

ad-hoc 命令是指使用命令行工具在一个或多个管理节点上执行单个任务的命令。当需要快速完成一些任务而不需要将执行的命令保存下来时，可以使用 ad-hoc 命令。

ad-hoc 命令依赖于模块，安装好的 Ansible 中有很多自带的模块，如 command、raw、shell、file、cron 等。

华为开源了 CE 交换机 Ansible 管理模块，使用 Ansible 管理交换机相当方便，现有的 Ansible CE 模块已经能满足大部分的自动化运维管理工作了。图 9-1 显示了部分华为 Ansible 模块，所有华为开源的 Ansible 模块名称都是以 ce 开头的。

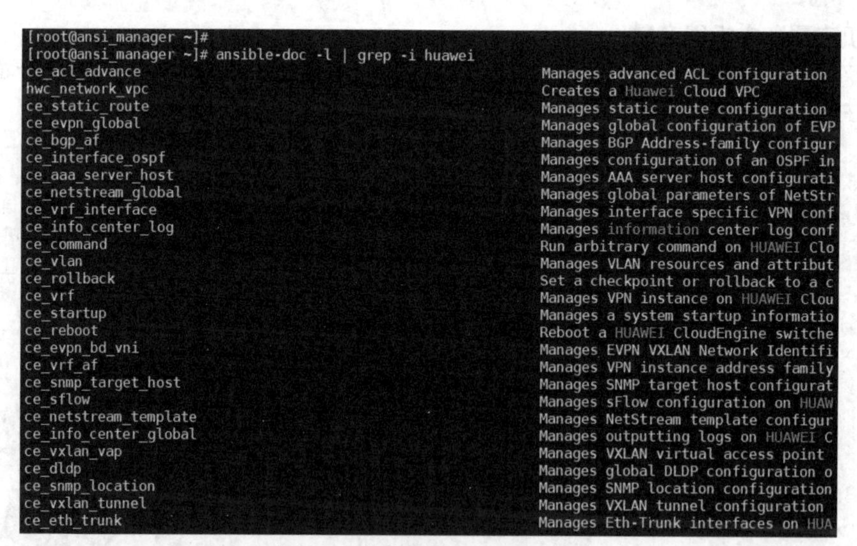

图 9-1　部分华为 Ansible 模块

ad-hoc 命令的语法格式如下：

```
ansible 主机或主机组 -m 模块名 -a '模块参数' Ansible 参数
```

上面的语法格式中，主机或主机组是在默认资产文件 /etc/Ansible/hosts 或通过-i 参数进行指定的资产文件中定义的主机或主机组；模块名是 Ansible 当前安装模块的名称，可以通过执行命令 ansible-doc -l 进行查看，默认使用 command；模块参数是模块的具体用法，可以通过执行命令 ansible-doc 模块名进行查看；Ansible 参数可以在 Ansible 命令的帮忙信息中查看到，这里有很多参数可以供用户选择。

常用的 Ansible 选项参数如下。

- -m 模块名：指定要执行的模块名称，如果不指定，则默认执行 command 模块。
- -a 命令：指定执行模块对应的参数选项。
- -k：提示输入 SSH 登录的密码而不是基于密钥的验证。
- -K：用于输入执行 su 或 sudo 操作时需要的认证密码。
- -b：表示提升权限操作，新版 Ansible 才提供该选项参数。
- --become-method：指定提升权限的方法，常用的有 sudo 和 su，默认是 sudo。
- --become-user：指定执行 sudo 或 su 命令时要切换到哪个用户，默认是 root 用户。
- -B SECONDS：设置后台运行超时时间。
- -f FORKS：设置 Ansible 并行的任务数，默认是 5。
- -i INVENTORY：指定主机清单文件的路径，默认是/etc/Ansible/hosts。
- -h ：查看帮助。

9.3.3 Ansible playbook

执行一些简单的任务时，使用 ad-hoc 命令很方便，但是有时设施过于复杂，需要大量的操作，此时使用 ad-hoc 命令是不适合的，最好使用 playbook。

playbook 类似于拍电影，演员要按照剧本表演，在 Ansible 中，就是计算机按照 playbook 中定义的任务依次执行。

playbook 文件是 YAML 文件，可通过执行命令 ansbile-playbook 来自上而下地依次执行 playbook 文件中的内容。同时，playbook 开创了很多特性，它可以允许传输某个命令的状态到后面的指令，也可以从一台机器的文件中抓取内容并附为变量，以在另一台机器中使用，这使得 playbook 可以实现一些复杂的部署机制，这是使用 ad-hoc 命令无法实现的。

在 playbook 文件中可以定义一个或多个任务，针对主机或主机组完成一系列复杂的任务。基本的 playbook 文件包括以下 4 个部分。

（1）Target 部分：指定将要执行 playbook 的远程主机或主机组。

（2）Variable 部分：指定执行 playbook 时需要使用的变量。

（3）Task 部分：指定将要在远程主机上执行的任务列表。

（4）Handler 部分：指定任务执行完成以后需要调用的任务。

Ansible playbook 中任务之间可以互相传递数据，如共有两个任务，其中第 2 个任务是否执行需要判断第 1 个任务执行后的结果。此时就需要在任务之间传递数据，把第 1 个任务执行的结果传递给第 2 个任务。

Ansible register 变量用来保存前一个命令的返回状态，便于后面进行调用，可用于在任务之间传递数据。在下面的示例中，将在被管理节点上执行命令 hostname，并将结果保存在 register 变量 info 中，register 变量要使用双花括号包裹，再通过 debug 模块将 register 变量 info 输出到终端屏幕上。

```
- hosts: all
  gather_facts: False
  tasks:
   - name: register variable
     shell: hostname
     register: info
   - name: display variable
     debug: msg="The variable is {{info}}"
```

9.3.4 任务控制

Ansible 任务控制的作用类似于编程语言中的条件语句、循环语句等逻辑控制语句。

1. 条件语句

当采用 Ansible 部署 Nginx 服务时，若 Nginx 的配置文件语法有误，则会导致 Nginx 启动失败，以致 playbook 执行失败。如果能够在启动之前对 Nginx 的配置文件的语法进行正确性检验，只有检验通过的时候才启动或者重启 Nginx，否则跳过启动 Nginx 的过程，就会避免因 Nginx 配置文件语法出现问题而导致的无法启动 Nginx 的风险。

when 的值是一个条件表达式，如果条件判断成立，则任务执行；如果条件判断不成立，则任务不执行。

下面的示例先检验 Nginx 的配置文件语法是否正确，只有当 nginxsyntax.rc == 0 时（表明语法正确），才会启动 Nginx。

```
- name: check nginx syntax                    # 检验语法
  shell: /usr/sbin/nginx -t
register: nginxsyntax
- name: print nginx syntax result             # 输出信息
  debug: var=nginxsyntax
- name: start nginx service                   # 启动 Nginx
  service: name=nginx state=started
  when: nginxsyntax.rc == 0
```

2. 循环语句

编写 playbook 时，有时可能会存在很多任务重复引用某个模块的情况。如果一次想同步 10 个文件，按照以前的思路需要编写 10 个任务，则 playbook 会显得很臃肿。可以使用循环的方式编写 playbook，减少重复编写某个模块的次数。

playbook 中标准循环使用 with_items 关键字实现，且循环中的中间变量只能是 item，不能随意自定义。

下面的示例采用循环的方式一次性在主机上添加了 4 个用户。

```
- hosts: all
  tasks:
     - name: add several users
        user:
            name: "{{ item }}"
            state: present
            groups: "wheel"
        with_items:
            - testuser1
            - testuser2
            - testuser3
            - testuser4
```

9.4 任务实施

按照公司 A 的整体网络规划，运维工程师将使用 Ansible 工具对深圳总部园区网络实现网络自动化配置与管理，需要完成的任务如下。

（1）配置 SSH 服务。

（2）创建资产文件。

（3）编写收集信息的 playbook。

（4）验证收集信息的 playbook。
（5）编写配置交换机的 playbook。
（6）验证配置交换机的 playbook。
使用表 9-5 所示的 IP 地址连接各设备。

表 9-5　设备连接 IP 地址

设备名	连接 IP 地址
路由器 SZ1	10.2.25.1
交换机 S1	10.1.4.252
交换机 S2	10.1.4.253

9.4.1　配置 SSH 服务

需要在路由器 SZ1 和交换机 S1、S2 上手动配置 SSH 服务。路由器和交换机的 SSH 服务配置稍有不同，下面以 SZ1 和 S1 的配置为例进行介绍。

1. 配置路由器 SSH 服务

配置路由器 SSH 服务的代码如下。

```
[SZ1]aaa
[SZ1-aaa]local-user python password cipher Huawei12#$
[SZ1-aaa]local-user python service-type ssh
[SZ1-aaa]quit
[SZ1]stelnet server enable
[SZ1]ssh user python authentication-type password
[SZ1]undo ssh server compatible-ssh1x enable
[SZ1]user-interface vty 0 4
[SZ1-ui-vty0-4]authentication-mode aaa
[SZ1-ui-vty0-4]user privilege level 15
[SZ1-ui-vty0-4]protocol inbound ssh
[SZ1]quit
[SZ1]rsa local-key-pair create
The key name will be: Host
% RSA keys defined for Host already exist.
Confirm to replace them? (y/n)[n]:y
The range of public key size is (512 ~ 2048).
NOTES: If the key modulus is greater than 512,
        It will take a few minutes.
Input the bits in the modulus[default = 512]:2048
Generating keys...
...............................+++
.............+++
.....................++++++++
.........++++++++
[SZ1]
```

2. 配置交换机 SSH 服务

配置交换机 SSH 服务的代码如下。

```
[S1]aaa
[S1-aaa]local-user python password cipher Huawei12#$
[S1-aaa]local-user python service-type ssh
```

```
[S1-aaa]quit
[S1]stelnet server enable
[S1]ssh user python
[S1]ssh user python authentication-type password
[S1]ssh user python service-type stelnet
[S1]undo ssh server compatible-ssh1x enable
[S1]user-interface vty 0 4
[S1-ui-vty0-4]authentication-mode aaa
[S1-ui-vty0-4]user privilege level 15
[S1-ui-vty0-4]protocol inbound ssh
[S1-ui-vty0-4]quit
[S1]rsa local-key-pair create
The key name will be: S1_Host
The range of public key size is (512 ~ 2048).
NOTES: If the key modulus is greater than 512,
        it will take a few minutes.
Input the bits in the modulus[default = 512]:2048
Generating keys...
........+++
..........................+++
.++++++++
.....................................++++++++
[S1]
```

9.4.2 创建资产文件

创建资产文件 hosts，hosts 文件中的变量 Ansible_connection 是内置变量，用于定义连接类型，华为 Ansible 模块使用 local 连接类型；Ansible_ssh_user 和 Ansible_ssh_pass 定义了 SSH 登录设备的用户名和密码；Ansible_ssh_port 定义了 SSH 端口号。

主机组 devices 定义了 3 个设备，10.2.25.1、10.1.4.252 和 10.1.4.253 分别是路由器 SZ1、交换机 S1 和交换机 S2 的连接 IP 地址。

主机组 switches 定义了 2 个设备，10.1.4.252 和 10.1.4.253 分别是交换机 S1 和交换机 S2 的连接 IP 地址。主机组 switches 用于专门配置交换机。

```
[root@ansi_manager ~]# vim hosts
[all:vars]
Ansible_connection=local
Ansible_ssh_user=python
Ansible_ssh_pass=Huawei12#$
Ansible_ssh_port=22

[devices]
10.2.25.1
10.1.4.252
10.1.4.253

[switches]
10.1.4.252
10.1.4.253
```

9.4.3 编写收集信息的 playbook

编写第一个 playbook 文件 get_info.yaml。该文件用于收集主机组中 3 个设备的版本信息、OSPF 邻居信息及路由表信息，输出 register 变量。

```
[root@ansi_manager ~]# vim get_info.yaml
---
- name: Get Router and Switch Infomation
  hosts: devices
  connection: local
  gather_facts: no
  vars:
    cli:
      host: "{{ inventory_hostname }}"
      port: "{{ Ansible_ssh_port }}"
      username: "{{ Ansible_ssh_user }}"
      password: "{{ Ansible_ssh_pass }}"
      transport: cli

  tasks:
  - name: "display version"
    ce_command:
     commands: display version
    register: result

  - name: "display version"
    debug: msg={{result.stdout_lines}}

  - name: "OSPF peer"
    ce_command:
     commands: display ospf peer brief
    register: result

  - name: "display ospf peer"
    debug: msg={{result.stdout_lines}}

  - name: "Routing Table"
    ce_command:
     commands: display ip routing-table
    register: result

  - name: "display ip routing Table"
    debug: msg={{result.stdout_lines}}
```

9.4.4 验证收集信息的 playbook

在执行 playbook 前，需要验证 playbook 语法，若没有异常，则说明 playbook 没有语法错误。

```
[root@ansi_manager ~]# Ansible-playbook -i hosts get_info.yaml --syntax-check

playbook: get_info.yaml
```

执行 playbook，这里只给出部分输出。

```
[root@ansi_manager ~]# Ansible-playbook -i hosts get_info.yaml

PLAY [Get Router and Switch Infomation]
**************************************************************************************************
TASK [display version]
**************************************************************************************************
ok: [10.1.4.253]
ok: [10.1.4.252]
ok: [10.2.25.1]

TASK [display version]
**************************************************************************************************
ok: [10.2.25.1] => {
    "msg": [
        [
            "Huawei Versatile Routing Platform Software",
            "VRP (R) software, Version 5.130 (AR2200 V200R003C00)",
            "Copyright (C) 2011-2012 HUAWEI TECH CO., LTD",
            "Huawei AR2220 Router uptime is 0 week, 1 day, 6 hours, 35 minutes",
            "BKP 0 version information: ",
            "1. PCB         Version   : AR01BAK2A VER.NC",
            "2. If Supporting PoE : No",
            "3. Board       Type        : AR2220",
            "4. MPU Slot Quantity : 1",
            "5. LPU Slot Quantity : 6",
            "",
            "MPU 0(Master) : uptime is 0 week, 1 day, 6 hours, 35 minutes",
            "MPU version information : ",
            "1. PCB         Version   : AR01SRU2A VER.A",
            "2. MAB         Version   : 0",
            "3. Board       Type        : AR2220",
            "4. BootROM   Version   : 0"
        ]
    ]
}
ok: [10.1.4.252] => {
    "msg": [
        [
            "Huawei Versatile Routing Platform Software",
            "VRP (R) software, Version 5.110 (S5700 V200R001C00)",
            "Copyright (c) 2000-2011 HUAWEI TECH CO., LTD",
            "",
            "Quidway S5700-28C-HI Routing Switch uptime is 0 week, 1 day, 6 hours, 35 minutes"
        ]
    ]
}
ok: [10.1.4.253] => {
    "msg": [
```

```
        [
            "Huawei Versatile Routing Platform Software",
            "VRP (R) software, Version 5.110 (S5700 V200R001C00)",
            "Copyright (c) 2000-2011 HUAWEI TECH CO., LTD",
            "",
            "Quidway S5700-28C-HI Routing Switch uptime is 0 week, 1 day, 6 hours, 35 minutes"
        ]
    ]
}

TASK [OSPF peer]
*****************************************************************************************ok:
[10.1.4.253]
ok: [10.1.4.252]
ok: [10.2.25.1]

TASK [display ospf peer]
*****************************************************************************************
ok: [10.2.25.1] => {
    "msg": [
        [
            "OSPF Process 1 with Router ID 1.1.1.1",
            "\t\t   Peer Statistic Information",
            " -----------------------------------------------------------------------------",
            " Area Id          Interface                  Neighbor id     State    ",
            " 0.0.0.0          GigabitEthernet0/0/1        11.11.11.11     Full     ",
            " 0.0.0.0          GigabitEthernet0/0/2        22.22.22.22     Full     ",
            " -----------------------------------------------------------------------------"
        ]
    ]
}
ok: [10.1.4.252] => {
    "msg": [
        [
            "OSPF Process 1 with Router ID 11.11.11.11",
            "\t\t   Peer Statistic Information",
            " -----------------------------------------------------------------------------",
            " Area Id          Interface                  Neighbor id     State    ",
            " 0.0.0.0          Vlanif24                    1.1.1.1         Full     ",
            " -----------------------------------------------------------------------------"
        ]
    ]
}
ok: [10.1.4.253] => {
    "msg": [
        [
            "OSPF Process 1 with Router ID 22.22.22.22",
            "\t\t   Peer Statistic Information",
            " -----------------------------------------------------------------------------",
```

```
            " Area Id            Interface              Neighbor id      State     ",
            " 0.0.0.0            Vlanif25               1.1.1.1          Full      ",
            " ---------------------------------------------------------------------"
        ]
    ]
}

..................................................

PLAY RECAP
***************************************************************************************
10.1.4.252: ok=6 changed=0   unreachable=0 failed=0 skipped=0 rescued=0   ignored=0
10.1.4.253: ok=6 changed=0   unreachable=0 failed=0 skipped=0 rescued=0   ignored=0
10.2.25.1:   ok=6 changed=0   unreachable=0 failed=0 skipped=0 rescued=0   ignored=0
```

9.4.5 编写配置交换机的 playbook

编写第二个 playbook 文件 config_vlan.yaml。该文件用于在 2 台交换机上创建 VLAN 900，并在 eth-trunk12 的接口上允许 VLAN 900 的流量通过，输出 register 变量。

```
[root@ansi_manager ~]# vim config_vlan.yaml
---
- name: Get Router and Switch Infomation
  hosts: switches
  connection: local
  gather_facts: no
  vars:
    cli:
      host: "{{ inventory_hostname }}"
      port: "{{ Ansible_ssh_port }}"
      username: "{{ Ansible_ssh_user }}"
      password: "{{ Ansible_ssh_pass }}"
      transport: cli

  tasks:
  - name: "add vlan"
    ce_command:
     commands:
          system-view
          vlan 900
          quit
          interface GigabitEthernet 0/0/4
          port link-type access
          port default vlan 900

  - name: "display vlan 900"
    ce_command:
     commands: display vlan 900
    register: result
```

```
  - name: "display vlan 900"
    debug: msg={{result.stdout_lines}}

  - name: "allow vlan 900 pass eth-trunk12"
    ce_command:
     commands: |
          system-view
          interface eth-trunk12
          port trunk allow-pass vlan 900
```

9.4.6 验证配置交换机的 playbook

在执行 playbook 前，需要验证 playbook 语法，若没有异常，则说明 playbook 没有语法错误。

```
[root@ansi_manager ~]# Ansible-playbook -i hosts config-vlan.yaml --syntax-check

playbook: get_info.yaml
```

执行 playbook，这里只给出部分输出。

```
[root@ansi_manager ~]# Ansible-playbook -i hosts conf_vlan.yaml

PLAY [Get Router and Switch Infomation]
*******************************************************************************************
TASK [add vlan]
*******************************************************************************************
ok: [10.1.4.253]
ok: [10.1.4.252]

TASK [display vlan 900]
*******************************************************************************************
ok: [10.1.4.253]
ok: [10.1.4.252]

TASK [display vlan 900]
*******************************************************************************************

ok: [10.1.4.252] => {
    "msg": [
        [
            "---------------------------------------------------------------------",
            "U: Up;         D: Down;         TG: Tagged;         UT: Untagged;",
            "MP: Vlan-mapping;               ST: Vlan-stacking;",
            "#: ProtocolTransparent-vlan;    *: Management-vlan;",
            "---------------------------------------------------------------------",
            "",
            "VID  Type   Ports                                                ",
            "---------------------------------------------------------------------",
            "900  common  UT:GE0/0/4(D)
            "VID  Status  Property    MAC-LRN Statistics Description        ",
            "---------------------------------------------------------------------",
            "900  enable  default       enable  disable     VLAN 0900"
```

```
            ]
        ]
    }
    ok: [10.1.4.253] => {
        "msg": [
            [
                "------------------------------------------------------------------------",
                "U: Up;          D: Down;         TG: Tagged;           UT: Untagged;",
                "MP: Vlan-mapping;                 ST: Vlan-stacking;",
                "#: ProtocolTransparent-vlan;     *: Management-vlan;",
                "------------------------------------------------------------------------",
                "VID  Type     Ports
                "------------------------------------------------------------------------",
                "900  common  UT:GE0/0/4(D)  GE0/0/13(D)                          ",
                "VID  Status  Property    MAC-LRN Statistics Description                ",
                "------------------------------------------------------------------------",
                "900  enable  default    enable  disable   VLAN 0900                  "
            ]
        ]
    }
    ....................................

    PLAY RECAP ***********************************************************************************
    10.1.4.252: ok=6   changed=0   unreachable=0 failed=0 skipped=0 rescued=0   ignored=0
    10.1.4.253: ok=6   changed=0   unreachable=0 failed=0 skipped=0 rescued=0   ignored=0
```

9.5 任务总结

本项目详细介绍了 YAML 配置文件的数据类型、语法规则、组织结构、使用 Python 解析 YAML 文件的方法，还介绍了 Ansible 工具的安装与配置、资产、主机变量和主机组变量、执行任务和剧本等，并实现了使用 Ansible 收集公司 A 深圳总部园区网络的路由器 SZ1 和交换机 S1、S2 的版本信息、OSPF 邻居信息和路由信息，同时在交换机 S1 和 S2 上配置了 VLAN，并允许该 VLAN 通过 eth-trunk12。

9.6 知识巩固

1. Ansible 使用（　　）协议对设备进行管理。

   A. HTTP　　B. SSH　　C. Telnet　　D. YAML

2. YAML 支持的数据有（　　）。（多选）

   A. 对象　　B. 数组　　C. 字典　　D. 纯量

3. （　　）关键字用来定义主机组变量。

   A. var　　B. vars　　C. variable　　D. variables

4. Ansible 提供的执行任务的两种方式是（　　）和（　　）。

   A. 使用 ad-hoc 命令　　B. 使用 Ansible 命令

   C. 使用 Ansible playbook　　D. 使用 Ansible-doc 命令

5. （　　）模块是华为 Ansible 执行命令的模块。

   A. hwos_command　　B. ce_commad

   C. commands　　D. command

项目10 使用Nornir收集网络日志

10.1 学习目标

- **知识目标**
  - 掌握 Nornir 工具的基础知识与用途
  - 掌握 Nornir 配置文件的使用方法
  - 了解 Nornir 插件
- **能力目标**
  - 安装 Nornir 工具
  - 调用 Nornir 任务
  - 使用 Nornir 收集网络日志
- **素养目标**
  - 通过实际应用，培养学生规范的运维操作习惯
  - 通过任务分解，培养学生良好的团队协作能力
  - 通过全局参与，培养学生良好的表达能力和文档编写能力
  - 通过示范作用，培养学生认真负责、严谨细致的工作态度和工作作风

项目 10 使用 Nornir 收集网络日志

10.2 任务陈述

随着 IT 的高速发展，现如今网络的规模越来越大，网络自动化运维渐渐成为高级网络工程师的必备技能。在网络自动化领域中，Python 是其中非常热门的语言，而 Nornir 则是非常热门的框架。Nornir 是纯基于 Python 编写的网络自动化框架，而其他大多数自动化框架通过使用一些烦琐的伪语言来隐藏它们所使用的语言。这些伪语言通常是相当完整的，但缺乏调试和故障排除的工具，导致这些框架难以与其他系统集成，这些框架也没有很好的处理数据的能力，可重用性有限。

Nornir 可用来解决这些问题，借助该开发框架可以更好地组织应用代码，让工程师聚焦于功能模块的开发，同时借助于该框架的一些设计，工程师只需按要求编写一些模块或者函数即可实现应用的需求及功能。Nornir 内置了很多基础功能，如管理网络主机、管理主机的连接、批量并发执行相关任务等。

相比 Ansible，Nornir 更适合操作网络设备，操作更加灵活，且不受格式限制，与 Python 结合可使操作更加灵活，并且具有很强的并发性。在执行速度上，Norinir 比 Ansible 的执行速度更快。使用 Nornir 要求安装 Python 3.7 或更高版本。

本项目基于公司 A 的网络。考虑到网络中接入层交换机经常受到新增业务的影响而需要执行各种操作，网络管理员希望将交换机的所有操作都记录下来，并将操作日志保存在日志服务器中，以便于排查网络故障。

10.3 知识准备

10.3.1 Nornir 基础

Nornir 可以帮助用户快速构建和管理复杂的网络系统。Nornir 具有以下几个特点。

（1）灵活：Nornir 是灵活的框架，允许用户根据需要构建自己的网络应用程序。

（2）可扩展性：Nornir 使用插件机制，用户可以轻松地添加新的插件。

（3）设备支持广泛：Nornir 支持多种设备类型和操作系统，包括华为、思科、Juniper、Arista 等的主流网络设备。

（4）并行处理：Nornir 使用异步处理模式，可以并行处理多个任务，提高了工作效率。

（5）简单易用：Nornir 的 API 非常简单、易用，即使初学者也很容易上手。

Nornir 的优点如下。

（1）提高效率：Nornir 可以通过自动化网络编程来提高工作效率，减少重复性工作，从而节省时间和精力。

（2）降低错误率：Nornir 采用自动化方式进行网络配置和管理，可以避免手动操作过程中可能发生的错误。

（3）提高安全性：Nornir 可以帮助管理员快速识别和解决网络安全问题，提高网络安全性。

（4）降低成本：Nornir 的自动化网络编程可以大大降低人力资源成本，同时可以减少硬件和软件的开销。

Nornir 的主要应用场景如下。

（1）网络自动化：Nornir 可以帮助管理员实现网络设备的自动化配置和管理，如批量修改设备配置、升级固件、集中监控等。

（2）网络监控：Nornir 可以帮助管理员实现网络设备的快速诊断和调试，及时发现并解决网络故障。

（3）安全管理：Nornir 可以帮助管理员快速评估网络安全性，并采取必要的措施提高网络安全性。

（4）网络测试：Nornir 可以帮助用户对网络拓扑进行测试，识别网络性能问题和瓶颈，并提供优化建议。

总之，Nornir 是一个用 Python 编写的自动化网络编程框架，它具有灵活、可扩展、设备支持广泛等特点，被广泛应用于网络自动化、网络监控、安全管理、网络测试等领域。如果你是一位网络管理员或安全专家，那么 Nornir 对你来说将会非常有用。

1. 安装 Nornir

（1）在 Windows PyCharm 中安装 Nornir

在 Windows PyCharm 中安装 Nornir 时，要打开命令提示符窗口，执行命令 **pip install nornir** 安装 Nornir；执行命令 **pip install nornir_netmiko** 安装 nornir_netmiko；执行命令 **pip install utils** 安装 nornir_utils；执行命令 **pip install nornir_napalm** 安装 nornir_napalm。

Nornir 可以作为 Python 模块使用。以下是在 PyCharm 中编写的代码，用于输出安装的 Nornir 版本。

```
import nornir
print(nornir.__version__)
```

（2）在 Linux 虚拟环境中安装 Nornir

先在 Linux CentOS 7 中安装 Scapy。CentOS 7 默认安装了 Python 2，而安装 Scapy 需要 Python 3.x 环境。

① 在安装 Python 3.x 之前，先安装相关的依赖包，用于下载、编译 Python 3.x。

```
yum -y install libffi-devel zlib zlib-devel bzip2-devel   openssl-devel
yum -y installncurses-devel sqlite-devel readline-devel tk-devel gcc make
yum -y install tcpdump graphviz ImageMagick
```

② 在 Python 官方网站下载 Python 3.x 的安装包，编译、安装 Python 3.x。本项目使用 Python 3.9.11。

```
tar -zxvf Python-3.9.11.tgz
cd Python-3.9.11/
mkdir /usr/local/python3
./configure --prefix=/usr/local/python3
make && make install
ln -s /usr/local/python3/bin/python3 /usr/bin/python3
ln -s /usr/local/python3/bin/pip3 /usr/bin/pip3
```

③ 安装 virtualenv。

```
pip3 install virtualenv                                # 安装 virtualenv
ln -s /usr/local/python3/bin/virtualenv /usr/bin/virtualenv
```

④ 创建 Python 3 虚拟环境。

```
mkdir /root/nornir                                     # 创建目录
cd /root/nornir/                                       # 进入目录
virtualenv env_1                                       # 创建虚拟环境
```

⑤ 进入、退出虚拟环境。

```
[root@server nornir]# source env_1/bin/activate        # 进入虚拟环境
(env_1) [root@server nornir]# ls -l
total 0
drwxr-xr-x. 4 root root 64 May 10 11:26 env_1
(env_1) [root@server nornir]# ls -l env_1/
total 8
drwxr-xr-x. 2 root root 4096 May 10 11:26 bin
drwxr-xr-x. 3 root root    23 May 10 11:26 lib
-rw-r--r--. 1 root root   265 May 10 11:26 pyvenv.cfg
(env_1) [root@server nornir]# deactivate               # 退出虚拟环境
[root@server nornir]#
```

⑥ 进入虚拟环境，安装 Nornir、nornir_netmiko 等。注意，在 Linux CentOS 中要使用 pip install 安装命令。

```
[root@server nornir]# source env_1/bin/activate
(env_1) [root@server nornir]# pip3 install nornir                # 安装 Nornir
(env_1) [root@server nornir]# pip3 install nornir_netmiko        # 安装 nornir_netmiko
(env_1) [root@server nornir]# pip3 install nornir-utils          # 安装 nornir_utils
        (env_1) [root@server nornir]# pip3 install nornir-jinja2     # 安装 nornir_jinja2
(env_1) [root@server nornir]#pip install nornir_napalm           # 安装 nornir_napalm
    (env_1) [root@server nornir]# python3                        # 在虚拟环境中运行 Python 3
Python 3.9.11 (main, May 10 2023, 11:18:45)
[GCC 4.8.5 20150623 (Red Hat 4.8.5-44)] on linux
Type "help", "copyright", "credits" or "license" for more information.
>>> import nornir                         # 导入 Nornir 模块
>>> print(nornir.__version__)             # 输出 Nornir 版本
3.3.0                                     # Nornir 版本为 3.3.0
>>>
```

2. 主机清单

主机清单是 Nornir 的重要部分，它由 hosts、groups 和 defaults 这 3 部分组成，其中 groups、defaults 文件不是必需的。主机相关的文件都使用 YAML 文件。

hosts.yaml 定义了设备属性，分为以下三大部分。

（1）设备基本信息：包含设备的 IP 地址或者目的主机名、用户名和密码、连接的端口号、设备的厂商，这些参数都可以无缝对接 netmiko 和 napalm。

（2）所属组 groups：列表格式，每个组都有很多属性，如接入设备的基本配置等。

（3）参数 data：字典格式，用户可以根据需求自己定义，如定义一个 role 后续再筛选，或者一些配置预定义等。

groups.yaml 将设备分成组，组中会有一些公用的属性，defaults.yaml 定义了全局默认的一些参数。

下面的示例是一个简单的 hosts.yaml 文件，是 YAML 文件。在文件中定义了两台设备，设备名为 S2 和 SZ1，IP 地址分别为 192.168.56.254 和 10.2.25.1，使用 SSH 登录的用户名、登录密码和登录端口号，使用 platform: huawei 定义设备厂商。

```
---
S2:
  hostname: 192.168.56.254
  port: 22
  username: python
  password: Huawei12#$
  platform: huawei

SZ1:
  hostname: 10.2.25.1
  port: 22
  username: python
  password: Huawei12#$
  platform: huawei
```

通常采用分层的方法将网络分成核心层、汇聚层和接入层，一般中小型网络只有核心层和接入层。下面的示例只有核心层和接入层，将核心层设备编入 core_device 分组，将接入层设备编入 access_device 分组，需要 2 个配置文件，即 hosts.yaml 和 groups.yaml，如表 10-1 所示。

表 10-1　hosts.yaml 和 groups.yaml 配置文件

<table>
<tr><th>hosts.yaml</th><th>groups.yaml</th></tr>
<tr><td><pre>---
S2:
  site: Core
  hostname: 192.168.56.254
  groups:
    - core_device

SZ1:
  site: Core
  groups:
    - core_device</pre></td><td><pre>---
access_device:
  port: 22
  username: python
  password: Huawei12#$
  platform: huawei

core_device:
  port: 22
  username: python
  password: Huawei12#$
  platform: huawei</pre></td></tr>
</table>

续表

hosts.yaml	groups.yaml

S4:
  site: Access
  hostname: 10.1.34.3
  groups:
    - access_device
 	
S5:
  site: Access
  hostname: 10.2.35.5
  groups:
    - access_device	

3. 初始化 Nornir 对象

初始化 Nornir 对象的方法是使用 InitNornir()函数。InitNornir()函数使用配置文件、代码或者将两者结合起来，从而初始化 Nornir 对象。下面的示例是初始化 Nornir 对象。

```
from nornir import InitNornir                    # 导入 InitNornir ()函数
nr = InitNornir()                                # 初始化 Nornir 对象
```

其中 InitNornir()函数没有携带参数，该函数默认读取在当前工作目录下的 hosts.yaml 文件，如果没有 hosts.yaml 文件，则报错：

```
FileNotFoundError: [Errno 2] No such file or directory: 'hosts.yaml'
```

如果有 hosts.yaml 文件，则读取 hosts.yaml 文件，再读取 groups.yaml 文件。Nornir 对象有一个 dict()方法，通过该方法可以看到 data 和 inventory 相关的信息。以下代码使用 print 输出 Nornir 对象。

```
from nornir import InitNornir
from pprint import pprint as print

nr = InitNornir()
print(nr.dict())
```

限于篇幅，Nornir 对象各种参数的使用方法省略介绍，有兴趣的读者可以参阅 Nornir 官方网站。

4. 任务

任务是一段可以被循环使用的用于实现一定逻辑的代码，类似于 Ansible 的模块。任务在设备上进行操作，为单个主机或主机组实现某些功能，可以简单理解成函数。任务作为参数输入 Python 函数中，并以框架可以理解和输出的结构化格式将结果作为数据返回。定义好任务函数之后，就可以编写一个 runbook（在 Ansible 中被称为 playbook）来执行这个任务。run()函数用于执行任务，接收可能已指定的任何其他可选参数。print_result()函数用于显示用户友好的输出，记录任务对哪些主机执行了哪些操作。这不是实时完成的，它是对存储结果的美化。

下面的示例使用 run()函数执行任务，使用 print_result()函数显示输出。

```
from nornir import InitNornir
from nornir.core.task import Task, Result
from nornir_utils.plugins.functions import print_result

nr = InitNornir(config_file="hosts.yaml")

def inventory_usernames(task):
return Result(host=task.host,
```

```
    result=f"{task.host.name} username is {task.host.username}")

output = nr.run(task=inventory_usernames)
print_result(output)
```

Nornir 会对所有网络设备进行批量的任务执行，每台网络设备按照任务函数内部的业务逻辑执行，并输出 Result 中的 result 属性，结合 Result 的其他属性调整输出的格式和颜色。从输出结果中可以看到，任务函数执行涉及哪些网络设备、网络设备是否发生了变化以及输出的日志级别等。

在自动化框架中，功能模块的复用可以极大地提高开发效率。在 Nornir 中，执行相关任务的功能模块就是任务函数，它是可以被反复使用的。任务组就是将已有的多个任务函数相互组合，在一个任务函数中调用若干个其他任务函数，协同完成比较复杂的任务。

下面的示例使用了 nornir_netmiko 插件，在 hosts.yaml 配置文件中定义的 2 台设备上执行命令 display arp，并创建了环回接口。multiple_tasks()函数定义了一个任务组，任务组中定义了两个任务。

```
from nornir import InitNornir
from nornir_utils.plugins.functions import print_result
from nornir_netmiko import netmiko_send_command,netmiko_send_config

def multiple_tasks(task):
    task.run(task=netmiko_send_command,
             command_string="display arp")

    task.run(task=netmiko_send_config,
             config_commands=["interface loopback 10",
                              "description Created by nornir-netmiko"])

nr = InitNornir(config_file="hosts.yaml")
output = nr.run(task=multiple_tasks)
print_result(output)
```

5. 过滤器

Nornir 过滤器可以限制自动化脚本在特定网络设备或网络设备组上执行的能力。Nornir 有两种过滤方法：一种是使用基本过滤器，根据特定设备属性来过滤网络设备；另一种是使用高级过滤器，可以使用设备属性的复杂逻辑运算，如 AND、OR、NOT、CONTAIN、LESS THAT OR EQUAL 和 GREATER THAN OR EQUAL 等来过滤设备。

要使用 Nornir 过滤器功能，首先需要在 Nornir 清单文件中为每台网络设备配置一些属性。设备属性可以是任何可用于过滤设备的属性，如物理位置、设备类型、设备的拓扑层等。这些属性都是通过在 hosts.yaml 清单文件中添加一个 data 字段来配置的。以下示例中每台设备使用了 3 个属性，type 表示设备的类型，city 表示设备的物理位置，core 表示设备是否为核心路由器。下面是 hosts.yaml 清单文件的内容。

```
---
S2:
  hostname: "192.168.56.254"
  groups:
    - huawei
  data:
    type: switch
    city: shenzhen
    core: True
```

```
SZ1:
  hostname: "10.2.25.1"
  groups:
    - huawei
  data:
    type: router
    city: guangzhou
    core: True

S4:
  hostname: "202.96.100.9"
  groups:
    - cisco
  data:
    type: switch
    city: guangzhou
    core: False
```

该清单文件中有一台路由器、两台交换机，对每台设备都配置了这 3 个属性。S2 是华为交换机，位于深圳；S4 是思科交换机，位于广州；SZ1 是华为路由器，位于广州。由于本篇所介绍的公司 A 的网络中实际上只有华为设备交换机 S2 和路由器 SZ1，因此需要使用过滤器选择 S2 和 SZ1 来运行自动化脚本。

其他清单文件 groups.yaml 和 defaults.yaml 中没有配置任何属性。下面是 groups.yaml 清单文件的内容。

```
---
huawei:
  platform: huawei

cisco:
  platform: ios
```

下面是 defaults.yaml 清单文件的内容。

```
---
username: "python"
password: "Huawei12#$"
platform: "huawei"
```

在下面的示例中，运维工程师希望在位于深圳的交换机设备上运行脚本，因此 type 属性配置为 switch，city 属性配置为 shenzhen。唯一符合这两个属性的设备是 S2。

```
from nornir import InitNornir
from nornir_netmiko.tasks import netmiko_send_command
from nornir_utils.plugins.functions import print_result

nr = InitNornir(config_file="hosts.yaml")

def nornir_basic_filtering(task):
    task.run(task=netmiko_send_command, command_string="display ip int brief")

nr_filter = nr.filter(type="switch", city="shenzhen")
results=nr_filter.run(task=nornir_basic_filtering)
print_result(results)
```

10.3.2 Nornir 插件

Nornir 是一个插件式系统。Nornir 3.0 发生了很大的变化，只包含基础插件，官方把非基础插件分拆了出去，使 Nornir 变得更加轻量化。在 Nornir 3.0 之前，Nornir 默认内置了 netmiko、napalm、napalm 等；在 Nornir 3.0 之后，将它们分拆出去，创建了新工具包，可作为插件安装、使用。例如，插件 nornir_napalm 是 Nornir 对 napalm 的封装，插件 nornir_netmiko 是 Nornir 对 netmiko 的封装。这点类似于 Python Flask 框架，它只提供基础的 Web 开发框架。如果想实现一些后台或者表单相关的功能，则需要安装对应的工具包。

在 Nornir 的官方网站中可以看到官方的插件列表。插件列表分为任务类、连接类、清单管理类、进程管理类、函数类等。Nornir 部分插件如表 10-2 所示。其中，nornir_netmiko 就是一个任务类、连接类的插件。

表 10-2　Nornir 部分插件

插件名	插件类型
nornir_napalm	任务类、连接类
nornir_netmiko	任务类、连接类
nornir_netbox	清单管理类
nornir_ansible	清单管理类
nornir_scrapli	任务类、连接类
nornir_utils	任务类、进程管理类、清单管理类、函数类
nornir_jinja2	函数类
nornir_ipfabric	清单管理类
nornir_salt	清单管理类、函数类
nornir_pyez	任务类、连接类
nornir_f5	任务类、连接类
nornir_router	任务类、连接类
nornir_paramiko	任务类、连接类
nornir_http	任务类
nornir_table_inventory	清单管理类
nornir_pyxl	任务类
nornir_netconf	任务类、连接类
nornir-sql	清单管理类
nornir_csv	清单管理类

下面介绍 Nornir 常用的几个插件。

1. nornir_netmiko 插件

nornir_netmiko 插件用于调用 netmiko 的相关功能，自动管理到网络设备的连接，直接调用 nornir_netmiko 中的任务函数就可以实现与网络设备的交互。nornir_netmiko 插件中的主要任务函数有 netmiko_send_command()、netmiko_send_config()、netmiko_save_config()等。

（1）netmiko_send_command()任务函数

netmiko_send_command()任务函数主要用于查看任务。就像在华为设备上使用 display 命令、在思科设备上使用 show 命令查看设备状态数据或配置数据一样。

```
def netmiko_send_command(task: Task,command_string: str,use_timing: bool = False,
                         enable: bool =False,**kwargs: Any)
```

一般情况下，只需传入 command_string 参数即可，其他参数按需进行赋值使用。函数执行完成后会将执行的结果包装到 Result 对象中。其主要参数说明如下。

① command_string：字符串，发送给网络设备的命令。

② use_timing：布尔值，默认为 False，调用 send_command()方法；如果设置为 True，则调用 send_command_timing()方法。

③ enable：布尔值，默认为 False，不调用 netmiko 连接的 enable()方法；如果设置为 True，则调用 netmiko 连接的 enable()方法。

④ kwargs：添加额外需要的参数。

（2）netmiko_send_config()任务函数

netmiko_send_config()任务函数主要用于向设备发送网络配置操作。对于不同的设备，config_commands 参数中只需包含纯粹的配置命令。

```
def netmiko_send_config(task: Task,
                        config_commands: Optional[List[str]] = None,
                        config_file: Optional[str] = None,
                        enable: bool = True,
                        dry_run: Optional[bool] = None,
                        **kwargs: Any)
```

一般情况下，只需传入 config_commands 参数即可。如果将配置命令保存在文件中，则需要将文件路径传给 config_file 参数，其他参数按需进行赋值使用。函数执行完成后会将执行的结果包装到 Result 对象中。其主要参数说明如下。

① config_commands：发送给网络设备的配置命令，可使用列表、元组。

② config_file：发送给网络设备配置命令文本文件的路径。

③ enable：布尔值，是否开启 enable 模式，默认为 False。

④ dry_run：无须进行配置。

⑤ kwargs：添加额外需要的参数。

下面的示例调用 netmiko_send_config()任务函数向网络设备发送创建环回接口的配置命令，并将配置命令以列表的形式传入 config_commands 参数。

```
from nornir import InitNornir
from nornir_utils.plugins.functions import print_result
from nornir_netmiko import netmiko_send_config

nr = InitNornir(config_file="hosts.yaml")
result = nr.run(name="Create a loopback interface",
                task=netmiko_send_config,
                config_commands=["interface loop11",
                                 "description Created by nornir-netmiko",
                                 "ip address 1.1.1.1 24" ])
print_result(result)
```

（3）netmiko_save_config()任务函数

几乎所有网络设备配置后都需要保存配置，netmiko_save_config()任务函数可保存用户的配置。

```
def netmiko_save_config(task: Task,
                        cmd: str = "",
                        confirm: bool = False,
                        confirm_response: str = "")
```

netmiko 关于主流网络设备的保存方法是比较完善的，一般调用 netmiko_save_config()任务函数即可。但为华为设备保存配置时需要确认两次，需要使用 confirm 和 confirm_response 参数。其主要参数说明如下。

① cmd：发送给网络设备的保存命令。一般无须使用此参数。

② confirm：在执行保存之前，一般使用 confirm="y"确认。

③ confirm_response：再次确认。一般使用 confirm_response="y"再次确认。

下面的示例调用 netmiko_send_config()任务函数向网络设备发送创建环回接口的配置命令，并使用 netmiko_save_config()任务函数保存配置。

```
from nornir import InitNornir
from nornir_utils.plugins.functions import print_result
from nornir_netmiko import netmiko_send_config,netmiko_save_config

nr = InitNornir(config_file="hosts.yaml")
result = nr.run(name="Create a loopback interface",
                task=netmiko_send_config,
                config_commands=["undo interface loop11","interface loop11",
                                 "description Created by nornir-netmiko",
                                 "ip address 1.1.1.1 24" ])
print_result(result)

save_ret = nr.run(task=netmiko_save_config,confirm="y",confirm_response="y")
print_result(save_ret)
```

2. nornir_utils 插件

nornir_utils 插件常用的函数是 print_result()。大多数情况下，如果只想知道任务的执行结果，则可以使用 print_result()函数。print_result()可以按照日志规则输出结果。默认情况下，它只输出严重级别大于 INFO 的任务（如果任务中没有指定日志级别，则默认值是 INFO）；如果任务执行失败，但它的严重级别是 ERROR，比 INFO 大，则仍可以输出。日志级别：CRITICAL > ERROR > WARNING > INFO > DEBUG。

之前的示例中已经在使用 print_result()函数来查看结果了，这里不赘述。

nornir_utils 插件中 write_file()可以用于非常便捷地将文本内容写入文件。下面是该函数的原型定义。

```
def write_file(task: Task,
               filename: str,
               content: str,
               append: bool = False,
               dry_run: Optional[bool] = None,)
```

write_file()函数可以用于将文本内容写到本地文件。在读取设备配置之后，可以借助此函数将配置写入文本，同时做一些输出来判断网络配置是否发生变化。其主要参数说明如下。

（1）filename：字符串，要写入文本内容的文件。

（2）content：字符串，要写入的文本内容。

（3）append：布尔值，是否为追加模式。其默认是 False，如果源文件存在，则每次会覆盖其内容。

下面的示例为每台设备生成一个以目的主机名命名的 TXT 文件，write_file()函数直接被调用，无法获取相关信息。通过编写一个任务组函数，使用任务上下文获取目的主机名，再调用 write_file()函数，即可使用默认的覆盖模式。

任务组函数的返回结果直接传入 write_file()函数的 Result 对象，需要先获取任务上下文调用子函数的结果 MultiResult 对象（multi_results 变量中），再使用索引取第一个值（索引为 0），直接返回即可。

```
from nornir import InitNornir
from nornir_utils.plugins.functions import print_result
```

```
from nornir_utils.plugins.tasks.files import write_file

def write_file_for_dev(task_context):
    file_name = '{}.txt'.format(task_context.host.hostname)
    content = "\n\n---example configuration to write out!---\n\n\n"
    multi_results = task_context.run(write_file,filename=file_name,content=content)
    return multi_results[0]

nr = InitNornir(config_file="hosts.yaml")
results = nr.run(task=write_file_for_dev)
print_result(results)
```

3. nornir_jinja2 插件

nornir_jinja2 插件主要提供一些基于 Jinja2 封装的比较便捷的任务函数，可以方便地使用 Jinja2。nornir_jinja2 主要有两个任务函数：template_file()任务函数和 tempalte_string()任务函数。

（1）template_file()任务函数

template_file()任务函数通过 Jinja2 的模板文件来渲染。

```
def template_file(
    task: Task,
    template: str,
    path: str,
    jinja_filters: Optional[FiltersDict] = None,
    jinja_env: Optional[Environment] = None,
    **kwargs: Any
```

其主要参数说明如下。

① template：模板文件的路径。

② path：模板所在目录路径，建议使用绝对路径。

③ jinja_filters：Jinja2 的过滤器，可选参数，类型是字典，key 为过滤器名称，value 为过滤器函数。

④ jinja_env：Jinja2 的环境对象，可选参数，默认值为空。

⑤ kwargs：模板渲染所需的数据。

（2）template_string()任务函数

template_string()任务函数是通过 Jinja2 模板的内容（字符串）来渲染模板的任务函数。与 template_file()任务函数相比，template_string()任务函数无须使用 path 参数，且 template 参数的值是字符串，不是模板文件路径。

```
def template_string(
    task: Task,
    template: str,
    jinja_filters: Optional[FiltersDict] = None,
    jinja_env: Optional[Environment] = None,
    **kwargs: Any )
```

其主要参数说明如下。

① template：模板字符串。

② jinja_filters：Jinja2 的过滤器，可选参数，类型是字典，key 为过滤器名称，value 为过滤器函数。

③ jinja_env：Jinja2 的环境对象，可选参数，默认值为空。

④ kwargs：模板渲染所需的数据。

前面只讲述了 3 个常用的插件，对于一般的网络运维已经够用了，更多插件的使用方法请参阅 Nornir 的官网。

10.4 任务实施

公司 A 的网络设计方案中有 3 个网络：深圳总部园区网络、服务器区网络和广州分公司网络。交换机 S1 和 S2 位于深圳总部园区，路由器 SZ1 用于连接服务器区网络和广州分公司网络，交换机 S4 位于服务器区，路由器 SZ2 用于连接 ISP 网络，并与路由器 SZ1 相连，如图 2-1 所示。本任务只考虑深圳总部园区网络和服务器区网络，使用表 10-3 所示的 IP 地址连接各设备。

表 10-3　设备连接 IP 地址

设备名	连接 IP 地址
交换机 S4	10.3.1.254
路由器 SZ2	10.2.12.2
路由器 SZ1	10.2.25.1
交换机 S1	10.1.4.252
交换机 S2	192.168.56.254
Syslog 服务器	192.168.56.1

整个网络已经实现了路由、交换等各项功能，已经实现了全网互通。为了更好地管理整个网络，本任务主要收集深圳总部园区网络和服务器区网络的路由器及交换机日志。运维工程师需要完成的任务如下。

（1）配置 SSH 服务。

（2）安装配置 Syslog 日志服务器。

（3）创建主机清单。

（4）编写 Python 脚本。

（5）运行 Python 脚本。

（6）服务器接收日志。

10.4.1　配置 SSH 服务

需要在路由器和交换机上手动配置 SSH 服务。下面配置路由器 SZ1、SZ2 以及交换机 S1、S2、S4 的 SSH 服务。路由器和交换机的 SSH 服务配置稍有不同，下面以路由器 SZ1 和交换机 S1 的配置为例进行介绍。

1. 配置路由器 SSH 服务

配置路由器 SSH 服务的代码如下。

```
[SZ1]aaa
[SZ1-aaa]local-user python password cipher Huawei12#$
[SZ1-aaa]local-user python service-type ssh
[SZ1-aaa]quit
[SZ1]stelnet server enable
[SZ1]ssh user python authentication-type password
[SZ1]user-interface vty 0 4
[SZ1-ui-vty0-4]authentication-mode aaa
[SZ1-ui-vty0-4]user privilege level 15
[SZ1-ui-vty0-4]protocol inbound ssh
```

2. 配置交换机 SSH 服务

配置交换机 SSH 服务的代码如下。

```
[S1]aaa
[S1-aaa]local-user python password cipher Huawei12#$
[S1-aaa]local-user python service-type ssh
[S1-aaa]quit
[S1]stelnet server enable
[S1]ssh user python
[S1]ssh user python authentication-type password
[S1]ssh user python service-type stelnet
[S1]user-interface vty 0 4
[S1-ui-vty0-4]authentication-mode aaa
[S1-ui-vty0-4]user privilege level 15
[S1-ui-vty0-4]protocol inbound ssh
```

10.4.2 安装配置 Syslog 日志服务器

Tftpd64 是一个免费、轻量级、开源的应用程序，支持 TFTP 服务器、TFTP 客户端、DHCP 服务器、Syslog 服务器及 Log Viewer 等功能。可在其官网下载安装包，安装完成后，选择“Syslog Server”选项，进入 Tftpd64 Syslog 服务运行界面，如图 10-1 所示。

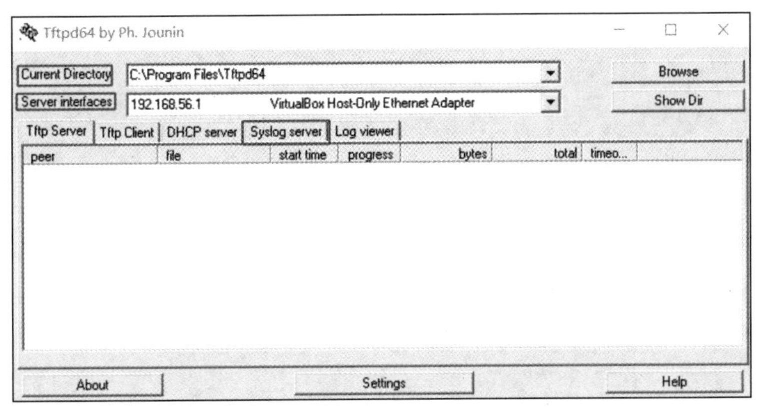

图 10-1 Tftpd64 Syslog 服务运行界面

在图 10-1 中，选择 Syslog 服务器，“Current Directory”选项可设置日志的保存路径，“Server interfaces”选项可设置用于数据传输的接口。

10.4.3 创建主机清单

1. 创建 hosts.yaml 文件

SZ2 和 SZ1 是路由器，S1、S2 和 S4 是交换机，将设备分为两个组：router 和 switch。该文件内容如下。

```
---
S1:
  hostname: "10.1.4.252"
  groups:
    - switch
  data:
```

```
      type: switch

  S2:
    hostname: "192.168.56.254"
    groups:
      - switch
    data:
      type: switch

  SZ1:
    hostname: "10.2.25.1"
    groups:
      - router
    data:
      type: router

  SZ2:
    hostname: "10.2.12.2"
    groups:
      - router
    data:
      type: router

  S4:
    hostname: "10.3.1.254"
    groups:
      - switch
    data:
      type: switch
```

2. 创建 groups.yaml 文件和 defaults.yaml 文件

groups.yaml 文件内容如下。

```
---
router:
  platform: huawei

switch:
  platform: huawei
```

defaults.yaml 文件内容如下。

```
---
username: "python"
password: "Huawei12#$"
platform: "huawei"
```

10.4.4 编写 Python 脚本

编写的 Python 脚本如下。

```
from nornir import InitNornir
from nornir_netmiko.tasks import netmiko_send_config
from nornir_netmiko.tasks import netmiko_save_config
```

```
from nornir_netmiko.tasks import netmiko_send_command
from nornir_utils.plugins.functions import print_result

def nornir_filtering(task):
    config_cmd = ["info-center enable",
                  "info-center loghost 192.168.56.1"
                  ]
    task.run(task=netmiko_send_config, config_commands=config_cmd)
    task.run(task=netmiko_save_config, confirm="y",confirm_response="y")
    task.run(task=netmiko_send_command, command_string="display arp")

nr = InitNornir(config_file="hosts.yaml")
nr_filter = nr.filter(type="switch")
results=nr_filter.run(task=nornir_filtering)
print_result(results)
```

10.4.5 运行 Python 脚本

执行结果如下，这里只给出部分结果。

```
nornir_filtering*****************************************************************
* S1 ** changed : True ***********************************************************
vvvv nornir_filtering ** changed : False vvvvvvvvvvvvvvvvvvvvvvvvvvvvvvvvvvvvvvvv INFO
---- netmiko_send_config ** changed : True ---------------------------------- INFO
system-view
Enter system view, return user view with Ctrl+Z.
[S1]info-center enable
Info: Information center is enabled.
[S1]info-center loghost 192.168.56.1
[S1]return
<S1>
---- netmiko_save_config ** changed : True ---------------------------------- INFO
save
The current configuration will be written to the device.
Are you sure to continue?[Y/N]y
Now saving the current configuration to the slot 0.
Save the configuration successfully.
<S1>
---- netmiko_send_command **changed : False ------------------------------ INFO
IP ADDRESS      MAC ADDRESS     EXPIRE(M) TYPE INTERFACE   VPN-INSTANCE VLAN
------------------------------------------------------------------------------
10.1.4.252      4c1f-cc32-6569            I -  Vlanif4
10.1.4.253      4c1f-ccc4-1cdd   11       D-0  Eth-Trunk12
                                            4
10.1.5.252      4c1f-cc32-6569            I -  Vlanif5
10.1.5.253      4c1f-ccc4-1cdd   11       D-0  Eth-Trunk12
                                            5
10.1.6.252      4c1f-cc32-6569            I -  Vlanif6
10.1.6.253      4c1f-ccc4-1cdd   11       D-0  Eth-Trunk12
                                            6
```

```
10.1.7.252        4c1f-cc32-6569              I -   Vlanif7
10.1.7.253        4c1f-ccc4-1cdd   11         D-0   Eth-Trunk12
                                                    7
10.2.24.4         4c1f-cc32-6569              I -   Vlanif24
10.2.24.1         00e0-fce0-51ab   11         D-0   GE0/0/1
                                                    24
------------------------------------------------------------------------------
Total:10          Dynamic:5         Static:0        Interface:5
------------------------------------------------------------------------------
..................................

^^^^ END nornir_filtering ^^^^^^^^^^^^^^^^^^^^^^^^^^^^^^^^^^^^^^^^^^^^^^
```

10.4.6 服务器接收日志

在运行的 Tftpd64 上能看到收集的日志，如图 10-2 所示。

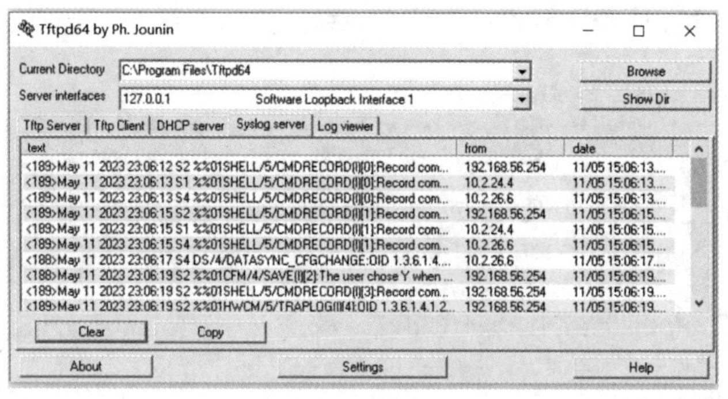

图 10-2 收集的日志

10.5 任务总结

本项目详细介绍了 Nornir 的安装方法、使用方法、主机清单、任务、过滤器等，还介绍了 Nornir 的常用插件，最后实现了使用 Nornir 配置设备的日志服务，并将设备日志发送到了日志服务器。

10.6 知识巩固

1. Nornir 是一个基于（　　）语言编写的自动化框架。

   A. Python　　B. C　　C. C++　　D. Java

2. 主机清单是 Nornir 最重要的部分之一，主机清单有（　　）。（多选）

   A. hosts.yaml　　B. groups.yaml　　C. defaults.yaml　　D. congfig.yaml

3. Nornir 基本过滤器根据（　　）来过滤网络设备。

   A. 资产文件　　B. 主机清单　　C. 设备属性　　D. 任务函数

4. Nornir 插件种类有（　　）。

   A. 任务类　　B. 连接类　　C. 函数类　　D. 清单管理类

5. 初始化 Nornir 对象的方法是使用 InitNornir()函数，如果 InitNornir()函数不带参数，则默认调用的资产文件是（　　）。

   A. hosts.yaml　　B. groups.yaml　　C. defaults.yaml　　D. congfig.yaml

项目11
使用Scapy处理数据包

11.1 学习目标

项目 11 使用 Scapy 处理数据包

- **知识目标**
  - 掌握 Scapy 工具的基础知识与用途
  - 掌握 Scapy 模块的使用方法
- **能力目标**
  - 安装 Scapy 工具
  - 调用 Scapy 函数
  - 使用 Scapy 处理数据包
- **素养目标**
  - 通过实际应用，培养学生规范的运维操作习惯
  - 通过任务分解，培养学生良好的团队协作能力
  - 通过全局参与，培养学生良好的表达能力和文档编写能力
  - 通过示范作用，培养学生认真负责、严谨细致的工作态度和工作作风

11.2 任务陈述

随着 Python 越来越流行，其在安全领域的用途也越来越多。例如，可以使用 requests 模块编写 Web 请求工具；可以使用套接字编写 TCP 网络通信程序；可以使用 struct 模块解析和生成字节流。而解析和处理数据包在网络安全领域更加常见，时常会使用 tcpdump 和 Wireshark 等抓包工具。但是如果要自己编写程序进行处理，则需要更灵活的语言包（库）。

Scapy 是一个用来解析底层网络数据包的 Python 模块和交互式程序。该程序对底层包处理进行了抽象打包，使得对网络数据包的处理非常简便。其在网络安全领域有非常广泛的应用，如伪造或解码各种协议的数据包，在线发送、捕获、匹配请求和响应，攻击网络等。

公司 A 网络中的服务器区域有一台 CentOS 7 主机。为了公司网络和系统的安全，运维工程师需要使用 Scapy 对这台主机进行针对性安全测试，进行 IP 地址扫描、端口扫描、TCP 扫描及捕获数据包等一系列测试。

11.3 知识准备

11.3.1 Scapy 基础

Scapy 是 Python 应用程序，可用于发送、嗅探、分析和伪造网络数据包，允许构建能够探测、扫

描或攻击网络的工具。它提供了灵活的 API、支持多种协议、支持数据可视化，被广泛应用于网络安全、网络测试、网络监控等领域。Scapy 能够对任何类型的数据包进行准确而快速的描述。

1. 安装 Scapy

Scapy 基于 Python 开发，可以运行在 Linux、Windows 等主流操作系统中。

（1）在 Windows 中安装 Scapy

在 Windows 中安装 Scapy 时，需打开命令提示符窗口，并执行以下命令。

```
pip install scapy
```

为了使 Scapy 把协议分析的结果导出到 PDF 文件中或者导出到为 PS 格式的矢量图中，可执行命令 pip install PyX 安装 Python PyX 模块。为了能提供 3D 绘图支持，可执行命令 pip install vpython 安装 Python VPython 模块。

Scapy 可以作为 Python 的模块使用，可以在 Python 中导入 Scapy 模块，编写 Scapy 应用程序；但是 Scapy 本身就是一种可以运行的工具，它自己具备一个独立的运行环境，因而可以不在 Python 环境中运行。

在命令提示符窗口中执行命令 scapy，其运行界面如图 11-1 所示。

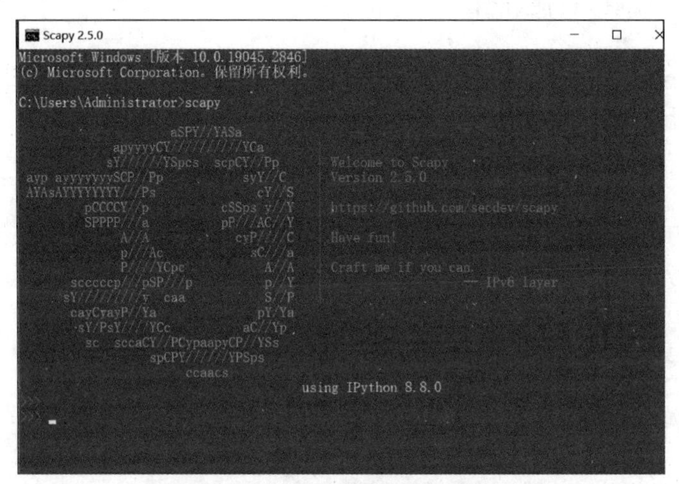

图 11-1 Windows Scapy 运行界面

（2）在 Linux 中安装 Scapy

在 Linux CentOS 7 中安装 Scapy 时，CentOS 7 默认安装了 Python 2，安装 Scapy 需要 Python 3.x 环境，故需要先安装 Python 3.x。

① 安装 Python 3.x 之前，先安装相关的依赖包，用于下载编译 Python 3.x。

```
yum -y install libffi-devel zlib zlib-devel bzip2-devel   openssl-devel
yum -y installncurses-devel sqlite-devel readline-devel tk-devel gcc make
yum -y install tcpdump graphviz ImageMagick
```

② 在 Python 官方网站下载 Python 3.x 安装包，编译、安装 Python 3.x。本项目使用 Python 3.9.11。

```
tar -zxvf Python-3.9.11.tgz
cd Python-3.9.11/
mkdir /usr/local/python3
./configure --prefix=/usr/local/python3
make && make install
ln -s /usr/local/python3/bin/python3 /usr/bin/python3
ln -s /usr/local/python3/bin/pip3 /usr/bin/pip3
```

③ 在 Scapy 官方仓库下载 Scapy 源代码，解压后安装 Scapy。

```
cd ../scapy-master/
python3 setup.py install
chmod u+x ./run_scapy chmod u+x run_scapy
```

④ 执行命令 run_scapy 运行 Scapy，其运行界面如图 11-2 所示。

```
[root@namp scapy-master]# ./run_scapy
INFO: Can't import PyX. Won't be able to use psdump() or pdfdump().
INFO: Can't import python-cryptography v1.7+. Disabled PKI & TLS crypto-related features.
INFO: Can't import python-cryptography v1.7+. Disabled WEP decryption/encryption. (Dot11)
INFO: Can't import python-cryptography v1.7+. Disabled IPsec encryption/authentication.
WARNING: IPython not available. Using standard Python shell instead.
AutoCompletion, History are disabled.

                     aSPY//YASa
             apyyyyCY//////////YCa       |
            sY//////YSpcs  scpCY//Pp     | Welcome to Scapy
 ayp ayyyyyyySCP//Pp           syY//C    | Version 2.5.0.dev94
 AYAsAYYYYYYYY///Ps              cY//S   |
         pCCCCY//p          cSSps y//Y   | https://github.com/secdev/scapy
         SPPPP///a          pP///AC//Y   |
              A//A            cyP////C   | Have fun!
              p///Ac            sC///a   |
              P////YCpc           A//A   | To craft a packet, you have to be a
       scccccp///pSP///p          p//Y   | packet, and learn how to swim in
      sY/////////y  caa           S//P   | the wires and in the waves.
       cayCyayP//Ya              pY/Ya   |        -- Jean-Claude Van Damme
        sY/PsY////YCc          aC//Yp    |
         sc  sccaCY//PCypaapyCP//YSs
                  spCPY//////YPSps
                       ccaacs

>>>
```

图 11-2 Linux Scapy 运行界面

2. Scapy 协议类

Scapy 支持大量的协议，采用分层的形式组织各种协议，每一个协议就是一个类。只需要实例化一个协议类，就可以创建一个该协议的数据包。Scapy 允许用户将一个或一组数据包描述为叠在一起的层。每个层的字段都有可以重载的默认值。如果未被覆盖，则 Scapy 会对所有数据包字段使用合理的默认值。例如，根据目的地和路由表选择源 IP 地址、计算校验和、根据输出接口选择源 MAC 地址、以太网类型和 IP 协议号由上层决定等。

Scapy 不强制用户使用预先确定的方法或模板，这避免了每次需要为不同场景编写新工具。

在 Python 中执行以下代码。

```
import scapy
print(dir(scapy.layers))
```

代码执行后，会输出 Scapy 中的各层：

```
['__builtins__', '__cached__', '__doc__', '__file__', '__loader__', '__name__', '__package__',
'__path__', '__spec__', 'all', 'bluetooth', 'bluetooth4LE', 'dcerpc', 'dhcp', 'dhcp6', 'dns', 'dot11', 'dot15d4',
'eap', 'gprs', 'gssapi', 'hsrp', 'inet', 'inet6', 'ipsec', 'ir', 'isakmp', 'kerberos', 'l2', 'l2tp', 'ldap', 'llmnr', 'lltd',
'mgcp', 'mobileip', 'mspac', 'netbios', 'netflow', 'ntlm', 'ntp', 'ppi', 'ppp', 'pptp', 'radius', 'rip', 'rtp', 'sctp',
'sixlowpan', 'skinny', 'smb', 'smb2', 'smbclient', 'smbserver', 'snmp', 'tftp', 'tls', 'vrrp', 'vxlan', 'x509', 'zigbee']
```

其中，l2 中包含二层的各种协议；inet 中包含 IPv4 协议；inet6 中包含 IPv6 协议；等等。

下面的代码用于使用 Scapy 的 explore()方法输出 l2 中的各种协议。

```
import scapy
print(explore(scapy.layers.l2))
```

代码执行后，输出 Scapy 支持的所有二层协议，如图 11-3 所示。

下面的代码用于使用 Scapy 的 explore()方法输出 inet 中的各种协议。

```
import scapy
print(explore(scapy.layers.inet))
```

```
Packets contained in scapy.layers.l2:
Class          |Name
---------------|-----------------------
ARP            |ARP
CookedLinux    |cooked linux
CookedLinuxV2  |cooked linux v2
Dot1AD         |802_1AD
Dot1Q          |802.1Q
Dot3           |802.3
Ether          |Ethernet
GRE            |GRE
GRE_PPTP       |GRE PPTP
GREroutin g    |GRE routing information
LLC            |LLC
Loopback       |Loopback
MPacketPreamble|MPacket Preamble
SNAP           |SNAP
STP            |Spanning Tree Protocol
```

图 11-3　Scapy 支持的所有二层协议

代码执行后，输出 Scapy 支持的所有 IPv4 协议，如图 11-4 所示。

```
Packets contained in scapy.layers.inet:
Class                       |Name
----------------------------|--------------------------------------
ICMP                        |ICMP
ICMPerror                   |ICMP in ICMP
IP                          |IP
IPOption                    |IP Option
IPOption_Address_Extension  |IP Option Address Extension
IPOption_EOL                |IP Option End of Options List
IPOption_LSRR               |IP Option Loose Source and Record Route
IPOption_MTU_Probe          |IP Option MTU Probe
IPOption_MTU_Reply          |IP Option MTU Reply
IPOption_NOP                |IP Option No Operation
IPOption_RR                 |IP Option Record Route
IPOption_Router_Alert       |IP Option Router Alert
IPOption_SDBM               |IP Option Selective Directed Broadcast Mode
IPOption_SSRR               |IP Option Strict Source and Record Route
IPOption_Security           |IP Option Security
IPOption_Stream_Id          |IP Option Stream ID
IPOption_Timestamp          |IP Option Timestamp
IPOption_Traceroute         |IP Option Traceroute
IPerror                     |IP in ICMP
TCP                         |TCP
TCPAOValue                  |
TCPerror                    |TCP in ICMP
UDP                         |UDP
UDPerror                    |UDP in ICMP
```

图 11-4　Scapy 支持的所有 IPv4 协议

3. 协议类属性

在使用 Scapy 构造数据包时，需要填入数据包的字段，这些字段就是类的属性。Scapy 目前使用频率比较高的类是 Ether 类、IP 类、TCP 类和 UDP 类。可以使用 ls(类名) 函数来查看类拥有的属性，如果不带参数，则显示的是 Scapy 支持的协议类。

（1）Ether 类属性

Ether 类默认的属性有源 MAC 地址、目的 MAC 地址和类型。

```
>>> ls(Ether)
dst          : DestMACField                    = ('None')
src          : SourceMACField                  = ('None')
type         : XShortEnumField                 = ('36864')
```

（2）IP 类属性

IP 类的属性有版本、头部长度、服务类型、总长度、标识、标志、分片偏移、生存时间（Time To Live，TTL）、协议、校验和、源 IP 地址、目的 IP 地址和可选项。

```
>>> ls(IP)
version     : BitField   (4 bits)          = ('4')
ihl         : BitField   (4 bits)          = ('None')
tos         : XByteField                   = ('0')
len         : ShortField                   = ('None')
```

```
id          : ShortField                    = ('1')
flags       : FlagsField                    = ('<Flag 0 ()>')
frag        : BitField   (13 bits)          = ('0')
ttl         : ByteField                     = ('64')
proto       : ByteEnumField                 = ('0')
chksum      : XShortField                   = ('None')
src         : SourceIPField                 = ('None')
dst         : DestIPField                   = ('None')
options     : PacketListField               = ('[]')
>>>
```

（3）TCP 类属性

TCP 类的属性有源端口、目的端口、序列号、确认号、标记、头部长度、保留位、窗口大小、校验和、紧急指针和可选项。

```
>>> ls(TCP)
sport       : ShortEnumField                = ('20')
dport       : ShortEnumField                = ('80')
seq         : IntField                      = ('0')
ack         : IntField                      = ('0')
dataofs     : BitField   (4 bits)           = ('None')
reserved    : BitField   (3 bits)           = ('0')
flags       : FlagsField                    = ('<Flag 2 (S)>')
window      : ShortField                    = ('8192')
chksum      : XShortField                   = ('None')
urgptr      : ShortField                    = ('0')
options     : TCPOptionsField               = ("b''")
>>>
```

（4）UDP 类属性

UDP 类的属性有源端口、目的端口、数据包长度和校验和。

```
>>> ls(UDP)
sport       : ShortEnumField                = ('53')
dport       : ShortEnumField                = ('53')
len         : ShortField                    = ('None')
chksum      : XShortField                   = ('None')
>>>
```

4．构造数据包

Scapy 具有强大的数据包构造功能。利用 Scapy 可以直观、灵活地构造各种数据包，甚至可以根据需要自定义网络协议。在构造数据包的时候，Scapy 会遵循网络协议分层的思想，以参数化赋值的方式进行构造。

在 Scapy 中，只需要实例化一个协议类，填入该协议类的属性值，就可以创建一个该协议的数据包。下面的示例构造了一个 IP 包，源 IP 地址为 192.168.56.1，目的 IP 地址为 192.168.65.254，IP 包存活时间为 10。

```
>>> pkt = IP()                        # 实例化 IP 类
>>> pkt.ttl=10                        # 设置 ttl = 10
>>> pkt.src="192.168.56.1"            # 设置源 IP 地址
>>> pkt.dst="192.168.56.254"          # 设置目的 IP 地址
>>> pkt                               # 显示构造的 IP 包
<IP  ttl=10 src=192.168.56.1 dst=192.168.56.254 |>
```

上述设置可以在实例化 IP 类时作为参数输入，例如：

```
>>> pkt = IP(ttl=10,src="192.168.56.1",dst="192.168.56.254")
>>> pkt
<IP  ttl=10 src=192.168.56.1 dst=192.168.56.254 |>
>>>
>>> pkt.show()                          # 查看数据包
###[ IP ]###
  version   = 4
  ihl       = None
  tos       = 0x0
  len       = None
  id        = 1
  flags     =
  frag      = 0
  ttl       = 10
  proto     = ip
  chksum    = None
  src       = 192.168.56.1
  dst       = 192.168.56.254
  \options  \

>>>
```

5. 分层构造数据包

Scapy 中的分层通过符号“/”实现，数据包由多层协议组合而成，这些协议之间可以使用“/”分开，按照协议由下而上的顺序从左向右排列。例如，可以使用以下命令来构造一个 TCP 数据包，最下面的协议为 Ether 协议，其次是 IP，最后是 TCP。

```
>>> tcp_pkt = Ether()/IP()/TCP()
>>> tcp_pkt.show()
###[ Ethernet ]###                      # Ethernet 协议
  dst       = ff:ff:ff:ff:ff:ff
  src       = 00:00:00:00:00:00
  type      = IPv4
###[ IP ]###                            # IP
     version   = 4
     ihl       = None
     tos       = 0x0
     len       = None
     id        = 1
     flags     =
     frag      = 0
     ttl       = 64
     proto     = tcp
     chksum    = None
     src       = 127.0.0.1
     dst       = 127.0.0.1
     \options  \
###[ TCP ]###                           # TCP
        sport     = ftp_data
```

```
          dport      = http
          seq        = 0
          ack        = 0
          dataofs    = None
          reserved   = 0
          flags      = S
          window     = 8192
          chksum     = None
          urgptr     = 0
          options    = ''
>>>
```

6. 构造批量数据包

下面的示例一次性构造了多个 TCP 包。目的网段为 192.168.56.100/30，该网段的每一个 IP 地址都需要访问 TCP 的 80 端口和 443 端口。

```
>>> pkts = IP(dst="192.168.56.100/30")
>>> pkts
<IP  dst=Net("192.168.56.100/30") |>
>>> pkts.show()
###[ IP ]###
  version   = 4
  ihl       = None
  tos       = 0x0
  len       = None
  id        = 1
  flags     =
  frag      = 0
  ttl       = 64
  proto     = ip
  chksum    = None
  src       = 192.168.56.1
  dst       = Net("192.168.56.100/30")
  \options   \

>>> [pkt for pkt in pkts]
[<IP  dst=192.168.56.100 |>,
 <IP  dst=192.168.56.101 |>,
 <IP  dst=192.168.56.102 |>,
 <IP  dst=192.168.56.103 |>]
>>>
>>> tcp = TCP(dport=[80,443])
>>> [pkt for pkt in pkts/tcp]
[<IP  frag=0 proto=tcp dst=192.168.56.100 |<TCP  dport=http |>>,
 <IP  frag=0 proto=tcp dst=192.168.56.100 |<TCP  dport=https |>>,
 <IP  frag=0 proto=tcp dst=192.168.56.101 |<TCP  dport=http |>>,
 <IP  frag=0 proto=tcp dst=192.168.56.101 |<TCP  dport=https |>>,
 <IP  frag=0 proto=tcp dst=192.168.56.102 |<TCP  dport=http |>>,
 <IP  frag=0 proto=tcp dst=192.168.56.102 |<TCP  dport=https |>>,
 <IP  frag=0 proto=tcp dst=192.168.56.103 |<TCP  dport=http |>>,
```

```
 <IP  frag=0 proto=tcp dst=192.168.56.103 |<TCP  dport=https |>>]
>>>
```

7. 图形化显示数据包

下面在 Python Jupyter Notebook 环境中完成操作，构造一个查询域名为 www.baidu.com 的 DNS 数据包，并对查询数据包进行图形化显示，需要安装 PyX 模块，安装命令为 pip install PyX。

```
# 导入 Scapy 数据包
from scapy.all import *

# 构造 DNS 数据包，查询域名为 www.baidu.com
pkt = IP() / UDP() / DNS(qd=DNSQR(qname="www.baidu.com"))
```

输出原始数据包。

```
print(repr(raw(pkt)))

b"E\x00\x00;\x00\x01\x00\x00@\x11|\xaf\x7f\x00\x00\x01\x7f\x00\x00\x01\x005\x005\x00'E3\x00\x00\x01\x00\x00\x01\x00\x00\x00\x00\x00\x00\x03www\x05baidu\x03com\x00\x00\x01\x00\x01"
```

输出数据包摘要信息。

```
print(pkt.summary())

IP / UDP / DNS Qry "b'www.baidu.com.'"
```

输出十六进制数据包。

```
print(hexdump(pkt))

0000   45 00 00 3B 00 01 00 00 40 11 7C AF 7F 00 00 01   E..;....@.|.....
0010   7F 00 00 01 00 35 00 35 00 27 45 33 00 00 01 00   .....5.5.'E3....
0020   00 01 00 00 00 00 00 00 03 77 77 77 05 62 61 69   .........www.bai
0030   64 75 03 63 6F 6D 00 00 01 00 01                  du.com.....
None
```

图形化显示数据包，并将其保存在“test.pdf”文件中。

```
pkt.pdfdump("test.pdf")
```

代码执行后，test.pdf 文件如图 11-5 所示。

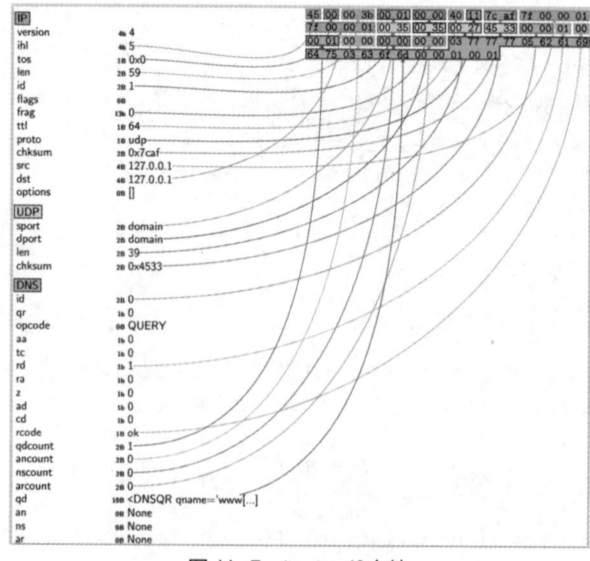

图 11-5　test.pdf 文件

11.3.2 Scapy 函数

Scapy 中定义了许多函数，可以使用 lsc( )函数查看 Scapy 支持的函数。图 11-6 中列出了 Scapy 支持的部分函数。

```
Scapy 2.5.0
>>> lsc()
IPID_count             : Identify IP id values classes in a list of packets
arp_mitm               : ARP MitM: poison 2 target's ARP cache
arpcachepoison         : Poison targets' ARP cache
arping                 : Send ARP who-has requests to determine which hosts are up
arpleak                : Exploit ARP leak flaws, like NetBSD-SA2017-002.
bind_layers            : Bind 2 layers on some specific fields' values.
bridge_and_sniff       : Forward traffic between interfaces if1 and if2, sniff and return
chexdump               : Build a per byte hexadecimal representation
computeNIGroupAddr     : Compute the NI group Address. Can take a FQDN as input parameter
corrupt_bits           : Flip a given percentage (at least one bit) or number of bits
corrupt_bytes          : Corrupt a given percentage (at least one byte) or number of bytes
defrag                 : defrag(plist) -> ([not fragmented], [defragmented],
defragment             : defragment(plist) -> plist defragmented as much as possible
dhcp_request           : Send a DHCP discover request and return the answer.
dyndns_add             : Send a DNS add message to a nameserver for "name" to have a new "rdata"
dyndns_del             : Send a DNS delete message to a nameserver for "name"
etherleak              : Exploit Etherleak flaw
explore                : Function used to discover the Scapy layers and protocols.
fletcher16_checkbytes  : Calculates the Fletcher-16 checkbytes returned as 2 byte binary-string.
fletcher16_checksum    : Calculates Fletcher-16 checksum of the given buffer.
fragleak               : --
fragleak2              : --
fragment               : Fragment a big IP datagram
fuzz                   : Transform a layer into a fuzzy layer by replacing some default values
getmacbyip             : Return MAC address corresponding to a given IP address
getmacbyip6            : Returns the MAC address corresponding to an IPv6 address
hexdiff                : Show differences between 2 binary strings, Packets...
hexdump                : Build a tcpdump like hexadecimal view
hexedit                : Run hexedit on a list of packets, then return the edited packets.
hexstr                 : Build a fancy tcpdump like hex from bytes.
import_hexcap          : Imports a tcpdump like hexadecimal view
is_promisc             : Try to guess if target is in Promisc mode. The target is provided by its ip.
linehexdump            : Build an equivalent view of hexdump() on a single line
```

图 11-6　Scapy 支持的部分函数

1. 发送数据包

上面使用的 IP 类、TCP 类等实例化协议类的作用只是产生一个 IP 数据包或 TCP 数据包，并没有将其发送出去。Scapy 提供了多个用来完成发送数据包的函数，如 send()函数、sendp()函数、sr()函数、sr1()函数和 srp()函数。其中，send()函数和 sendp()函数是发送数据包但不接收数据包的函数；sr()函数、sr1()函数和 srp()函数是用来发送和接收数据包的函数。

（1）send()函数和 sendp()函数

send()函数在网络层（第三层）发送数据，自行处理路由和数据链路层（第二层）协议。sendp()函数工作在第二层上，可以选择合适的接口和数据链路层协议。下面的示例分别使用 send()函数和 sendp()函数向 IP 地址为 192.168.56.254 的主机发送一个 ICMP 数据包。

① 使用 send()函数，无须构造二层协议。

```
>>> send(IP(dst="192.168.56.254")/ICMP())
.
Sent 1 packets.
```

② 使用 sendp()函数构造 IP 包从网卡“VirtualBox Host-Only Ethernet Adapter”发出。

```
# 使用 sendp()函数构造目的 IP 地址为 192.168.56.254 的 IP 包，须构造二层协议
>>> sendp(Ether()/IP(dst="192.168.56.254",ttl=(1,4)))
....
Sent 4 packets.

# 使用 sendp()函数构造 IP 包，并指定网卡
>>>sendp(Ether()/IP(dst="192.168.56.254",ttl=(1,4)),iface="VirtualBox Host-Only Ethernet Adapter")
....
Sent 4 packets.
>>>
```

（2）sr()函数、sr1()函数和 srp()函数

在网络的各种应用中，不仅要将创建好的数据包发送出去，还要接收这些数据包的应答数据包，这一点在网络扫描中尤为重要。Scapy 提供了 3 个用来发送和接收数据包的函数，分别是 sr()函数、sr1()函数和 srp()函数。其中，sr()函数和 sr1()函数主要用于第三层，常用的是 sr1()函数；而 srp()函数用于第二层。下面的示例分别使用 sr()函数、sr1()函数和 srp()函数向 IP 地址为 192.168.56.254 的主机发送一个 ICMP 数据包。

① 使用 sr1()函数，无须构造二层协议。

```
>>> p = sr(IP(dst="192.168.56.254")/ICMP())
Begin emission:
Finished sending 1 packets.
....*
Received 5 packets, got 1 answers, remaining 0 packets
>>> p
(<Results: TCP:0 UDP:0 ICMP:1 Other:0>,
 <Unanswered: TCP:0 UDP:0 ICMP:0 Other:0>)
>>>
>>> ans, unans = p
>>> ans.summary()
IP / ICMP 192.168.56.1 > 192.168.56.254 echo-request 0 ==> IP / ICMP 192.168.56.254 >
192.168.56.1 echo-reply 0 / Padding
>>>
```

说明 **当产生的数据包发送出去之后，Scapy 就会监听接收到的数据包，将对应的应答数据包筛选并显示出来。输出结果中，Received 表示收到的数据包个数，answers 表示对应的应答数据包。sr()函数的返回值是两个列表：ans 和 unans。第一个列表 ans 中是收到了应答的数据包和对应的应答数据包，第二个列表 unans 中是未收到应答的数据包。因为发送的是一个 ICMP 数据包，且收到了一个应答数据包，所以这个发送的数据包和收到的应答数据包都被保存到了 ans 列表中。使用 ans.summary()可以查看两个数据包的内容，而 unans 列表为空。**

② 使用 sr1()函数，无须构造二层协议。

```
>>> p = sr1(IP(dst="192.168.56.254")/ICMP()/"this is test")
Begin emission:
Finished sending 1 packets.                                  # 发送数据包
....*
Received 5 packets, got 1 answers, remaining 0 packets     # 接收数据包
>>> p.show()                    # 显示收到的 ICMP 应答数据包
###[ IP ]###
  version    = 4
  ihl        = 5
  tos        = 0xc0
  len        = 40
  id         = 46361
  flags      =
  frag       = 0
  ttl        = 255
  proto      = icmp
  chksum     = 0x13ab
```

```
    src         = 192.168.56.254
    dst         = 192.168.56.1
    \options    \
###[ ICMP ]###
       type        = echo-reply          # 这里指 ICMP 类型
       code        = 0
       chksum      = 0xa6c0
       id          = 0x0
       seq         = 0x0
       unused      = ''
###[ Raw ]###
          load        = 'this is test'
###[ Padding ]###
             load        = '\x00\x00\x00\x00\x00\x00'

>>>
```

说明 **sr1()函数和 sr()函数的作用基本一样，但是只返回一个应答数据包。只需要使用一个列表就可以保存这个函数的返回值。**

2. 循环发送、接收数据包

srloop()函数工作在第三层，可以设置发送数据包的数量。下面的示例每隔 3s 发送 5 个 ICMP 数据包到 IP 地址为 192.168.1.151 的主机上。

```
>>> ans,unans=srloop(IP(dst="192.168.1.151")/ICMP(),inter=3,count=5)
RECV 1: IP / ICMP 192.168.1.151 > 192.168.1.3 echo-reply 0 / Padding
RECV 1: IP / ICMP 192.168.1.151 > 192.168.1.3 echo-reply 0 / Padding
RECV 1: IP / ICMP 192.168.1.151 > 192.168.1.3 echo-reply 0 / Padding
RECV 1: IP / ICMP 192.168.1.151 > 192.168.1.3 echo-reply 0 / Padding
RECV 1: IP / ICMP 192.168.1.151 > 192.168.1.3 echo-reply 0 / Padding

Sent 5 packets, received 5 packets. 100.0% hits.
>>>
```

3. 监听器

通过 sniff()函数可以在自己的程序中捕获经过本机网卡的数据包。当执行 sniff()函数后，Scapy 就处于捕获网卡数据包的状态。sniff()函数不能实时回显，必须终止监听后才会回显监听到的数据包。如果有流量经过网卡（如在另一个终端上 ping 其他主机），则在按 Ctrl+C 组合键的时候获取 sniff()的监听结果。

sniff()函数的常用参数有 filter、iface 和 count。其中，filter 参数用来过滤指定协议的数据包，如 ICMP 数据包，如果要同时满足多个条件，则可以使用 and、or 等关系运算符来表达；iface 参数用来指定所要进行监听的网卡；count 参数用来指定监听到的数据包的数量，达到指定数量时就会停止监听。

下面的示例是一个监听器，它会在网卡“Realtek USB GbE Family Controller”上监听源 IP 地址或者目的 IP 地址为 192.168.1.1 的 ICMP 数据包。当收到了 3 个这样的数据包之后，就会停止监听。

```
>>> pkt = sniff(filter="icmp and host 192.168.1.1",count=3,iface="Realtek USB GbE Family Controller")
>>> pkt.show()
0000 Ether / IP / ICMP 192.168.1.3 > 192.168.1.1 echo-request 0 / Raw
0001 Ether / IP / ICMP 192.168.1.1 > 192.168.1.3 echo-reply 0 / Raw
0002 Ether / IP / ICMP 192.168.1.3 > 192.168.1.1 echo-request 0 / Raw
>>>
```

4. Scapy 路由

通过 Scapy 可以获取本地机器的相关网络配置，以便能够正确地路由数据包，如接口列表、IPv4 路由和 IPv6 路由等。

（1）列出本机接口

使用 conf.ifaces()函数获取接口列表，如图 11-7 所示。

```
Scapy 2.5.0
>>>
>>> conf.ifaces
INFO: Table cropped to fit the terminal (conf.auto_crop_tables==True)
Source   Index  Name                            MAC                IPv4             IPv6
libpcap  1      Software Loopback Interface 1   00:00:00:00:00:00  127.0.0.1        ::1
libpcap  10     VirtualBox Host-Only Ethernet Ad_  0a:00:27:00:00:0a  192.168.56.1  fe80::32ca:9f4b:3fd7:3cef
libpcap  11     WAN Miniport (IP)
libpcap  12     WAN Miniport (Network Monitor)
libpcap  15     Microsoft Wi-Fi Direct Virtual A_  d6:25:8b:f5:88:18  169.254.198.49  fe80::a9b4:895c:41a8:3dfe
libpcap  18     Realtek USB GbE Family Controller  00:e1:4c:68:15:2b  192.168.1.3   240e:3ba:302d:24a0:99b9:7c18:89e_
                                                                                    fe80::9877:47f5:61aa:874f
                                                                                    240e:3ba:302d:24a0:42b9:1892:fcf_
libpcap  19     Microsoft Wi-Fi Direct Virtual A_  d4:25:8b:f5:88:19  169.254.90.74   fe80::d701:76b0:97b5:d4a7
libpcap  20     WAN Miniport (IPv6)
libpcap  21     Bluetooth Device (Personal Area _  d4:25:8b:f5:88:1c  169.254.67.239  fe80::a714:385c:70c0:8ea3
libpcap  6      Intel(R) Dual Band Wireless-AC 7_  d4:25:8b:f5:88:18  192.168.0.158   fe80::ad57:145a:bf11:60b7
libpcap  62     VMware Virtual Ethernet Adapter _  00:50:56:c0:00:08  192.168.133.1   fe80::5475:c078:d63b:d242
```

图 11-7　接口列表

图 11-7 中，以太网“Realtek USB GbE Family Controller”的索引为 18，可以使用函数 dev_from_index()获取该索引的接口信息。

```
>>> conf.ifaces.dev_from_index(18)
<NetworkInterface_Win Realtek USB GbE Family Controller [UP+RUNNING+OK]>
>>>
```

（2）获取接口 IP 地址

使用 get_if_addr()函数可以获取接口的 IP 地址。

```
>>> get_if_addr("Realtek USB GbE Family Controller")
'192.168.1.3'
>>> get_if_addr("VirtualBox Host-Only Ethernet Adapter")
'192.168.56.1'
>>>
```

（3）获取接口 MAC 地址

使用 get_if_hwaddr()函数可以获取接口的 MAC 地址。

```
>>> get_if_hwaddr("Realtek USB GbE Family Controller")
'00:e1:4c:68:15:2b'
>>>
>>> get_if_hwaddr("VirtualBox Host-Only Ethernet Adapter")
'0a:00:27:00:00:0a'
>>>
```

（4）IPv4 路由

使用 conf.route()函数可以显示路由表或获取特定的路由。图 11-8 所示为获取路由表，图 11-9 所示为获取 IP 地址为 119.147.210.2 的特定路由。

（5）跟踪路由

使用 traceroute 可以显示路由表，或获取特定的路由。下面的示例展示了对域名 www.huawei.com 进行的路由跟踪。

```
Scapy 2.5.0
>>>
>>> conf.route
Network         Netmask          Gateway         Iface                                    Output IP       Metric
0.0.0.0         0.0.0.0          192.168.0.1     Intel(R) Dual Band Wireless-AC 7265      192.168.0.158   4295
0.0.0.0         0.0.0.0          192.168.1.1     Realtek USB GbE Family Controller        192.168.1.3     4516
10.0.0.0        255.0.0.0        192.168.56.254  VirtualBox Host-Only Ethernet Adapter    192.168.56.1    4251
119.147.210.2   255.255.255.255  192.168.1.1     Realtek USB GbE Family Controller        192.168.1.3     4261
127.0.0.0       255.0.0.0        0.0.0.0         Software Loopback Interface 1            127.0.0.1       4556
127.0.0.1       255.255.255.255  0.0.0.0         Software Loopback Interface 1            127.0.0.1       4556
127.255.255.255 255.255.255.255  0.0.0.0         Software Loopback Interface 1            127.0.0.1       4556
169.254.0.0     255.255.0.0      0.0.0.0         Microsoft Wi-Fi Direct Virtual Adapter #2 169.254.198.49 4506
169.254.198.49  255.255.255.255  0.0.0.0         Microsoft Wi-Fi Direct Virtual Adapter #2 169.254.198.49 4506
169.254.255.255 255.255.255.255  0.0.0.0         Microsoft Wi-Fi Direct Virtual Adapter #2 169.254.198.49 4506
192.168.0.0     255.255.255.0    0.0.0.0         Intel(R) Dual Band Wireless-AC 7265      192.168.0.158   4551
192.168.0.158   255.255.255.255  0.0.0.0         Intel(R) Dual Band Wireless-AC 7265      192.168.0.158   4551
192.168.0.255   255.255.255.255  0.0.0.0         Intel(R) Dual Band Wireless-AC 7265      192.168.0.158   4551
192.168.1.0     255.255.255.0    0.0.0.0         Realtek USB GbE Family Controller        192.168.1.3     4516
192.168.1.255   255.255.255.255  0.0.0.0         Realtek USB GbE Family Controller        192.168.1.3     4516
192.168.1.3     255.255.255.255  0.0.0.0         Realtek USB GbE Family Controller        192.168.1.3     4516
192.168.133.0   255.255.255.0    0.0.0.0         VMware Virtual Ethernet Adapter for VMnet8 192.168.133.1 4516
192.168.133.1   255.255.255.255  0.0.0.0         VMware Virtual Ethernet Adapter for VMnet8 192.168.133.1 4516
192.168.133.255 255.255.255.255  0.0.0.0         VMware Virtual Ethernet Adapter for VMnet8 192.168.133.1 4516
192.168.56.0    255.255.255.0    0.0.0.0         VirtualBox Host-Only Ethernet Adapter    192.168.56.1    4506
192.168.56.1    255.255.255.255  0.0.0.0         VirtualBox Host-Only Ethernet Adapter    192.168.56.1    4506
192.168.56.255  255.255.255.255  0.0.0.0         VirtualBox Host-Only Ethernet Adapter    192.168.56.1    4506
```

图 11-8　获取路由表

```
>>>
>>> conf.route.route("119.147.210.2")
('\\Device\\NPF_{B7839828-A4A6-43D9-A74C-AF0E150171B7}',
 '192.168.1.3',
 '192.168.1.1')
>>>
```

图 11-9　获取 IP 地址为 119.147.210.2 的特定路由

```
>>> ans,unans = traceroute(["www.huawei.com"],maxttl=10)
Begin emission:
Finished sending 10 packets.
*****
Received 5 packets, got 5 answers, remaining 5 packets
   113.96.140.33:tcp80
1  192.168.1.1      11
2  100.64.0.1       11
8  113.96.140.33    SA
9  113.96.140.33    SA
10 113.96.140.33    SA
>>>
>>> ans.show()
   113.96.140.33:tcp80
1  192.168.1.1      11
2  100.64.0.1       11
8  113.96.140.33    SA
9  113.96.140.33    SA
10 113.96.140.33    SA
>>>
```

下面的示例展示了对域名 www.baidu.com 和 www.huawei.com 进行的路由跟踪，并将跟踪的结果保存到图片文件 graph.svg 中。其路由跟踪过程如图 11-10 所示，路由跟踪示意如图 11-11 所示。

```
>>> target, unans =
traceroute(["www.baidu.com","www.huawei.com"],dport=[80,443],maxttl=20,retry=-2)
```

```
>>> target, unans = traceroute(["www.baidu.com","www.huawei.com"],dport=[80,443],maxttl=20,retry=-2)
Begin emission:
Finished sending 80 packets.
************************************************************Begin emission:
Finished sending 21 packets.
Begin emission:
Finished sending 21 packets.
*Begin emission:
Finished sending 20 packets.
Begin emission:
Finished sending 20 packets.

Received 60 packets, got 60 answers, remaining 20 packets
   113.96.140.33:tcp443 113.96.140.33:tcp80 14.119.104.189:tcp443 14.119.104.189:tcp80
1  192.168.1.1     11   192.168.1.1     11  192.168.1.1     11    192.168.1.1     11
2  100.64.0.1      11   100.64.0.1      11  100.64.0.1      11    100.64.0.1      11
6  -                    -                   121.14.14.162   11    113.96.11.78    11
7  121.32.235.22   11   121.32.235.70   11  -                     -
8  113.96.140.33   SA   113.96.140.33   SA  -                     -
9  113.96.140.33   SA   113.96.140.33   SA  -                     -
10 113.96.140.33   SA   113.96.140.33   SA  14.119.104.189  SA    14.119.104.189  SA
11 113.96.140.33   SA   113.96.140.33   SA  14.119.104.189  SA    14.119.104.189  SA
12 113.96.140.33   SA   113.96.140.33   SA  14.119.104.189  SA    14.119.104.189  SA
13 113.96.140.33   SA   113.96.140.33   SA  14.119.104.189  SA    14.119.104.189  SA
14 113.96.140.33   SA   113.96.140.33   SA  14.119.104.189  SA    14.119.104.189  SA
15 113.96.140.33   SA   113.96.140.33   SA  14.119.104.189  SA    14.119.104.189  SA
16 113.96.140.33   SA   113.96.140.33   SA  14.119.104.189  SA    14.119.104.189  SA
17 113.96.140.33   SA   113.96.140.33   SA  14.119.104.189  SA    14.119.104.189  SA
18 113.96.140.33   SA   113.96.140.33   SA  14.119.104.189  SA    14.119.104.189  SA
19 113.96.140.33   SA   113.96.140.33   SA  14.119.104.189  SA    14.119.104.189  SA
20 113.96.140.33   SA   113.96.140.33   SA  14.119.104.189  SA    14.119.104.189  SA
>>>
>>> target.graph(target="> /tmp/graph.svg")
```

图 11-10 路由跟踪过程

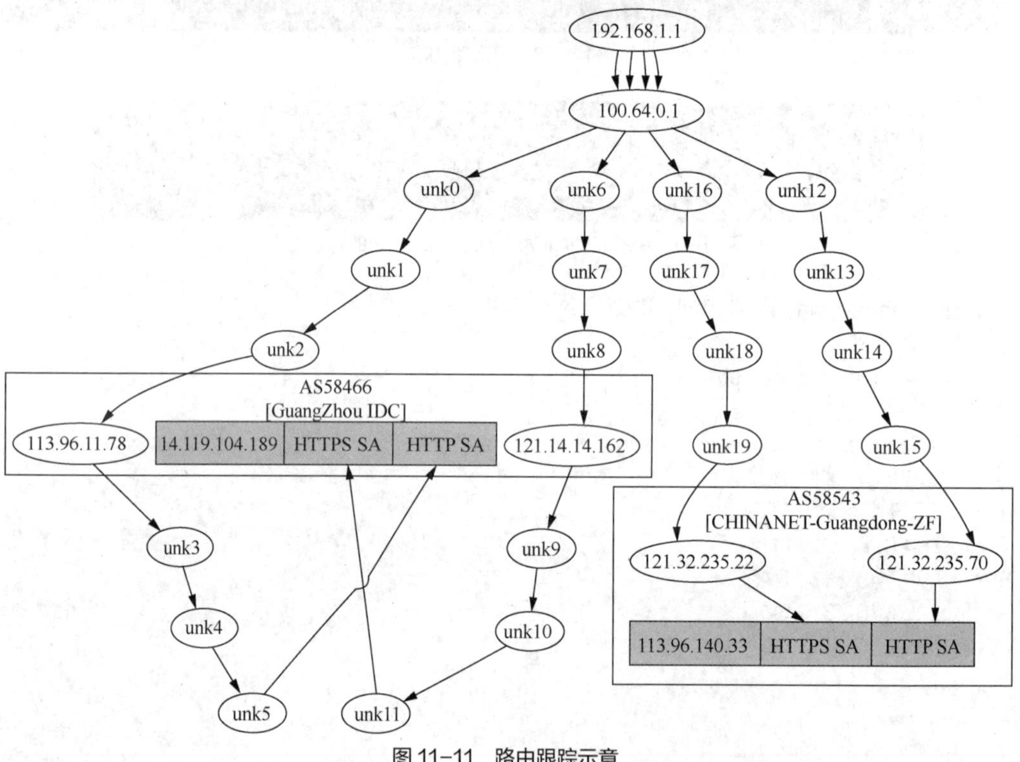

图 11-11 路由跟踪示意

11.4 任务实施

公司 A 网络中服务器区有一台 CentOS 7 主机，网段为 192.168.1.0/24，IP 地址为 192.168.1.151，网关为 192.168.1.1。为了公司 A 网络和系统的安全，运维工程师将对这台主机进行针对性安全测试。

运维工程师需要完成的任务如下。

（1）SYN 扫描。

（2）ARP ping。

（3）ICMP ping。

（4）UDP ping。
（5）ARP 监控。
（6）抓取 ICMP 报文。
（7）抓取 ICMP 报文并保存、读取。

11.4.1 SYN 扫描

扫描 IP 地址为 192.168.1.151 的主机上的 80 端口是否开放。如果一个端口处于屏蔽状态，那么它将不会产生任何响应报文。如果一个端口处于开放状态，则在收到 SYN 数据包（用 S 标记）后，会响应一个 ACK 数据包（用 SA 标记）。如果一个端口处于关闭状态，那么它在收到 SYN 数据包后，会响应一个 RST 数据包。

```
# 产生一个目的 IP 地址为 192.168.1.151 的 80 端口的 SYN 数据包，将标记设置为 S
>>> ans,unans = sr(IP(dst="192.168.1.151")/fuzz(TCP(dport=80,flags="S")))
Begin emission:
Finished sending 1 packets.
.....*
Received 6 packets, got 1 answers, remaining 0 packets
>>> ans.show()
0000 IP / TCP 192.168.1.3:18353 > 192.168.1.151:http S ==> IP / TCP 192.168.1.151:http > 192.168.1.3:18353 SA

# 使用循环查看，如果 r[TCP].flags==18，则表示目标端口开放；若 r[TCP].flags == 20，则表示目标端口关闭
>>> for s,r in ans:
...:     if r[TCP].flags==18:
...:         print("This port is open")
...:     if r[TCP].flags==20:
...:         print("This port is close")
...:
This port is open
>>>
```

11.4.2 ARP ping

在同一网络上探测存活主机时，可以使用 ARP ping，ARP ping 仅通过 ARP 在第 2 层上运行，所以更快、更可靠。扫描获取网段为 192.168.1.0/24 的网络主机的 IP 地址和 MAC 地址。

```
>>> ans,unans = srp(Ether(dst="FF:FF:FF:FF:FF:FF")/ARP(pdst="192.168.1.0/24"), timeout=2)
Begin emission:
Finished sending 256 packets.
***..*****...........
Received 21 packets, got 8 answers, remaining 248 packets
>>>
>>> ans,unans = s
>>> ans.show()
0000 Ether / ARP who has 192.168.1.3 says 192.168.1.4 ==> Ether / ARP is at 00:e1:4c:68:15:2b says 192.168.1.3 / Padding
0001 Ether / ARP who has 192.168.1.1 says 192.168.1.4 ==> Ether / ARP is at 90:86:9b:3d:8b:58 says 192.168.1.1 / Padding
0002 Ether / ARP who has 192.168.1.2 says 192.168.1.4 ==> Ether / ARP is at 9c:a6:15:ca:c9:06 says 192.168.1.2 / Padding
```

```
0003 Ether / ARP who has 192.168.1.141 says 192.168.1.4 ==> Ether / ARP is at ae:ca:06:0c:b1:d0
says 192.168.1.141 / Padding
0004 Ether / ARP who has 192.168.1.142 says 192.168.1.4 ==> Ether / ARP is at ae:ca:06:0c:a6:32
says 192.168.1.142 / Padding
```

11.4.3 ICMP ping

ICMP ping 使用 ping 程序发送的标准数据包，向目的 IP 地址发送一个 ICMP 类型为 8（回显请求）的数据包，收到一个 ICMP 类型为 0（回显应答）的数据包表示机器存活。现在许多主机和防火墙阻止这些数据包通过，因此基本的 ICMP ping 是不可靠的。

扫描获取网段为 192.168.1.0/24 的网络中存活的主机。

```
ans, unans = sr(IP(dst="192.168.1.0/24")/ICMP(), timeout=3)
WARNING: more Mac address to reach destination not found. Using broadcast.
WARNING: Mac address to reach destination not found. Using broadcast.
...................................
WARNING: Mac address to reach destination not found. Using broadcast.
WARNING: Mac address to reach destination not found. Using broadcast.
WARNING: more Mac address to reach destination not found. Using broadcast.
Finished sending 256 packets.
.................*....*.........................................................................................
Received 125 packets, got 2 answers, remaining 254 packets
>>>
>>> ans.show()
0000 IP / ICMP 192.168.1.4 > 192.168.1.1 echo-request 0 ==> IP / ICMP 192.168.1.1 > 192.168.1.4
echo-reply 0 / Padding
0001 IP / ICMP 192.168.1.4 > 192.168.1.2 echo-request 0 ==> IP / ICMP 192.168.1.2 > 192.168.1.4
echo-reply 0 / Padding
>>>
>>> ans.summary(lambda s,r: r.sprintf("%IP.src% is alive") )
192.168.1.1 is alive
192.168.1.2 is alive
>>>
```

11.4.4 UDP ping

UDP ping 常见于检测 DNS、SNMP 和 DHCP 服务。客户端会发送带有要连接的端口号的 UDP 数据包。如果服务器响应了该 UDP 数据包，则表示服务器开放了该端口。如果返回 ICMP 端口不可达的类型为 3 和 code 为 3 的错误数据包，则表示服务器关闭了该端口。

```
>>> ans,unans = sr(IP(dst="192.168.1.151")/UDP(dport=0))
Begin emission:
Finished sending 1 packets.
..*
Received 3 packets, got 1 answers, remaining 0 packets
>>>
>>> ans.show()
0000 IP / UDP 192.168.1.4:domain > 192.168.1.151:0 ==> IP / ICMP 192.168.1.151 > 192.168.1.4
dest-unreach port-unreachable / IPerror / UDPerror
>>>
>>> ans.summary( lambda s,r : r.sprintf("%IP.src% is alive"))
```

```
192.168.1.151 is alive
>>>
```

11.4.5 ARP 监控

ARP 监控用于监控网络内的 ARP 数据包。下面以监控 192.168.1.0/24 网段的 ARP 数据包为例进行讲解。在 sniff()函数中调用一个回调函数 arp_monitor_callback()，且 sniff()函数不保存结果参数，即 store=0。

```
>>> def arp_monitor_callback(pkt):
...     if ARP in pkt and pkt[ARP].op in (1,2):
...         return pkt.sprintf("%ARP.hwsrc% %ARP.psrc%")
...
>>> sniff(prn=arp_monitor_callback, filter="arp", store=0)
f0:de:f1:bc:88:de 192.168.1.165
f0:de:f1:bc:88:de 192.168.1.165
f0:de:f1:bc:88:de 192.168.1.165
f0:de:f1:bc:88:de 192.168.1.165
00:e1:4c:68:15:2b 192.168.1.3
00:0c:29:aa:3c:f2 192.168.1.4
00:e1:4c:68:15:2b 192.168.1.3
90:86:9b:3d:8b:58 192.168.1.1
f0:de:f1:bc:88:de 192.168.1.165
f0:de:f1:bc:88:de 192.168.1.165
f0:de:f1:bc:88:de 192.168.1.165
f0:de:f1:bc:88:de 192.168.1.165
......................
```

11.4.6 抓取 ICMP 报文

在 IP 地址为 192.168.1.4 的主机上 ping 192.168.1.151，抓取 ICMP 报文并输出 10 个 ICMP 报文。

```
>>> sniff(filter="icmp", prn=lambda x:x.summary(), count=10)
Ether / IP / ICMP 192.168.1.4 > 192.168.1.151 echo-request 0 / Raw
Ether / IP / ICMP 192.168.1.151 > 192.168.1.4 echo-reply 0 / Raw
Ether / IP / ICMP 192.168.1.4 > 192.168.1.151 echo-request 0 / Raw
Ether / IP / ICMP 192.168.1.151 > 192.168.1.4 echo-reply 0 / Raw
Ether / IP / ICMP 192.168.1.4 > 192.168.1.151 echo-request 0 / Raw
Ether / IP / ICMP 192.168.1.151 > 192.168.1.4 echo-reply 0 / Raw
Ether / IP / ICMP 192.168.1.4 > 192.168.1.151 echo-request 0 / Raw
Ether / IP / ICMP 192.168.1.151 > 192.168.1.4 echo-reply 0 / Raw
Ether / IP / ICMP 192.168.1.4 > 192.168.1.151 echo-request 0 / Raw
Ether / IP / ICMP 192.168.1.151 > 192.168.1.4 echo-reply 0 / Raw
<Sniffed: TCP:0 UDP:0 ICMP:10 Other:0>
```

11.4.7 抓取 ICMP 报文并保存、读取

在 IP 地址为 192.168.1.4 的主机上 ping 192.168.1.151，抓取 ICMP 报文并输出 10 个 ICMP 报文，将报文保存到文件 test.pcap 中，再读取该文件。

```
>>> def packet_save(pkt):
...       pktdump.write(pkt)
...
>>> pktdump = PcapWriter("test.pcap", append=True, sync=True)
>>> sniff(filter='icmp',prn=packet_save)
^C<Sniffed: TCP:0 UDP:0 ICMP:14 Other:0>
>>>
>>>
>>> sniff(filter='icmp',prn=packet_save,count=10)
<Sniffed: TCP:0 UDP:0 ICMP:10 Other:0>
>>> pcap=rdpcap('test.pcap')
>>> pcap.show()
0000 Ether / IP / ICMP 192.168.1.4 > 192.168.1.151 echo-request 0 / Raw
0001 Ether / IP / ICMP 192.168.1.151 > 192.168.1.4 echo-reply 0 / Raw
0002 Ether / IP / ICMP 192.168.1.4 > 192.168.1.151 echo-request 0 / Raw
0003 Ether / IP / ICMP 192.168.1.151 > 192.168.1.4 echo-reply 0 / Raw
0004 Ether / IP / ICMP 192.168.1.4 > 192.168.1.151 echo-request 0 / Raw
0005 Ether / IP / ICMP 192.168.1.151 > 192.168.1.4 echo-reply 0 / Raw
0006 Ether / IP / ICMP 192.168.1.4 > 192.168.1.151 echo-request 0 / Raw
0007 Ether / IP / ICMP 192.168.1.151 > 192.168.1.4 echo-reply 0 / Raw
0008 Ether / IP / ICMP 192.168.1.4 > 192.168.1.151 echo-request 0 / Raw
0009 Ether / IP / ICMP 192.168.1.151 > 192.168.1.4 echo-reply 0 / Raw
0010 Ether / IP / ICMP 192.168.1.4 > 192.168.1.151 echo-request 0 / Raw
0011 Ether / IP / ICMP 192.168.1.151 > 192.168.1.4 echo-reply 0 / Raw
0012 Ether / IP / ICMP 192.168.1.4 > 192.168.1.151 echo-request 0 / Raw
>>>
```

11.5 任务总结

本项目详细介绍了 Scapy 数据包处理工具的安装方法、使用方法、协议类，以及使用 Scapy 构造数据包、发送数据包等的方法，还介绍了 Scapy 的常用函数，最后使用 Scapy 对放置在服务器区的一台服务器进行了全面测试。

11.6 知识巩固

1. 通过 Scapy 数据包处理工具可以实现的功能有（　　）。（多选）
   A. 捕获数据包　B. 路由跟踪　C. 探测操作系统　D. 探测应用版本
2. Scapy 支持大量的协议，采用分层的形式组织各种协议，IPv4 协议位于（　　）层。
   A. l2　B. l3　C. inet　D. ir
3. Scapy 支持大量的协议类，（　　）函数用来查看类拥有的属性。
   A. ls()　B. ls(类名)　C. lsc()　D. lsc(类名)
4. 数据包由多层协议组合而成，因此正确的组成关系是（　　）。
   A. Ether()/IP()/TCP()　B. Ether/IP/TCP
   C. Ether()-IP()-TCP()　D. Ether-IP-TCP
5. Scapy 提供了多个用来完成发送数据包的函数，其中工作在三层的有（　　）。
   A. send()函数　B. sendp()函数　C. sr()函数　D. sr1()函数

项目12
使用Nmap扫描网络

12.1 学习目标

项目 12　使用 Nmap 扫描网络

- **知识目标**
  - 掌握 Nmap 扫描工具的基础知识与用途
  - 掌握 Nmap 扫描工具的常用选项
  - 了解 Python Nmap 模块
- **能力目标**
  - 安装 Nmap 扫描工具
  - 掌握 Nmap 扫描工具的使用方法
- **素养目标**
  - 通过实际应用，培养学生规范的运维操作习惯
  - 通过任务分解，培养学生良好的团队协作能力
  - 通过全局参与，培养学生良好的表达能力和文档编写能力
  - 通过示范作用，培养学生认真负责、严谨细致的工作态度和工作作风

12.2 任务陈述

Nmap 是一种网络连接端扫描工具，用来扫描开放的网络连接端，确定哪些服务运行在哪些连接端，并且推断计算机运行了哪种操作系统。它是网络管理员必用的软件之一，用以评估网络系统安全。

本任务中系统管理员使用 Nmap 查看整个网络的信息，管理服务升级计划，以及监视主机和服务的运行。为此需要对服务器进行各种扫描，以确定服务器的运行状态。

12.3 知识准备

12.3.1 Nmap 基础

网络映射器（Network Mapper，Nmap）是一种开源的网络扫描工具，由 Gordon Lyon 公司编写。它可以通过探测目的主机的网络端口和服务来确定目的主机的操作系统类型、应用程序版本和安全漏洞等信息，是网络管理人员、安全研究人员和“黑客”最喜欢使用的工具之一。Nmap 的特点如下。

（1）扫描速度快：Nmap 采用多线程技术，可以同时探测多个网络端口，提高扫描效率。

（2）支持多种操作系统：Nmap 支持 Linux、Windows、macOS 等多种操作系统，方便用户在不同平台上使用。

（3）高度可定制化：用户可以根据需要选择扫描模式、扫描范围、扫描方式等参数，实现高度定制。

（4）支持多种扫描方式：Nmap 支持 TCP SYN 扫描、UDP 扫描、TCP 扫描、IP 扫描等多种扫描方式，可满足不同需求的用户。

（5）支持脚本扩展：Nmap 提供了丰富的脚本库，用户可以编写自己的脚本并进行扫描和测试。

Nmap 的应用场景如下。

（1）网络发现：Nmap 可以通过扫描目标网络上的主机和端口，找到并识别网络上的设备和服务。对于网络管理员来说，这些是非常有价值的信息。

（2）安全评估：Nmap 可以识别目的主机上开放的端口和服务，评估安全漏洞，为安全评估提供有效的数据支持。

（3）网络流量分析：Nmap 可以帮助用户监测网络上的流量，并发现潜在的攻击行为。

（4）端口过滤：Nmap 可以识别网络上被黑客或恶意软件利用的端口，帮助用户过滤掉这些端口，提高网络安全性。

（5）设备管理：Nmap 可以帮助用户识别网络上设备的类型和版本。对于设备管理和维护来说，这些是非常重要的信息。

总的来说，Nmap 是一种强大的网络扫描工具，它拥有快速、可定制化、多扫描方式等特点，广泛应用于网络发现、安全评估、网络流量分析等领域。但需要注意的是，Nmap 也可以被黑客用来进行恶意攻击，因此，在使用 Nmap 进行扫描时，需要遵循相关法律法规和道德规范。

虽然 Nmap 通常用于安全审核，但许多系统管理员和网络管理员也用它来做一些日常的工作，如查看整个网络的信息、管理服务升级计划以及监视主机和服务的运行等。

Nmap 输出的是扫描目标的列表，以及每个目标的补充信息，至于有哪些信息则依赖于所使用的选项。其中，“所感兴趣的端口表格”是关键，该表中有端口号、协议、服务名称和状态。状态可能是 open（开放的）、filtered（被过滤的）、closed（关闭的）或者 unfiltered（未被过滤的）。

open 指的是目标机器上的应用程序正在端口监听连接；filtered 指的是防火墙、过滤器或者其他网络障碍阻止了端口被访问，Nmap 无法得知它的状态是 open 还是 closed；closed 指的是没有应用程序在该端口上监听，但是状态可以随时变为 open，当端口对 Nmap 的探测做出响应，但是 Nmap 无法确定它们的状态是 closed 还是 open 时，这些端口的状态就被认为是 unfiltered。当 Nmap 报告状态组合 open|filtered 和 closed|filtered 时，说明 Nmap 无法确定端口处于两个状态中的哪一个状态。当要求进行版本探测时，“所感兴趣的端口表格”也可以包含软件的版本信息。当要求进行 IP 扫描时，Nmap 提供关于所支持的 IP 而不是正在监听的端口的信息。

除了“所感兴趣的端口表格”外，Nmap 还能提供关于目的主机的详细信息，包括反向域名、操作系统、设备类型和 MAC 地址等。

Nmap 支持 Windows、Linux、macOS 等主流操作系统，以及其他多种操作系统。本项目采用 Linux CentOS 7，执行以下命令安装 Nmap。

```
[root@Nmap ~]#yum install –y Nmap
```

安装成功后，执行以下命令查看 Nmap 的版本信息。

```
[root@Nmap ~]#Nmap --version
Nmap version 6.40 ( http://Nmap.org )
Platform: x86_64-redhat-linux-gnu
Compiled with: Nmap-liblua-5.2.2 openssl-1.0.2k libpcre-8.32 libpcap-1.5.3 Nmap-libdnet-1.12 ipv6
Compiled without:
Available nsock engines: epoll poll select
```

下面的示例是一个典型的 Nmap 扫描，只有一个选项-A，用来进行全面系统扫描，包括运行的服务信息、网络信息、操作系统及其版本的探测，其后是一个目的主机的 IP 地址。

```
[root@Nmap ~]# Nmap -A 192.168.1.151
```

有时候希望扫描整个网络的相邻主机。为此，Nmap 支持无类别域间路由选择（Classless Inter-Domain Routing，CIDR）风格的地址。可以附加一个/<numbit>在一个 IP 地址或主机名后面，Nmap 将会扫描所有和该参考 IP 地址具有 <numbit>相同位的 IP 地址或主机。例如，10.1.3.0/24 将会扫描 10.1.3.0 和 10.1.3.255 之间的 256 个 IP 地址。

CIDR 标志位很简洁，但有时候不够灵活。例如，想要扫描 10.1.3.0/24，但略过任何以.0（网络地址）或者.255（广播地址）结束的 IP 地址，Nmap 会通过 8 位字节地址范围支持这样的扫描，可以用以逗号分开的数字或范围列表为 IP 地址的每个 8 位字节指定它的范围，如 10.1.3.1～10.1.3.254 将扫描 10.1.3.1～10.1.3.254 范围内的 IP 地址。

下面的示例使用 Nmap 扫描图 2-1 所示的服务器区的服务器主机，服务器主机网段为 10.1.3.0/24，网关地址为 10.1.3.254，-A 选项表示全面扫描，可以全面扫描指定 IP 地址或域名的所有端口及其目标系统信息等。

```
[root@Nmap ~]# Nmap -A 10.3.1.0/24
```

12.3.2 主机发现

由于扫描每个 IP 地址的每个端口很慢，网络探测任务的目的是把一组 IP 地址范围（有时该范围是巨大的）缩小为一列活动的或者依赖于扫描目的感兴趣的主机。网络管理员也许只对运行特定服务的主机感兴趣，而安全管理员则可能对所有知道 IP 地址的主机都感兴趣。系统管理员也许仅仅使用 ping 命令来定位内网上的主机，而外部入侵测试人员则可能绞尽脑汁用各种方法试图突破防火墙的封锁。

Nmap 提供了大量的选项来满足不同主机发现的需求。主机发现有时候也叫作 ping 扫描，但它不是简单使用 ping 工具发送 ICMP 回声请求报文。用户完全可以通过使用列表扫描（-sL）或者通过关闭 ping（-P0）跳过 ping 的步骤，也可以使用端口将 TCP SYN/ACK、UDP 和 ICMP 组合起来使用。探测的目的是获得响应以显示某个 IP 地址是否为活动的（正在被某主机或者网络设备使用）。

如果没有给出主机发现的选项，则 Nmap 会发送一个 ICMP 回声请求报文、一个 TCP SYN 报文到端口 443、一个 TCP ACK 报文到端口 80 给每台目的主机。默认的探测行为相当于使用带“-PE -PS443 -PA80”这 3 个参数的 Nmap。

-P*选项（用于选择 ping 的类型）可以被结合使用，通过使用不同的 TCP 端口/标志位和 ICMP 码发送许多探测报文来增加穿透防守严密的防火墙的机会。下列选项用于控制主机发现。

1. -sL（列表扫描）

-sL 表示在主机发现中仅仅列出指定网络上的每台主机，不发送任何报文到目的主机。默认情况下，Nmap 仍然对主机进行反向域名解析以获取它们的名称。Nmap 最后还会报告 IP 地址的总数。使用-sL 可以很好地确保获得正确的目的 IP 地址。下面的示例对 10.3.1.0/24 执行列表扫描，扫描结果列出了网络的 256 个 IP 地址。

```
[root@Nmap ~]# Nmap -sL 10.3.1.0/24
Starting Nmap 6.40 ( http://Nmap.org ) at 2023-05-04 20:50 PDT
Nmap scan report for 10.3.1.0
Nmap scan report for 10.3.1.1

...............

Nmap scan report for 10.3.1.254
Nmap scan report for 10.3.1.255
Nmap done: 256 IP addresses (0 hosts up) scanned in 338.13 seconds
```

2. -sn（ping 扫描）

-sn 选项表示 Nmap 在主机发现时仅仅进行 ping 扫描，不进行进一步的测试，如端口扫描或者操作系统探测等，然后输出对扫描做出响应的那些主机。ping 扫描与列表扫描的目的相同，但它可以得到目标网络中活动主机信息而不被特别注意到。对于攻击者来说，了解多少主机正在运行往往比列表扫描提供的一列 IP 地址和主机名更有价值。系统管理员往往也很喜欢这个选项。通过它可以很方便地得出网络上有多少机器正在运行或者监视服务器是否正常运行。

下面的示例对 10.3.1.0/24 执行 ping 扫描，扫描结果列出了网络的 7 个活动的 IP 地址。

```
[root@Nmap ~]# Nmap -sn 10.3.1.0/24
Starting Nmap 6.40 ( http://Nmap.org ) at 2023-05-04 23:36 PDT
Nmap scan report for 10.3.1.0
Host is up (0.23s latency).
Nmap scan report for 10.3.1.100
Host is up (0.087s latency).
Nmap scan report for 10.3.1.101
Host is up (0.10s latency).
Nmap scan report for 10.3.1.102
Host is up (0.13s latency).
Nmap scan report for 10.3.1.103
Host is up (0.084s latency).
Nmap scan report for 10.3.1.254
Host is up (0.27s latency).
Nmap scan report for 10.3.1.255
Host is up (0.20s latency).
Nmap done: 256 IP addresses (7 hosts up) scanned in 34.33 seconds
```

3. -P0（无 ping）

-P0 选项表示完全跳过 Nmap 发现阶段，一般与其他扫描参数一起使用，如在进行端口扫描时，-P0 表示不使用 ping 扫描发现主机。通常 Nmap 在进行高强度的扫描时用它确定正在运行的主机。默认情况下，Nmap 只对正在运行的主机进行高强度的探测，如端口扫描、版本探测或者操作系统探测。使用 -P0 禁止主机发现会使 Nmap 对每一个指定的目的 IP 地址进行所要求的扫描。-P0 的第二个字符是数字 0 而不是字母 O。无 ping 和列表扫描一样，会跳过正常的主机发现，但它不是输出一个目标列表，而是继续执行所要求的功能，就好像每个 IP 地址都是活动的。

4. -PS [portlist]（TCP SYN ping）

-PS 选项表示发送一个设置了 SYN 标志位的空 TCP 报文。默认目的端口为 80 端口，也可以指定一个以逗号分隔的端口列表（如 -PS22,23,25,80,113,1050,35000），在这种情况下，每个端口会被并发地扫描。

SYN 标志位告诉对方正试图建立一个 TCP 连接。如果目标端口的状态是 closed，则会发回来一个 RST（复位）包。如果目标端口的状态是 open，则目标会进行 TCP 三次握手的第二次握手，响应一个 SYN/ACK TCP 报文，运行 Nmap 的主机则会断开这个正在建立的连接，发送一个 RST 报文而非 ACK 报文，否则，一个完整的 TCP 连接将会建立。

Nmap 并不关心端口的状态是 open 还是 closed。无论是 RST 报文还是 SYN/ACK 报文都告诉 Nmap 该主机是活动的。

5. -PA [portlist]（TCP ACK ping）

TCP ACK ping 与 TCP SYN ping 相当类似，区别是前者设置了 TCP 的 ACK 标志位而不是 SYN 的标志位。ACK 报文表示确认一个建立 TCP 连接的尝试，但该连接尚未完全建立，所以远程主机应该总是响应一个 RST 报文。

-PA 选项使用和-PS 选项相同的默认端口（80 端口），也可以使用相同的格式指定目标端口列表。提供 SYN 和 ACK 两种 ping 探测的原因是使通过防火墙的机会尽可能大。许多管理员会配置路由器或者其他简单的防火墙来封锁 SYN 报文，除非连接目标是那些公开的服务器，如公司网站或者邮件服务器。这可以阻止其他进入组织的连接，同时允许用户访问互联网。这种无状态的方法几乎不占用防火墙/路由器的资源，因而被硬件和软件过滤器广泛支持。当这样的无状态防火墙规则存在时，发送到关闭目标端口的 SYN ping 探测（-PS）很可能被封锁。这种情况下，采用 ACK 探测就显得重要了，因为它正好利用了这样的规则。

6. -PU [portlist]（UDP ping）

还有一个主机发现的选项是-PU，它表示发送一个空的 UDP 报文到指定的端口。如果不指定端口，则默认是 31338 端口。该默认值可以通过在编译时改变 Nmap.h 文件中的 DEFAULT-UDP-PROBE-PORT 值进行配置。默认使用这样一个奇怪的端口是因为对开放端口进行这种扫描一般会不受欢迎。

如果目标机器的端口的状态是 closed，则 UDP 的状态 ping 应该马上得到一个 ICMP 端口无法到达的响应报文。对于 Nmap 而言，这意味着该机器正在运行。如果到达一个开放的端口，则大部分服务仅仅忽略这个空报文而不做任何响应。因为默认探测端口 31338 是一个极不可能被使用的端口。少数服务如 chargen 会响应一个空的 UDP 报文，从而向 Nmap 表明机器正在运行。该扫描类型的主要优势是它可以穿越只过滤 TCP 的防火墙和过滤器。

7. -PE、-PP、-PM（ICMP ping Types）

除了以上主机发现类型外，Nmap 也能发送 ping 程序所发送的报文。Nmap 发送一个 ICMP type 8（回声请求）报文到目的 IP 地址，期待从运行的主机得到一个 type 0（回声响应）报文。但许多主机和防火墙现在会封锁这些报文，而不是按期望的那样响应。因此，仅仅只进行 ICMP ping 对于互联网上的目标通常是不够的。但对于系统管理员监视内部网络而言，它们可能是实际有效的途径。

12.3.3 端口扫描

1. 端口扫描状态

通过 Nmap <target>这个简单的命令可扫描主机<target>上的超过 1660 个 TCP 端口。许多传统的端口扫描器只列出所有端口的状态是 open 还是 closed，Nmap 把端口分成 6 个状态：open、closed、filtered、unfiltered、open|filtered 和 closed|filtered。

这些状态并非端口本身的性质，而是描述 Nmap 如何看待它们。例如，对于同样的目标机器的 135/TCP 端口，网络内部扫描显示状态是 open，而网络外部做完全相同的扫描则可能显示它的状态是 filtered。

（1）open

每个状态为 open 的端口都可能是被攻击的入口。攻击者或者入侵测试者想要发现状态为 open 的端口，而管理员则试图关闭它们或者用防火墙保护它们，以免妨碍合法用户。

（2）closed

状态为 closed 的端口对于 Nmap 也是可访问的（它接收 Nmap 的探测报文并做出响应），但没有应用程序在监听该端口。

（3）filtered

由于包过滤阻止探测报文到达端口，Nmap 无法确定端口的状态是否为 open。

（4）unfiltered

unfiltered 意味着端口可访问，但 Nmap 不能确定它的状态是 open 还是 closed。只有用于映射防火墙规则集的 ACK 扫描才会把端口分类到这种状态。使用其他类型的扫描，如窗口扫描、SYN 扫描或者 FIN 扫描来扫描状态为 unfiltered 的端口可以帮助确定端口是否为 open。

（5）open|filtered

当无法确定端口的状态是 open 还是 filtered 时，Nmap 就把该端口划分为 open|filtered 状态。如开放的端口不响应，则这种不响应也可能意味着报文过滤器丢弃了探测报文或者它引发的任何响应。因此 Nmap 无法确定端口的状态是 open 还是 filtered。

（6）closed|filtered

closed|filtered 状态用于 Nmap 不能确定端口的状态是 closed 还是 filtered 的情况。

2. 端口扫描技术

Nmap 支持多种扫描技术。一般一次只使用一种技术，但 UDP 扫描可能和任何一种 TCP 扫描类型结合使用。端口扫描类型的选项格式是-s<*C*>，其中<*C*>是一个显眼的字符，通常是第一个字符。

（1）-sS（TCP SYN 扫描）

TCP SYN 扫描作为默认的也是非常受欢迎的扫描，执行速度快，在没有部署防火墙的网络上，每秒可以扫描数千个端口。TCP SYN 扫描不易被注意到，因为它从来不完成 TCP 连接。TCP SYN 扫描常常被称为半开放扫描，因为它不打开一个完全的 TCP 连接。它发送一个 SYN 报文，然后等待响应报文。收到 SYN/ACK 响应报文表示端口在监听（开放的），而收到 RST（复位）响应报文表示没有监听者。

（2）-sT（TCP connect()扫描）

当用户没有权限发送原始报文时，TCP SYN 扫描就无法使用，此时可以使用 TCP connect()进行扫描。Nmap 通过创建 connect() 系统调用要求操作系统和目的主机及端口建立连接，而不像其他类型扫描那样直接发送原始报文，这属于高层 API 系统调用。Nmap 用该 API 获得每个连接尝试的状态数据，而不是读取响应的原始报文。

当 TCP SYN 扫描可用时，它通常是更好的选择。因为 Nmap 对高层的 connect()调用比对原始报文控制更少。connect()调用是完全连接到开放的目标端口的，而不是像 TCP SYN 扫描那样只进行半连接到开放的目标端口。这不仅花费时间更长，目的主机也可能记录下该连接。

（3）-sU（UDP 扫描）

虽然互联网上很多流行的服务运行在 TCP 上，但运行在 UDP 上的服务也不少。DNS、SNMP 和 DHCP（其注册的端口分别是 53 端口、161/162 端口和 67/68 端口）是常见的 3 个服务。因为 UDP 扫描一般较慢，比 TCP 扫描更困难，一些安全审核人员会忽略这些端口。当然，这是错误的，因为可探测的 UDP 服务相当普遍，攻击者不会忽略这些。而 Nmap 可以帮助记录并报告 UDP 端口。

UDP 扫描用-sU 选项激活。它可以和 TCP 扫描（如 TCP SYN 扫描）结合使用来同时检查两种协议。UDP 扫描发送空的（没有数据）UDP 报头到每个目标端口。如果返回 ICMP 端口不可到达错误（类型 3、代码 3），则该端口的状态是 closed。其他 ICMP 端口不可到达错误（类型 3，代码 1、2、9、10 或者 13）表明该端口的状态是 filtered。偶尔地，某服务会响应一个 UDP 报文，表明该端口的状态是 open。

（4）-sA（TCP ACK 扫描）

TCP ACK 扫描探测报文只设置 ACK 标志位（除非使用 –scanflags 指定标志位）。当扫描未被过滤的系统时，状态为 open 和 closed 的端口都会返回 RST 报文。Nmap 把它们标记为 unfiltered，意思是 ACK 报文不能到达，但无法确定状态是 open 还是 closed。对于不响应的端口或者发送特定的 ICMP 错误消息（类型 3，代号 1、2、3、9、10 或者 13）的端口，Nmap 会将其标记为 filtered。

（5）-sW（TCP 窗口扫描）

除了利用特定系统的实现细节来区分状态为 open 的端口和状态为 closed 的端口外，当收到 RST 报文时不总是输出 unfiltered，TCP 窗口扫描和 TCP ACK 扫描完全一样。它通过检查返回的 RST 报文的 TCP 窗口域做到这一点。在某些系统上，状态为 open 的端口用正数表示窗口大小，而状态为 closed 的端口的窗口大小为 0。因此，当收到 RST 报文时，TCP 窗口扫描不总是把端口标记为 unfiltered，而是根据 TCP 窗口值是正数还是 0，分别把端口标记为 open 或者 closed。

（6）--scanflags（定制的 TCP 扫描）

--scanflags 选项通过指定任意 TCP 标志位来设计扫描。该选项可以是一个数字标记值，如 9（PSH 和 FIN），但使用字符名更容易一些，只要是 URG、ACK、PSH、RST、SYN 和 FIN 的任何组合即可。除了设置需要的标志位外，也可以设置 TCP 扫描类型（如-sA 或者-sF 等）。

（7）-sO（IP 扫描）

通过 IP 扫描可以确定目的主机支持哪些 IP（如 TCP、ICMP、IGMP 等）。严格来说，这不是端口扫描，它遍历的是 IP 而不是 TCP 或者 UDP 端口号。可以使用 -p 选项选择要扫描的协议号，它和端口扫描非常接近。

IP 扫描在 IP 域的 8 位上循环，并发送 IP 报文头。IP 报文头通常是空的，不包含数据，甚至不包含协议的正确报文头，但 TCP、UDP 和 ICMP 会使用正常的协议头，否则某些系统拒绝发送该报文。IP 扫描关注的是 ICMP 不可到达消息，不关注 ICMP 端口不可到达消息。如果 Nmap 从目的主机收到任何协议的任何响应报文，则 Nmap 把那个协议标记为 open。ICMP 不可到达错误导致协议被标记为 closed。其他 ICMP 不可到达协议导致协议被标记为 filtered。如果重试之后仍没有收到响应报文，则该协议被标记为 open|filtered。

12.3.4 服务和版本探测

在用某种类型的扫描方法发现 TCP 或者 UDP 端口后，版本探测会询问这些端口，确定到底什么服务正在运行。Nmap-service-probes 数据库包含查询不同服务的探测报文和解析识别响应报文的匹配表达式。Nmap 试图确定服务协议（如 FTP、SSH 协议、Telnet 协议、HTTP 等），应用程序名、版本号、主机名、设备类型、操作系统（如 Windows、Linux）以及其他的细节。如果在扫描某个 UDP 端口后仍然无法确定该端口的状态是 open 还是 filtered，那么该端口被标记为 open|filtered。版本探测将试图从这些端口引发一个响应，如果成功，则把状态改为 open。open|filtered TCP 端口与 UDP 端口被对待的方法相同。

当 Nmap 从某个服务收到响应报文，但不能在数据库中找到匹配时，它会输出一个特殊的 fingerprint 和一个 URL。可以使用下列的选项打开和控制版本探测。

1. -sV（版本探测）

该选项用于打开版本探测。也可以用-A 同时打开操作系统探测和版本探测。

2. --allports（不为版本探测排除任何端口）

默认情况下，Nmap 版本探测会跳过 9100 TCP 端口，因为一些打印机会简单地输出送到该端口的任何数据，这会导致数十页 HTTP GET 请求、二进制 SSL 会话请求等被输出。

3. --version-intensity <intensity>（设置版本扫描强度）

当进行版本探测时，Nmap 会发送一系列探测报文，每个报文都被赋予一个 1～9 的值。被赋予较小值的探测报文对大范围的常规服务有效，而被赋予较大值的报文一般没什么用。强度水平说明了应该使用哪些探测报文。数值越大，服务越有可能被正确识别。然而，高强度扫描要花费更多时间。强度值必须为 0～9，默认是 7。

4. --version-light（打开轻量级模式）

--version-light 是 --version-intensity 2 的别名。轻量级模式使版本扫描的速度快许多，但它识别服务的可能性略微小一点。

5. --version-all（尝试每个探测）

--version-all 是--version-intensity 9 的别名，会对每个端口尝试每个探测报文。

12.3.5 操作系统探测

Nmap 最著名的功能之一是使用 TCP/IP 协议栈 fingerprint 进行远程操作系统探测。Nmap 发送一系列 TCP 报文和 UDP 报文到远程主机，检查响应报文中的每一位。在进行一系列测试，如 TCP ISN 采样、TCP 选项支持、排序和初始窗口大小检查之后，Nmap 会对结果和数据库 Nmap-os-fingerprints 中已知的操作系统的 fingerprint 进行比较。如果有匹配，则输出操作系统的详细信息。每个 fingerprint 包括一个自由格式的关于操作系统的描述文本和一个分类信息，它提供供应商名称（如 Microsoft）、操作系统（如 Windows）、操作系统版本（如 10）和设备类型（如通用设备、路由器、交换机等）。

如果 Nmap 没有找到匹配的操作系统，则其会提供一个 URL，可以把 fingerprint 提交到这个 URL。这样就扩大了 Nmap 的操作系统知识库，从而让每个 Nmap 用户都受益。

操作系统探测可以进行其他测试，这些测试可以利用处理过程中收集到的信息。例如，进行运行时间探测时，使用 TCP 时间戳选项来估计主机上次重启的时间，这仅适用于提供这类信息的主机。

可以使用下列选项启用和控制操作系统探测。

1. -O（启用操作系统探测）

-O 表示启用操作系统探测，也可以使用-A 来同时启用操作系统探测和版本探测。

2. --osscan-limit（针对指定的目标进行操作系统探测）

当发现一个状态为 open 和 closed 的 TCP 端口时，操作系统探测会更有效。使用选项--osscan-limit 时，Nmap 只对满足条件的主机进行操作系统探测，这样可以节约时间，特别是在使用-P0 选项扫描多个主机时。这个选项仅在使用 -O 或-A 进行操作系统探测时起作用。

3. --osscan-guess 或--fuzzy（推测操作系统探测结果）

当 Nmap 无法确定所探测的操作系统时，会尽可能地提供最相近的匹配，Nmap 默认进行这种匹配，使用上述任一个选项可使 Nmap 的探测更加有效。

12.3.6 Python 中的 Nmap 模块

python-Nmap 是一个使用 Nmap 进行端口扫描的 Python 模块，它可以很轻易地生成 Nmap 扫描报告，并且可以帮助系统管理员进行自动化扫描任务和生成报告。同时，它支持 Nmap 脚本输出。执行以下命令安装 python-Nmap。

```
pip install python-Nmap
```

PortScanner 类是 python-Nmap 模块中非常重要的类，用于实现对指定主机的端口扫描，该类中的常用方法如下。

1. scan(host,port,args)

该方法用于以指定方式扫描指定主机或网段的指定端口。其参数说明如下。

① host：表示要扫描的主机或网段，可以是一个单独的 IP 地址，如 192.168.10.10，也可以是一个小范围的网段，如 192.168.10.10-20，还可以是一个大范围的网段，如 192.168.10.0/24。

② port：可选参数，表示要扫描的端口，多个端口用逗号隔开，如 20,21,22,23,24。

③ args：可选参数，表示扫描的方式。

2. scaninfo()

该方法用于返回 Nmap 扫描信息，格式为字典。

3. all_hosts()

该方法用于返回 Nmap 扫描的主机清单，格式为列表。

12.4 任务实施

公司 A 的服务器区网络中新增加了一个网段 192.168.1.0/24，该网段的网关为 192.168.1.254，并通过服务器区网络交换机 S4 接入网络。在该网段内有一台服务器，使用的操作系统为 CentOS 7，IP

地址为 192.168.1.151，提供 Web 服务、FTP 服务和 MySQL 数据库服务。系统管理员使用 Nmap 查看整个网络的信息，管理服务升级计划以及监视主机和服务的运行。为此需要对服务器进行各种扫描，以确定服务器的运行状态。

为了提高效率，运维工程师使用 python-Nmap 完成以下任务。

（1）对主机的 1～4000 端口进行 TCP SYN 扫描。

（2）对主机的 1～1024 端口进行 UDP 扫描。

（3）对主机的 1～4000 端口扫描正在运行的服务。

（4）对主机的 1～4000 端口进行不带参数的扫描。

（5）探测主机上操作系统的版本。

（6）对指定主机进行 TCP SYN 扫描。

（7）对一个网络进行 ping 扫描。

运维工程师编写了以下 Python 脚本。

```
import Nmap
# 创建 PortScanner()
scanner = Nmap.PortScanner()
# 设定服务器 IP 地址
ip_addr = '192.168.1.151'
# 输出功能选项
response = input("""\n 请选择扫描任务:
                1. 对主机的 1～4000 端口进行 TCP SYN 扫描
                2. 对主机的 1～1024 端口进行 UDP 扫描
                3. 对主机的 1～4000 端口扫描正在运行的服务
                4. 对主机的 1～4000 端口进行不带参数的扫描
                5. 探测主机上操作系统的版本
                6. 对指定主机进行 TCP SYN 扫描
                7. 对一个网络进行 ping 扫描
                """)
print("You have selected option: ", response)

# 选择 1，对 1～4000 端口进行 TCP SYN 扫描
if response == '1':
    print("Nmap Version: ", scanner.Nmap_version())
    scanner.scan(ip_addr, '1-4000', '-v -sS')
    print(scanner.scaninfo())
    print("Ip Status: ", scanner[ip_addr].state())
    print("protocols:", scanner[ip_addr].all_protocols())
    print("Open Ports: ", scanner[ip_addr]['tcp'].keys())

# 选择 2，对 1～1024 端口进行 UDP 扫描
elif response == '2':
    print("Nmap Version: ", scanner.Nmap_version())
    scanner.scan(ip_addr, '1-1024', '-v -sU')
    print(scanner.scaninfo())
    print("Ip Status: ", scanner[ip_addr].state())
    print("protocols:", scanner[ip_addr].all_protocols())
    print("Open Ports: ", scanner[ip_addr]['udp'].keys())
```

```
    # 选择 3，对 1～4000 端口扫描正在运行的服务
    elif response == '3':
        print("Nmap Version: ", scanner.Nmap_version())
        scanner.scan(ip_addr, '1-4000', '-v -sS -sV -sC -A')   # -O')
        print("Ip Status: ", scanner[ip_addr].state())
        print(scanner[ip_addr].all_protocols())
        print("Open Ports: ", scanner[ip_addr]['tcp'].keys())

    # 选择 4，对 1～4000 端口进行不带参数的扫描
    elif response == '4':
        # Works on default arguments
        scanner.scan(ip_addr)
        # print(scanner.scaninfo())
        print("Ip Status: ", scanner[ip_addr].state())
        print(scanner[ip_addr].all_protocols())
        print("Open Ports: ", scanner[ip_addr]['tcp'].keys())

    # 选择 5，探测主机上操作系统的版本
    elif response == '5':
        print(scanner.scan("192.168.1.151", arguments="-O")['scan']['192.168.1.151'])

    # 选择 6，对指定主机进行 TCP SYN 扫描
    elif response == '6':
        ip_addr = input()
        print("Nmap Version: ", scanner.nmap_version())
        scanner.scan(ip_addr, '1-4000', '-v -sS')
        print(scanner.scaninfo())
        print("Ip Status: ", scanner[ip_addr].state())
        print("protocols:", scanner[ip_addr].all_protocols())
        print("Open Ports: ", scanner[ip_addr]['tcp'].keys())

    # 选择 7，对一个网络进行 ping 扫描
    elif response == '7':
        scanner.scan(hosts='192.168.1.0/24', arguments='-n -sP -PE -PA21,23,80,3389')
        hosts_list = [(x, scanner[x]['status']['state']) for x in scanner.all_hosts()]
        for host, status in hosts_list:
            print('{0}:{1}'.format(host, status))

    else:
        print("Please choose a number from the options above")
```

脚本执行结果如下。

```
请选择扫描任务:
            1. 对主机的 1～4000 端口进行 TCP SYN 扫描
            2. 对主机的 1～1024 端口进行 UDP 扫描
            3. 对主机的 1～4000 端口扫描正在运行的服务
            4. 对主机的 1～4000 端口进行不带参数的扫描
            5. 探测主机上操作系统的版本
            6. 对指定主机进行 TCP SYN 扫描
            7. 对一个网络进行 ping 扫描
```

```
1
You have selected option:  1
Nmap Version:  (7, 93)
{'tcp': {'method': 'syn', 'services': '1-4000'}}
Ip Status:  up
protocols: ['tcp']
Open Ports:  dict_keys([21, 22, 80, 111, 3306])

2
You have selected option:  2
Nmap Version:  (7, 93)
{'udp': {'method': 'udp', 'services': '1-1024'}}
Ip Status:  up
protocols: ['udp']
Open Ports:  dict_keys([111])

3
You have selected option:  3
Nmap Version:  (7, 93)
Ip Status:  up
['tcp']
Open Ports:  dict_keys([21, 22, 80, 111, 3306])

4
You have selected option:  4
Ip Status:  up
['tcp']
Open Ports:  dict_keys([21, 22, 80, 111, 3306, 6000])

5
You have selected option:  5
```

{'hostnames': [{'name': '', 'type': ''}], 'addresses': {'ipv4': '192.168.1.151', 'mac': '00:0C:29:82:7A:1B'}, 'vendor': {'00:0C:29:82:7A:1B': 'VMware'}, 'status': {'state': 'up', 'reason': 'arp-response'}, 'uptime': {'seconds': '108228', 'lastboot': 'Thu May 4 12:22:34 2023'}, 'tcp': {21: {'state': 'open', 'reason': 'syn-ack', 'name': 'ftp', 'product': '', 'version': '', 'extrainfo': '', 'conf': '3', 'cpe': ''}, 22: {'state': 'open', 'reason': 'syn-ack', 'name': 'ssh', 'product': '', 'version': '', 'extrainfo': '', 'conf': '3', 'cpe': ''}, 80: {'state': 'open', 'reason': 'syn-ack', 'name': 'http', 'product': '', 'version': '', 'extrainfo': '', 'conf': '3', 'cpe': ''}, 111: {'state': 'open', 'reason': 'syn-ack', 'name': 'rpcbind', 'product': '', 'version': '', 'extrainfo': '', 'conf': '3', 'cpe': ''}, 3306: {'state': 'open', 'reason': 'syn-ack', 'name': 'mysql', 'product': '', 'version': '', 'extrainfo': '', 'conf': '3', 'cpe': ''}, 6000: {'state': 'open', 'reason': 'syn-ack', 'name': 'X11', 'product': '', 'version': '', 'extrainfo': '', 'conf': '3', 'cpe': ''}}, 'portused': [{'state': 'open', 'proto': 'tcp', 'portid': '21'}, {'state': 'closed', 'proto': 'tcp', 'portid': '1'}, {'state': 'closed', 'proto': 'udp', 'portid': '31658'}], 'osmatch': [{'name': 'Linux 3.2 - 4.9', 'accuracy': '100', 'line': '65314', 'osclass': [{'type': 'general purpose', 'vendor': 'Linux', 'osfamily': 'Linux', 'osgen': '3.X', 'accuracy': '100', 'cpe': ['cpe:/o:linux:linux_kernel:3']}, {'type': 'general purpose', 'vendor': 'Linux', 'osfamily': 'Linux', 'osgen': '4.X', 'accuracy': '100', 'cpe': ['cpe:/o:linux:linux_kernel:4']}]}]}

```
6
You have selected option:  6
192.168.1.151
```

```
Nmap Version:  (7, 93)
{'tcp': {'method': 'syn', 'services': '1-4000'}}
Ip Status:  up
protocols: ['tcp']
Open Ports:  dict_keys([21, 22, 80, 111, 3306])

7
You have selected option:  7
192.168.1.123:up
192.168.1.151:up
192.168.1.3:up
```

12.5 任务总结

本项目详细介绍了 Nmap 扫描工具的使用方法，以及主机发现、端口扫描、服务和版本探测、操作系统探测等，还介绍了 python-Nmap 的使用方法，最后使用 python-Nmap 对放置在公司 A 的服务器区网络中的一台服务器进行了全面扫描。

12.6 知识巩固

1. 通过 Nmap 扫描工具可以实现的功能有（　　）。（多选）
   A. 主机发现　　B. 端口扫描　　C. 探测操作系统　　D. 路由发现
2. ping 扫描需要使用 Nmap 的（　　）选项。
   A. –sL　　B. –sn　　C. -P0　　D. -PS
3. TCP SYN ping 需要使用 Nmap 的（　　）选项。
   A. –sL　　B. –sn　　C. -P0　　D. -PS
4. UDP 扫描需要使用 Nmap 的（　　）选项。
   A. –sS　　B. –sT　　C. –sU　　D. -PS
5. IP 扫描需要使用 Nmap 的（　　）选项。
   A. –sS　　B. –sT　　C. –sU　　D. –sO